本书获中央高校基本科研业务费资助

中国与"一带一路"沿线国家科技创新合作研究

Research on Scientific and Technological Innovation Cooperation Between China and Countries Along the Belt and Road

张明倩 等 著

上海交通大学出版社
SHANGHAI JIAO TONG UNIVERSITY PRESS

内容提要

　　本书通过刻画中国与"一带一路"沿线国家专利合作网络的宏观、中观和微观特征,把握我国在"一带一路"科技创新合作共同体建设过程中的角色定位,探究科技创新合作的影响因素以及中国与"一带一路"沿线国家科技创新合作网络形成的驱动因素,为中国主导"一带一路"沿线国家科技创新合作、加快区域知识扩散和技术融合、完善合作机制、持续拓展合作"朋友圈"、吸引更多全球性科技组织参与"一带一路"科技合作,高质量共建"一带一路"提供研究基础。本书主要适合从事科技创新机制、区域合作等领域的研究人员与管理人员阅读使用。

图书在版编目(CIP)数据

　　中国与"一带一路"沿线国家科技创新合作研究/
张明倩等著. —上海:上海交通大学出版社,2024.3(2024.11 重印)
　　ISBN 978 - 7 - 313 - 26521 - 0

　　Ⅰ.①中… Ⅱ.①张… Ⅲ.①"一带一路"—国际科
技合作—研究—中国 Ⅳ.①G322.5

　　中国国家版本馆 CIP 数据核字(2024)第 053978 号

中国与"一带一路"沿线国家科技创新合作研究
ZHONGGUO YU "YIDAIYILU" YANXIAN GUOJIA KEJI CHUANGXIN HEZUO YANJIU

著　　者:张明倩　等
出版发行:上海交通大学出版社　　　　　地　　址:上海市番禺路 951 号
邮政编码:200030　　　　　　　　　　　电　　话:021 - 64071208
印　　制:苏州市古得堡数码印刷有限公司　经　　销:全国新华书店
开　　本:710 mm×1000 mm　1/16　　　印　　张:15.75
字　　数:262 千字
版　　次:2024 年 3 月第 1 版　　　　　　印　　次:2024 年 11 月第 2 次印刷
书　　号:ISBN 978 - 7 - 313 - 26521 - 0
定　　价:89.00 元

前 言
PREFACE

  我国的"一带一路"倡议为世界提供了一个开放发展的包容性平台,在国际经济合作的大背景下,沿线各国家利益相连,创新资源和创新能力不断实现配置更新。专利既是关键的竞争资源要素,也是重要的科技创新成果,能够反映创新活动的质量和效率。专利合作是主要的科技创新合作形式,本书通过刻画中国与"一带一路"沿线国家专利合作网络的宏观、中观和微观特征,把握我国在"一带一路"科技创新合作共同体建设过程中的角色定位,探究科技创新合作的影响因素,以及中国与"一带一路"沿线国家科技创新合作网络形成的驱动因素,为中国主导"一带一路"沿线国家科技创新合作、加快区域知识扩散和技术融合、完善合作机制、持续拓展合作"朋友圈",吸引更多全球性科技组织参与"一带一路"科技合作,高质量共建"一带一路"提供研究基础。

  本书为上海外国语大学校级重大科研项目"基于专利的'一带一路'跨国技术合作模式及驱动机制研究"(项目批准号:2017114009)的研究成果。项目负责人张明倩教授负责本书研究体系的整体设计。本书的主要执笔人为张明倩,梁梦洁、刘一帆、芦宇航、史姗姗、赵真和章莘燊参与撰写了部分章节内容。

  在本书撰写过程中,著者参考了相关文献,在此向文献原作者表示衷心的感谢。由于著者水平所限,本书会有一些不足甚至疏漏之处,希望广大读者提出宝贵意见与建议,以便将来修订完善。

目 录
CONTENTS

第 *1* 章

绪 论

2013 年 9 月和 10 月,习近平主席在访问哈萨克斯坦与印度尼西亚期间先后提出了建设"丝绸之路经济带"和"21 世纪海上丝绸之路"的重要倡议(合称"一带一路"倡议)。"一带一路"倡议的提出,极大地提升了中国对外开放的广度、深度和水平,成为广受欢迎的国际公共产品和国际合作平台,促进形成全方位对外开放的新格局。2013 年以来,我国积极推动"一带一路"科技合作发展,推动构建和升级多双边科技合作机制、稳步扩大科技人文交流、持续优化科技经贸合作,取得了一系列积极的成效。截至 2022 年底,我国已与 160 多个国家和地区建立科技合作关系,签订了 117 个政府间的科技合作协定(其中"一带一路"共建国家占 84 个),为"一带一路"科技创新合作奠定了重要基础①。科技创新已成为增进"一带一路"民生福祉、应对人类共同挑战的关键力量。"一带一路"科技创新共同体让世界各国特别是广大发展中国家共享科技发展机遇,把"一带一路"建设成"创新之路"将成为高质量共建"一带一路"的重要发展方向。

然而,国内外环境仍在发生深刻复杂变化,"一带一路"科技合作发展面临的机遇和挑战并存。新一轮科技革命和产业变革的背景下,科技高速发展的同时,创新难度和研究成本也在不断提高,而不断放大的创新驱动发展趋势与有限资源的矛盾也在日益加剧。知识具有流动性和扩散效应,知识流动是创新活动的基本形式之一,知识通过在不同主体之间的流动,完成了重组和再生产的过程,促进新的创新成果的产出。如今处于全球经济艰难复苏期,也是经济转型的关键期,创新活动作为关键的经济增长驱动因素,其复杂性和风险性不断增强。独

---

① 我国积极推进全球科技交流合作[EB/OL].中国政府网,(2022 - 11 - 19)[2023 - 12 - 18]. https://www.gov.cn/xinwen/2022 - 11/19/content_5727817.htm.

木难成林,单一机构难以实现创新要素的全面有效整合。在国际范围内解决科技问题,跨区域、多领域、多主体地利用跨国信息与渠道进行创新合作已成趋势。"一带一路"倡议为世界提供了一个开放发展的包容性平台,在国际经济合作的大背景下,沿线各国家利益相连,创新资源和创新能力不断实现配置更新。专利既是关键的竞争资源要素,也是重要的科技创新成果,能够反映创新活动的质量和效率。专利合作是主要的科技创新合作形式,通过刻画中国与"一带一路"沿线国家专利合作网络的宏观、中观和微观特征,把握我国在"一带一路"科技创新合作共同体建设过程中的角色定位;探究科技创新合作的影响因素以及中国与"一带一路"沿线国家科技创新合作网络形成的驱动因素,可以为中国进一步高效规划专利合作布局、加快区域知识扩散和技术融合、完善合作机制、持续拓展合作"朋友圈",吸引更多全球性科技组织参与"一带一路"科技合作,高质量共建"一带一路"提供研究基础。

1.1 相关学术史梳理

2015 年,国务院授权国家发展改革委、外交部和商务部联合发布的《推动共建丝绸之路经济带和 21 世纪海上丝绸之路的愿景与行动》提出:"加强科技合作,共建联合实验室(研究中心)、国际技术转移中心、海上合作中心,促进科技人员交流,合作开展重大科技攻关,共同提升科技创新能力。"本书的主要研究对象就是中国与"一带一路"沿线国家的科技创新合作活动。

1.1.1 "一带一路"相关研究

1. 倡议构想和实施效果研究

党的二十大报告指出,"共建'一带一路'成为深受欢迎的国际公共产品和国际合作平台",并且要继续"推动共建'一带一路'高质量发展"[①]。自"一带一路"倡议提出并实施以来,该倡议不仅带动了中国和沿线国家的共同发展,也加强了中国与沿线各国之间的互联互通[②]。首先,共建"一带一路"对我国的发展产生

---

① 习近平.高举中国特色社会主义伟大旗帜 为全面建设社会主义现代化国家而团结奋斗:在中国共产党第二十次全国代表大会上的报告[J].党建,2022(11):4-28.
② 吕越,马明会,李杨.共建"一带一路"取得的重大成就与经验[J].管理世界,2022,38(10):44-55+95.

了深刻影响。现有文献主要从企业发展①、区域发展②、国家形象③、民族发展④、要素配置效率⑤等方面考察了共建"一带一路"对我国的发展效应。其次,共建"一带一路"有效带动了沿线国家的发展。共建"一带一路"对沿线国家缓解政府债务⑥、提高全球价值链地位⑦、降低环境污染⑧等方面起到了积极作用。最后,共建"一带一路"促进了中国与沿线国家之间的全方位合作。已有文献主要探讨了该倡议实施后对中国与沿线国家之间绿地投资⑨、高层互访⑩、留学生来华⑪、人民币互换⑫等合作方面的影响。

2. 与科技创新合作相关的探讨

科技创新是"一带一路"高质量发展的核心内容和重要驱动力。一方面,科技创新与合作能发挥基础性、前瞻性和引领性作用,是支撑服务"一带一路"沿线国家互联互通、深化科技开放合作的桥梁纽带⑬。另一方面,共建"一带一路"也在围绕政策沟通、设施联通、贸易畅通、资金融通和民心相通(简称"五通")持续打造国际创新合作新平台,优化创新布局,延伸创新价值链,拓展创新开放空间⑭,沿

① 卢盛峰,董如玉,叶初升."一带一路"倡议促进了中国高质量出口吗?:来自微观企业的证据[J].中国工业经济.2021(03):80-98;罗长远,陈智韬."走出去"对企业产能利用率的影响:来自"一带一路"倡议准自然实验的证据[J].学术月刊,2021,53:63-79;罗长远,曾帅."走出去"对企业融资约束的影响:基于"一带一路"倡议准自然实验的证据[J].金融研究,2020(10):92-112.
② 李小帆,蒋灵多."一带一路"建设、中西部开放与地区经济发展[J].世界经济,2020,43:3-27.
③ 宋弘,罗长远,栗雅欣.对外开放新局面下的中国国家形象构建:来自"一带一路"倡议的经验研究[J].经济学(季刊),2021,21:241-262.
④ 蔡宏波,邃慧颖,雷聪."一带一路"倡议如何推动民族地区贸易发展?:基于复杂网络视角[J].管理世界,2021,37:73-85+127.
⑤ 罗长远,曾帅."一带一路"建设对要素配置效率的影响:基于中国上市工业企业的研究[J].金融研究,2022(07):154-170.
⑥ 鲍洋."一带一路"倡议会引发"债务陷阱"吗?:基于中国对外投资合作的视角[J].经济学家,2020(03):45-55.
⑦ 戴翔,宋婕."一带一路"倡议的全球价值链优化效应:基于沿线参与国全球价值链分工地位提升的视角[J].中国工业经济,2021:99-117.
⑧ WU Y, CHEN C, HU C. Does the belt and road initiative increase the carbon emission intensity of participating countries? [J/OL]. China & World Economy, 2021, 29(3):1-25. DOI:10.1111/cwe. 12374.
⑨ 吕越,陆毅,吴嵩博,等."一带一路"倡议的对外投资促进效应:基于2005—2016年中国企业绿地投资的双重差分检验[J].经济研究,2019,54(09):187-202.
⑩ 同②。
⑪ 吕越,王梦圆."一带一路"倡议与海外留学生来华:因果识别与机制分析[J].教育与经济,2022,38(01):11-20.
⑫ 宋科,侯津柠,夏乐,等."一带一路"倡议与人民币国际化:来自人民币真实交易数据的经验证据[J].管理世界,2022,38:49-67.
⑬ 白春礼.科技创新与合作支撑"一带一路"高质量发展[J].中国科学院院刊,2023,38:1238-1245.
⑭ 张涵,杨晓昕."一带一路"倡议如何影响城市创新集聚方向:来自我国地级市的经验证据[J].国际贸易问题,2021(05):127-142.

线国家通过全球科技创新协作共同应对时代的挑战①。与此同时,既有文献也指出"一带一路"沿线国家的科技创新合作,有别于传统"南北对话"与"南南合作",是具有中国特色的"一带一路"科技创新合作新模式②,具有政府主导性、合作主体上的多方合作性和合作布局上的不均衡性等特点③。

1.1.2 专利合作的相关研究

作为重要的科技创新成果,专利合作是不容忽视的科技创新合作形式④,大部分跨国(区域)的知识流动都可归因于专利合作网络,网络中跨国(区域)知识流动是双向的、互惠的⑤。专利合作网络是由国家(地区、企业等)构成的节点集,以及节点间合作关系构成的边集组合而成的复杂系统。伴随科技创新模式的网络化发展,"地理分散而连接紧密"的专利合作活动越来越常见,创新主体的知识获取越来越多地依赖于外部网络,运用复杂网络理论和社会网络分析技术,研究专利合作网络逐渐成为国内外相关研究的热点。同时,专利数据的激增和采集的便利性,也促进了专利合作网络相关问题的研究。相关研究可分为两类⑥:一类是专利合作网络的描述性分析,即网络构建及特征化。学者根据节点间有无专利合作关系构建无向网络⑦,也有学者根据连边的方向性构建专利合作有向网络⑧,随着专利合作网络研究的深入,学者通过耦合专利合作网络拓扑

① 徐清."一带一路"国际科技合作:机制设计与模式创新[J].现代经济探讨,2023(10):80-87.
② 王罗汉.对"一带一路"沿线国家科技合作的现状分析与展望[J].全球科技经济瞭望,2019,34(05):17-23;贾平凡.多极化世界加速向我们走来[N].人民日报海外版,2021-12-25(006);李梓,孙建光."一带一路"国际科技人文合作对策研究[J].科学管理研究,2019,37:171-176.
③ 张海燕,徐蕾.中国与中东欧国家科技创新合作的潜力与重点领域分析[J].区域经济评论,2021(06):107-114.
④ 王贤文,刘则渊,侯海燕.基于专利共被引的企业技术发展与技术竞争分析:以世界500强中的工业企业为例[J].科研管理,2010,31:127-138;SACHWALD F. Location choices within global innovation networks:The case of Europe[J/OL]. The Journal of Technology Transfer, 2008, 33(4):364-378. DOI:10.1007/s10961-007-9057-8.
⑤ BERGEK A, BRUZELIUS M. Are patents with multiple inventors from different countries a good indicator of international R&D collaboration? The case of ABB[J/OL]. Research Policy, 2010, 39(10):1321-1334. DOI:10.1016/j.respol.2010.08.002.
⑥ 埃里克·D.克拉泽克,加博尔·乔尔迪.网络数据的统计分析R语言实践[M].西安:西安交通大学出版社,2016.
⑦ MAGGIONI M A, NOSVELLI M, UBERTI T E. Space versus networks in the geography of innovation:A European analysis[J/OL]. Papers in Regional Science, 2007, 86(3):471-493. DOI:10.1111/j.1435-5957.2007.00130.x;刘凤朝,马荣康,姜楠.基于"985高校"的产学研专利合作网络演化路径研究[J].中国软科学,2011(7):178-192.
⑧ 韩涛,谭晓.中国科学研究国际合作的测度和分析[J/OL].科学学研究,2013,31(8):1136-1140+1135. DOI:10.16192/j.cnki.1003-2053.2013.08.002.

结构和专利合作数量,构建专利合作加权有向网络①来描述专利合作网络的结构。通过数值概括网络特征是网络描述的另一个方面,学者多采用度和度分布、网络结构熵、网络聚类系数、网络节点度、特征向量中心性、网络路径等网络指标对专利合作网络的节点和边、子图及整个网络的特征进行描述。另一类是专利合作网络及其演进的建模与推断。利用网络模型来刻画专利合作网络的演进规律也是相关研究的重要领域。学者基于小世界网络②或无标度网络③生成机制对专利合作网络及其演进进行仿真模拟④。随着法国多维邻近动力学派的兴起,也有学者基于多维邻近性视角探讨专利合作网络的演进动力⑤。研究表明,专利合作网络随着时间的推进呈现出不同的网络分布,并朝不同路径演化且网络成员间的合作关系是网络的主要连接机制。

1.1.3　文献述评

从文献梳理来看,专利合作的相关研究及趋势主要表现在以下两个方面:

首先,专利合作网络模式特征研究从"静态"向"动态"转变。大量实证研究从"全局网"层面对专利合作网络模式进行"静态"识别⑥,此类研究通常运用社

① 高曼,马英红,张明莉.基于专利合作申请数据分析的加权网络研究[J].计算机应用研究,2018,35(1):74 - 78.
② WATTS D J, STROGATZ S H. Collective dynamics of "small-world" networks[J/OL]. Nature (London), 1998, 393(6684): 440 - 442. DOI: 10.1038/30918.
③ BARABÁSI A L, ALBERT R. Emergence of scaling in random networks[J/OL]. Science (American Association for the Advancement of Science), 1999, 286(5439): 509 - 512. DOI: 10.1126/science.286. 5439.509.
④ LISSONI F, LOTZ P, SCHOVSBO J, et al. Academic patenting and the professor's privilege: evidence on Denmark from the KEINS database[J/OL]. Science & Public Policy, 2009, 36(8): 595 - 607. DOI: 10.3152/030234209X475443;张古鹏.小世界创新网络动态演化及其效应研究[J].管理科学学报,2015,18(6):15 - 29;王黎萤,虞微佳,王佳敏.科技型中小企业专利合作网络演化分析[J].科技管理研究,2018,38(5):180 - 187.
⑤ TER WAL A L J, CRISCUOLO P, SALTER A. Inside-out, outside-in, or all-in-one? The role of network sequencing in the elaboration of ideas[J/OL]. Academy of Management Journal, 2023, 66 (2): 432 - 461. DOI: 10.5465/amj.2020.1231; TER WAL A L, CRISCUOLO P, SALTER A. Making a marriage of materials: The role of gatekeepers and shepherds in the absorption of external knowledge and innovation performance[J/OL]. Research Policy, 2017, 46(5): 1039 - 1054. DOI: 10. 1016/j.respol.2017.03.003;向希尧,蔡虹,裴云龙.跨国专利合作网络中 3 种接近性的作用[J].管理科学,2010,23(5):43 - 52.
⑥ MAGGIONI M A, NOSVELLI M, UBERTI T E. Space versus networks in the geography of innovation: A European analysis[J/OL]. Papers in Regional Science, 2007, 86(3): 471 - 493. DOI: 10.1111/j.1435 - 5957.2007.00130.x;刘凤朝,马荣康,姜楠.基于"985 高校"的产学研专利合作网络演化路径研究[J].中国软科学,2011(7):178 - 192;王朋,张旭,赵蕴华,等.校企科研合作复杂网络及其分析[J/OL].情报理论与实践,2010,33(6):89 - 93.DOI:10.16353/j.cnki.1000 - 7490.(转下页)

会网络分析技术刻画专利合作网络拓扑结构的特征,但在解释专利合作网络演变趋势及动因方面存在进一步拓展的空间。整体网层面的"静态"研究,虽然可以揭示关系网络的结构,但在揭示现实数据的演变动因和演变趋势方面存在不足。因此,越来越多的学者开始从动力学角度考察专利合作。一是赋予专利合作主体能动性,从专利合作主体嵌入选择角度对复杂网络动态演化规律进行解释[1];二是赋予专利合作网络自身能动性,认为网络结构在不同发展阶段存在异质性,并且随着外部环境的变迁不断经历从建立到瓦解、瓦解到建立,最后再瓦解的循环过程,进而探讨网络自身结构特征对于专利合作网络不断更迭的驱动机制[2];三是赋予专利合作网络与外部网络相互关系能动性,利用专利合作网络与外部网络的交互影响来说明专利合作网络生成及演进机制[3]。

其次,专利合作网络驱动机制研究从"单一维度"向"多维度综合"转变。专利合作网络驱动机制的早期研究实现了对专利合作网络驱动因素的识别。Wilhelmsson(2009)和 Sun(2016)发现地理区间簇的拓扑学特征直接决定了专

(接上页)2010.06.031;STERNITZKE C. Patents and publications as sources of novel and inventive knowledge[J/OL]. Scientometrics, 2009, 79(3): 551 - 561. DOI: 10.1007/s11192 - 007 - 2041 - 0; KORBER M, PAIER M. Simulating the Effects of Public Funding on Research in Life Sciences: Direct Research Funds Versus Tax Incentives [M/OL]//GILBERT N, AHRWEILER P, PYKA A. Simulating Knowledge Dynamics in Innovation Networks. Berlin, Heidelberg: Springer, 2014: 99 - 130[2023 - 11 - 18]. https://doi.org/10.1007/978 - 3 - 662 - 43508 - 3_5. DOI:10.1007/978 - 3 - 662 - 43508 - 3_5.

[1] 赵炎,姚芳.创新网络动态演化过程中企业结盟的影响因素研究:基于中国汽车行业创新联盟的分析[J/OL].研究与发展管理,2014,26(1):70 - 77.DOI:10.13581/j.cnki.rdm.2014.01.009;赵炎,王冰,郑向杰.联盟创新网络中企业的地理邻近性、区域位置与网络结构特征对创新绩效的影响:基于中国通信设备行业的实证分析[J/OL].研究与发展管理,2015,27(1):124 - 131.DOI:10.13581/j.cnki.rdm.2015.01.016;张悦,梁巧转,范培华.网络嵌入性与创新绩效的 Meta 分析[J/OL].科研管理,2016,37(11):80 - 88.DOI:10.19571/j.cnki.1000 - 2995.2016.11.010.

[2] HERMANS F, VAN APELDOORN D, STUIVER M, et al. Niches and networks: Explaining network evolution through niche formation processes[J/OL]. Research Policy, 2013, 42(3): 613 - 623. DOI: 10.1016/j.respol.2012.10.004; SPIELMAN D J, DAVIS K, NEGASH M, et al. Rural innovation systems and networks: Findings from a study of Ethiopian smallholders[J/OL]. Agriculture and Human Values, 2011, 28(2): 195 - 212. DOI: 10.1007/s10460 - 010 - 9273 - y.

[3] LISSONI F, LOTZ P, SCHOVSBO J, et al. Academic patenting and the professor's privilege: Evidence on Denmark from the KEINS database[J/OL]. Science & Public Policy, 2009, 36(8): 595 - 607. DOI: 10.3152/030234209X475443;张古鹏.小世界创新网络动态演化及其效应研究[J].管理科学学报,2015,18(6):15 - 29;王黎муз
佳,虞微佳,王佳敏.科技型中小企业专利合作网络演化分析[J].科技管理研究,2018,38(5):180 - 187;蒋欣然,张健,王子,等.面向知识链的竞争合作创新网络动态演化建模与仿真分析[J].北京信息科技大学学报(自然科学版),2023,38(3):80 - 88;XIAO-PING LEI, ZHI-YUN ZHAO, XU ZHANG, et al. A study of technological collaboration in solar cell industry using patent analysis[C]. IEEE, 2012: 1034 - 1041.

利合作网络的特征①;Sternitzke 等(2007)指出与知识源社会距离的接近性有利于专利合作主体间知识的流动②;Picci(2010)发现共同的技术语言和行为规范有利于隐性知识的扩散,也有助于降低隐性知识转移中的黏滞性③。上述研究表明,地理邻近性、社会邻近性和技术邻近性是专利合作网络重要的驱动因素,然而,此类研究往往过于强调专利合作某一方面的属性,从而忽视了其他因素对网络形成演进的驱动能力,理论整合视角较为狭窄,具有一定的局限性。随着"邻近性"概念的不断延伸及扩展,尤其是伴随"多维邻近性"学派的兴起,针对专利合作网络驱动因素的研究已逐步摆脱依靠单一邻近性解释现实现象的理论缺陷,多维邻近性变量开始作为整体被纳入专利合作驱动因素的讨论,通过对专利合作主体的社会、地理、组织和制度属性的综合考察,提出更为广阔的分析视角④。

相关文献在专利合作网络构建和特征化,以及网络演进的建模与推断方面已取得一系列重要成果,但仍存在进一步拓展的空间。①"一带一路"专利跨国合作网络特征需要挖掘。文献回顾发现,学术界关于科技合作的研究通常是从分析两国合作申请专利和发表论文上进行的。专利信息是人类科技创新的成果,反映了大量创新相关的信息,对专利信息进行挖掘可以把握国内外的技术研

① WILHELMSSON M. The spatial distribution of inventor networks[J/OL]. The Annals of Regional Science, 2009, 43(3): 645 - 668. DOI: 10.1007/s00168 - 008 - 0257 - 4; SUN Y. The structure and dynamics of intra- and inter-regional research collaborative networks: The case of China (1985 - 2008) [J/OL]. Technological Forecasting and Social Change, 2016, 108: 70 - 82. DOI: 10.1016/j.techfore. 2016.04.017.
② STERNITZKE C, BARTKOWSKI A, SCHWANBECK H, et al. Patent and literature statistics: The case of optoelectronics[J/OL]. World Patent Information, 2007, 29(4): 327 - 338. DOI: 10.1016/j. wpi.2007.03.003.
③ PICCI L. The internationalization of inventive activity: A gravity model using patent data[J/OL]. Research Policy, 2010, 39(8): 1070 - 1081. DOI: 10.1016/j.respol.2010.05.007.
④ LISSONI F, LOTZ P, SCHOVSBO J, et al. Academic patenting and the professor's privilege: Evidence on Denmark from the KEINS database[J/OL]. Science & Public Policy, 2009, 36(8): 595 - 607. DOI: 10.3152/030234209X475443;张古鹏.小世界创新网络动态演化及其效应研究[J].管理科学学报,2015,18(6): 15 - 29;王黎萤,虞微佳,王佳敏.科技型中小企业专利合作网络演化分析[J].科技管理研究,2018,38(5): 180 - 187; TER WAL A L J, CRISCUOLO P, SALTER A. Inside-out, outside-in, or all-in-one? The role of network sequencing in the elaboration of ideas[J/OL]. Academy of Management Journal, 2023, 66(2): 432 - 461. DOI: 10.5465/amj.2020.1231; TER WAL A L, CRISCUOLO P, SALTER A. Making a marriage of materials: The role of gatekeepers and shepherds in the absorption of external knowledge and innovation performance[J/OL]. Research Policy, 2017, 46 (5): 1039 - 1054. DOI: 10.1016/j.respol.2017.03.003;向希尧,蔡虹,裴云龙.跨国专利合作网络中 3 种接近性的作用[J].管理科学,2010,23(5): 43 - 52.

究动态,以促进产业发展。Cowan 等(2007)[①]、郑佳(2012)[②]、刘云等(2012)[③]、Tang 等(2013)[④]、葛慧丽等(2015)[⑤]、张明倩等(2016)[⑥]、叶阳平等(2016)[⑦]、Megnigbeto(2015)[⑧]、Wang 等(2017)[⑨]、阳昕等(2020)[⑩]、高珺等(2021)[⑪]和王叶等(2022)[⑫]都曾对中国与美国、欧盟及"一带一路"沿线国家的专利合作情况进行了分析,但尚缺乏专门针对国家在跨国专利合作网络中所处地位及演进轨迹的系统性分析,尤其缺乏专注于中国在"一带一路"跨国专利合作网络中的地位与演进特征的研究,因此本书存在足够的研究空间。② 对"一带一路"沿线国家专利"微观合作"结构和行为的认知需要进一步拓展。挖掘专利合作网络结构演化特征的尺度单一,其中多数研究是从宏观层面进行整体网络分析[⑬],另有少数

① COWAN R, JONARD N, ZIMMERMANN J B. Bilateral collaboration and the emergence of innovation networks[J/OL]. Management Science, 2007, 53(7): 1051 - 1067. DOI: 10.1287/mnsc. 1060.0618.
② 郑佳.基于专利分析的纳米技术创新能力研究[J].情报杂志,2012,31(11): 113 - 117.
③ 刘云,陈泽欣,刘文澜,等.中美合作发明授权专利计量分析及政策启示[J].中国管理科学,2012,20: 761 - 767.
④ TANG L, HU G. Tracing the footprint of knowledge spillover: Evidence from U.S.-China collaboration in nanotechnology[J/OL]. Journal of the American Society for Information Science and Technology, 2013, 64(9): 1791 - 1801. DOI: 10.1002/asi.22873.
⑤ 葛慧丽,张培锋,吕琼芳,等.专利视阈下的中国国际技术合作研究[J].科技通报,2015,31: 263 - 268.
⑥ 张明倩,邓敏敏.中国与"一带一路"沿线国家跨国专利合作特征研究[J].情报杂志,2016,35(04): 37 - 42+4.
⑦ 叶阳平,马文聪,张光宇.中国与"一带一路"沿线国家科技合作现状研究:基于专利和论文的比较分析[J].图书情报知识,2016: 60 - 68.
⑧ MEGNIGBETO E. Effect of international collaboration on knowledge flow within an innovation system: A Triple Helix approach[J/OL]. Triple Helix (Heidelberg), 2015, 2(1): 1 - 21. DOI: 10. 1186/s40604 - 015 - 0027 - 0.
⑨ WANG L, WANG X. Who sets up the bridge? Tracking scientific collaborations between China and the European Union[J/OL]. Research Evaluation, 2017, 26(2): 124 - 131. DOI: 10.1093/reseval/rvx009.
⑩ 阳昕,周怡,张敏,等.中国与"一带一路"沿线国家跨国专利合作现状研究[J].科技管理研究,2020,40 (08): 191 - 199.
⑪ 高珺,余翔.中国与"一带一路"国家专利合作特征与技术态势研究[J].中国科技论坛,2021(07): 169 - 178.
⑫ 王叶,张天硕,曲女晓.中国在"一带一路"沿线国家专利布局特征与对策建议[J].国际贸易,2022(04): 64 - 73.
⑬ HUANG M H, DONG H R, CHEN D Z. Globalization of collaborative creativity through cross-border patent activities[J/OL]. Journal of Informetrics, 2012, 6(2): 226 - 236. DOI: 10.1016/j.joi.2011.10. 003;陈欣."一带一路"沿线国家科技合作网络比较研究[J/OL].科研管理,2019,40(7): 22 - 32.DOI: 10.19571/j.cnki.1000 - 2995.2019.07.003;陈欣."一带一路"沿线国家科技合作网络演化研究[J/OL]. 科学学研究,2020,38(10): 1811 - 1817+1857.DOI: 10.16192/j.cnki.1003 - 2053.2020.10.008;周游, 谭光荣,孙天阳.全球跨国专利申请网络的拓扑特征及顶层结构[J].科学学与科学技术管理,2018,39 (1): 32 - 45;高伊林,闵超.中美与"一带一路"沿线国家专利合作态势分析[J/OL].图书情报知识, 2019(4): 94 - 103.DOI: 10.13366/j.dik.2019.04.094; TSAY M Y, LIU Z W. Analysis of the patent cooperation network in global artificial intelligence technologies based on the assignees[J/OL]. World Patent Information, 2020, 63: 102000. DOI: 10.1016/j.wpi.2020.102000.

从中观和微观的局部结构进行研究[1]，缺乏从宏观、中观到微观的多尺度研究。多尺度研究方法目前已被大量应用在跨尺度的复杂网络系统行为研究中[2]。复杂系统在演化过程中并不是一次性就完成从元素到整体的涌现，而是需要由微观要素到中观局部，再到宏观整体的多尺度发展。复杂网络聚焦节点间相互作用的结构，作为构建系统模型，研究系统行为的基础。复杂网络由于不同的功能特性及差异化的生成机理，导致具有同一宏观全局结构的网络具有功能不同的局部中观结构——模块(module)，不同的模块具有不同的角色定位，更进一步，模块之下还有网络底层结构——模体(motif)，即在相同度分布规模下，真实复杂网络中出现频率比随机网络更高的相同结构子图，模体从微观层面刻画了复杂网络中节点相互连接的特定模式[3]。而且，复杂网络中关系形成的复杂性也会产生多尺度影响机制[4]。基于复杂网络多尺度的中国与"一带一路"沿线国家专利合作模式研究需要进一步拓展。③ 构建专利合作网络时仍存在专利信息挖掘不够充分的问题[5]。由于科技创新合作并非偶然的独立事件，既包括科技创新合作本身，还涉及贸易、投资等与科技创新合作相关的内容[6]。因此，如何构建耦合国家间贸易、投资和区域联盟等多重信息的跨国专利合作网络，促使网络异质性及主体能动性对专利合作网络动态演化影响分析更具针对性，同时如何结合国家间贸易、投资和区域联盟信息，利用统计推断方式和准则识别驱动要素并评估其解释能力，从而探讨中国与"一带一路"沿线国家专利合作网络深层次的演进规律和背后的驱动机制是本书需要拓展的另一个方面。

① 张明倩，芦宇航."一带一路"跨国专利合作网络的局部特征与角色定位[J].中国科技资源导刊，2020，52(4)：102-110；FLEMING L, KING C, JUDA A I. Small worlds and regional innovation[J/OL]. Organization Science (Providence, R.I.), 2007, 18(6): 938-954. DOI: 10.1287/orsc.1070.0289.
② BOLÍBAR M. Macro, meso, micro: Broadening the 'social' of social network analysis with a mixed methods approach[J/OL]. Quality & Quantity, 2016, 50(5): 2217-2236. DOI: 10.1007/s11135-015-0259-0; VAN WIJK J, ZIETSMA C, DORADO S, et al. Social innovation: Integrating micro, meso, and macro level insights from institutional theory[J/OL]. Business & Society, 2019, 58(5): 887-918. DOI: 10.1177/0007650318789104.
③ 刘亮，罗天，曹吉鸣.基于复杂网络多尺度的科研合作模式研究方法[J/OL].科研管理，2019,40(1)：191-198.DOI：10.19571/j.cnki.1000-2995.2019.01.019.
④ PAN Y, HU G, QIU J, et al. FLGAI: A unified network embedding framework integrating multi-scale network structures and node attribute information[J/OL]. Applied Intelligence (Dordrecht, Netherlands), 2020, 50(11): 3976-3989. DOI: 10.1007/s10489-020-01780-7.
⑤ WANG J C, CHIANG C hsin, LIN S W. Network structure of innovation: Can brokerage or closure predict patent quality? [J/OL]. Scientometrics, 2010, 84(3): 735-748. DOI: 10.1007/s11192-010-0211-y.
⑥ 吕鹏辉，李晶晶，杨善林.科学创新视角下的学科共词网络演化研究[J].情报学报，2016,35(11)：1165-1172.

1.2   学术和应用价值

科技创新合作是解决"一带一路"沿线国家面临的共性问题的重要途径[①]。专利是科技创新的重要成果,专利合作是科技创新合作的典型形式。目前,专利合作已从传统的点-线连接转化为网络化合作[②]。因此,客观认识"一带一路"跨国专利合作网络的特征及演进规律,有助于我国从全球视野谋划科技创新,为我国融入全球科技创新网络提供科学研究依据。

(1)本书应用复杂网络技术挖掘专利数据包含的多要素、多丛且有序关系的信息,克服了专利合作网络化建模过于简单的分析框架。专利数据包含大量创新技术、技术领域、发明人(及其地理位置)等信息,而目前关于专利合作网络的研究,在社会网络分析的范式下,多采用单一属性节点、单矩阵、单时点快照式的网络模型,破坏了专利数据的丰富性;研究应用复杂网络技术构造具有多重属性节点、多关系矩阵的专利跨国合作网络,并采用连续时间点的复杂网络组成时间序列网络来刻画专利跨国合作网络的动态演化特征,最大限度地挖掘专利数据的信息。

(2)本书基于节点和模体两个重要的网络局部属性,挖掘了"一带一路"沿线国家间专利的"微观合作"结构和行为机理。节点重要性和模体探测是复杂网络研究的两个重要方向。目前关于两者的研究多是单独展开的,研究基于两者客观存在的联系——重要节点往往是模体结构的核心成员,将节点重要性和网络模体探测结合起来,从"一带一路"专利跨国合作网络的重要节点出发,利用基于核心节点的模体算法,扩散形成不同的模体结构,进而从网络局部层面探讨"一带一路"专利跨国合作网络的模式和机理。

(3)本书将网络的时序动态性与网络微观要素的动态性结合起来,采用指数随机图及其拓展模型建立"一带一路"跨国专利合作网络演进驱动要素的识别与评估框架,针对多属性要素(国家、产业、技术),从不同角度(贸易、投资、区域联盟等)提取信息,并将其纳入"网络演进驱动要素"框架,并利用统计模型对驱

---

① 许金华,万劲波.深化科技开放合作融入全球创新网络[N/OL].中国科学报,(2020-12-16)[2023-11-21]. http://fx.sjtulib.superlib.net/detail_38502727e7500f2681fcd015f3fb9c8abb55a05f40cd409c1921b0a3ea2551019f4aaf8720bfc891aaa19601b3cbfcade422268ff1241868aa13d02dad7c8f1188f9608d986ef41a713f424e5a7dd5a8?.

② 向希尧,裴云龙.跨国专利合作网络中技术接近性的调节作用研究[J].管理科学,2015,28(01):111-121.

动要素进行识别和评估,刻画了网络的演进和驱动机制。

（4）本书开发了基于多重信息的"一带一路"跨国专利合作网络数据库,并基于数据库客观准确地反映以专利形式展开的"一带一路"沿线国家科技创新合作活动规律,研究成果有助于我国从全球视野谋划科技创新,全面准确地把握"一带一路"沿线国家以专利形式开展的科技创新合作活动的规律性,为推进我国与"一带一路"沿线国家科技创新合作水平提供科学研究依据。

（5）本书为优化我国在"一带一路"沿线国家的专利布局提供了研究依据。本书重点关注了我国在"一带一路"跨国专利合作网络中的发展轨迹及布局特征,因此,研究成果将为我国开展在"一带一路"沿线国家的专利布局,巩固和加强我国与"一带一路"沿线国家科技创新合作与交流,助力"走出去"企业应对全球化带来的挑战奠定研究基础。

1.3　研究方法、研究内容和研究框架

1.3.1　研究方法

本书采用数据库查询、文本挖掘和关联聚合技术对专利及相关结构化和非结构化数据进行网络抽取、预处理及集成;采用复杂网络技术和方法构建基于多重信息的"一带一路"跨国专利合作网络,应用社会网络分析指标对网络的整体和局部特征进行描述,采用复杂网络仿真技术模拟不同属性节点间的相关作用及其对网络整体的影响,应用决策树分类技术挖掘典型连接结构中隐含的节点特征及行为机理;利用多维度关联规则方法等网络数据挖掘技术分析国家的影响力、国家主导的技术领域及不同产业的技术路径等信息,并探测和归纳"一带一路"跨国专利合作网络中"国家-产业-技术"的行为模式和特征。利用时序网络分析工具测量和监测网络整体、网络节点和连接关系的时序变化,并应用指数随机图及拓展模型对"一带一路"跨国专利合作网络演进的驱动要素进行模型识别和评估;运用情境设计技术,对我国与"一带一路"沿线国家的科技合作战略和不同演化情景进行仿真分析,得出政策效应的分析结果。

1.3.2　研究内容

本书以基于多重信息的"一带一路"跨国专利合作网络为研究对象,开展了

以下研究。

（1）开发了基于多重信息的"一带一路"跨国专利合作网络数据库。① 基础数据的抽取。本书主要依托全球专利统计数据库（PATSTAT），该数据库收录了100多个专利机构的专利信息。为了提高专利数据的国际可比性，消除专利数据的本土优势和地理位置的影响，本书采用欧洲专利局、日本专利局和美国专利与商标局同时保护的三方专利作为基础数据。② 核心数据的对接。本书以专利权所属国家、技术领域和产业作为网络核心数据，其中国家和技术领域信息可以直接通过检索获取，专利对应产业与技术领域的对接将借鉴国际专利分类①和北美产业分类体系、国际标准产业分类对应方法②、中国国家知识产权局印发的《国际专利分类与国民经济行业分类参照关系表》③实现。③ 外部数据的拓展。本书以专利所属国家为核心收集区域联盟、知识产权制度、文化宗教、地理区位等外部信息，以专利所属产业为核心收集相关投资、贸易、结构等外部信息，以专利所属技术领域为核心收集产品、技术标准等外部信息。④ 数据的集成。针对上述结构化和非结构化数据，本书利用关联和聚合等数据集成技术，构建基于多重信息的"一带一路"跨国专利合作网络数据库。

（2）"一带一路"跨国专利合作网络的构建与特征信息挖掘。① 网络的构建。以专利所属国作为"国家"节点、以专利所属技术领域为"技术"节点、以专利所属产业作为"产业"节点，根据"国家"节点间的合作关系、"国家"与"技术"节点及"产业"与"技术"节点的对应关系生成无向多值矩阵，继而构建由"国家×国家""国家×技术""产业×技术"矩阵叠加的"一带一路"跨国专利合作网络。② 网络特征的描述。通过节点数、连接数、稠密度、网络平均沟通速度等网络分析指标对网络整体特征进行描述。利用节点在网络中的连通度识别网络的"关键节点"并分析关键节点的地位和影响力。利用模体识别算法探测网络的典型连接结构，并应用决策树分类模型对不同连接结构的节点特征进行归纳，挖掘典型连接结构中隐含的节点特征及行为机理。③ 网络信息的挖掘。"国家×国

① 国家知识产权局.国际专利分类表[EB/OL].(2022－05－19)[2023－11－21]. https://www.cnipa.gov.cn/art/2022/5/19/art_2152_175662.html.

② International Standard Industrial Classification of All Economic Activities (ISIC) (Classification, Economic Activities Classification, International Recommendation, Methodology)[EB/OL]. [2023－11－21]. https://unstats.un.org/unsd/EconStatKB/KnowledgebaseArticle10132.aspx.

③ 国家知识产权局办公室.关于印发《国际专利分类与国民经济行业分类参照关系表（2018）》的通知[EB/OL].中国政府网,(2018－12－31)[2023－11－21]. https://www.gov.cn/zhengce/zhengceku/2018－12/31/content_5443898.htm.

家""国家×技术""产业×技术"矩阵是构成跨国专利合作网络的子网络。利用社会网络分析技术在"国家×国家"子网络中刻画"国家"节点间的直接和间接影响及其改变轨迹,在"国家×技术"子网络中刻画"国家"主导的技术领域及其在各技术领域的垄断性,在"产业×技术"子网络中刻画不同产业的技术发展轨迹,并采用多维度关联规则等网络数据挖掘技术从"国家×技术"和"产业×技术"关系数据中"归纳"出频繁发生的事件序列和行为模式,将反映节点异质性的变量与关系数据结合起来,挖掘"一带一路"跨国专利合作网络中"国家-产业-技术"行为模式和特征。

(3)"一带一路"跨国专利合作网络演进驱动因素框架及模型识别。"一带一路"跨国专利合作网络的每个节点和连接都有驱动其变化的因素,这些因素的改变最终会导致网络整体规模和结构的演化,因此本书将网络的时序变化与导致网络动态变化的微观因素结合起来建模,已达到将贸易、投资等与科技创新合作相关的外部因素引入网络演进驱动要素框架的目的。具体包括:① 网络时序分析与监测。通过对网络整体、网络节点和连接关系时序指标变化的测量与监测,从整体和局部层面了解"一带一路"跨国专利合作网络的演进规律,并识别网络中重要的潜在关系及其变化。② 网络演进驱动要素框架。首先从节点层面进行梳理。以"国家""产业"和"技术"为核心将知识产权制度、文化、宗教、地理区位、产业结构、产品、技术标准等外部关联因素纳入网络演进驱动要素框架。然后从连接层面进行梳理。以"国家×国家""国家×技术""产业×技术"子网络中连接关系为核心将区域联盟、投资、贸易、产能合作等外部关联因素纳入网络演进驱动要素框架。③ 网络演进驱动要素的模型识别。指数随机图及其拓展模型是针对关系数据的计量模型,可以将网络结构、节点属性及节点关系融合起来进行分析,实现对网络数据的建模和统计推断。本书应用指数随机图及其拓展模型对"一带一路"跨国专利合作网络演进驱动要素进行模型识别,对初始驱动要素框架进行模拟和参数修正,根据稳定的参数估计结果,最终得到对"一带一路"跨国专利合作网络的演进具有显著影响的驱动要素。④ 网络演进驱动要素评估。依据指数随机图及其拓展模型的估计结果,评估驱动因素对"一带一路"跨国专利合作网络演进的影响程度及变动趋势。

(4)加强我国与"一带一路"沿线国家科技创新合作的政策研究。基于"一带一路"跨国专利合作网络的特征和演进机制,从网络节点的自适应行为出发,对我国与"一带一路"沿线国家的国际科技合作战略和不同演化情景进行仿真分析,根据政策效应的分析结果,提出加强我国与"一带一路"沿线国家科技创新合作的政策建议,并进一步给出优化我国在"一带一路"沿线国家专利布局的合理化建议。

1.3.3　研究框架和篇章结构

本书的总体研究框架可以概括为:以"一带一路"倡议下科技创新共同体建设为背景;基于多尺度视角描述中国与"一带一路"跨国专利合作网络的特征、结构和演变规律;基于经验证据分析中国与"一带一路"沿线国家科技创新合作及跨国科技创新合作网络形成的作用机制,并进一步探究中国与"一带一路"科技创新合作网络的创新产出和经济增长效应;最终提出加强我国与"一带一路"沿线国家科技创新合作的政策建议,并进一步给出优化我国在"一带一路"沿线国家专利布局的合理化建议。

本书共八章。第1章梳理了学术史,分析研究价值;介绍了研究方法、研究内容和研究框架。第2章通过梳理"一带一路"倡议提出以来科技合作助推共建国家发展的实践探索,回溯中国推进"一带一路"科技创新共同体的建设历程,形成研究背景。第3、4、5章使用复杂网络分析技术从宏观整体、中观模块(体)再到微观国家-技术节点来分析中国与"一带一路"沿线国家科技创新合作的特征及演化规律,形成对"一带一路"科技创新共同体的全面认识。第6章利用经验证据论证中国与"一带一路"沿线国家为什么会产生科技创新合作、科技创新合作行为的持续性,以及"一带一路"科技创新合作网络形成的原因。第7章进一步讨论中国与"一带一路"沿线国家科技创新合作产生的创新外溢效应,以及对"一带一路"沿线国家高质量发展的驱动作用。第8章基于本书的研究结论,在新一轮科技革命和产业变革的时代背景下探讨中国主导"一带一路"沿线国家科技创新合作的挑战、机遇和机制,展望中国主导"一带一路"科技创新合作的未来。

第2章

中国推进"一带一路"科技创新共同体建设的进程

本章梳理了"一带一路"倡议提出以来科技合作助推共建国家发展的实践探索，回溯中国推进"一带一路"科技创新共同体的建设历程，为后续研究提供研究背景。

2.1 推进"一带一路"科技创新合作的顶层设计

2013年9月和10月，习近平主席在访问哈萨克斯坦和印度尼西亚期间先后提出了建设"丝绸之路经济带"和"21世纪海上丝绸之路"重大倡议（合称"一带一路"倡议），自此中国与"一带一路"沿线国家在能源、经济和贸易等领域合作发展不断提速。2015年，国务院授权国家发展改革委、外交部和商务部联合发布的《推动共建丝绸之路经济带和21世纪海上丝绸之路的愿景与行动》提出："加强科技合作，共建联合实验室（研究中心）、国际技术转移中心、海上合作中心，促进科技人员交流，合作开展重大科技攻关，共同提升科技创新能力。"[①]2016年，国务院发布的《"十三五"国家科技创新规划》明确指出，打造"一带一路"协同创新共同体，围绕沿线国家科技创新合作需求，全面提升科技创新合作层次和水平[②]；同年，国家科技部、发展改革委、外交部、商务部等部委联合制定的《推进"一带一路"建设科技创新合作专项规划》，进一步对我国加强与沿线国家的科技创新合作做出指导和部署。在目标设定上，分为近期、中期和远期三个

---

① 中华人民共和国国务院.推动共建丝绸之路经济带和21世纪海上丝绸之路的愿景与行动[EB/OL].（2017-04-25）[2023-10-03]. http://ydyl.people.com.cn/n1/2017/0425/c411837-29235511.html.
② 中华人民共和国国务院.国务院关于印发"十三五"国家科技创新规划的通知[EB/OL].（2016-08-08）[2023-10-03]. https://www.gov.cn/zhengce/content/2016-08/08/content_5098072.htm.

阶段。近期目标是用 3～5 年,夯实基础,打开局面。中期目标是用 10 年左右的时间,重点突破,实质推进,以周边国家为基础、面向更大范围的协同创新,网络建设初见成效。远期目标是到 21 世纪中叶,建成"一带一路"创新共同体,启动了中国-东盟、中国-南亚、中国-阿拉伯等一系列科技伙伴计划,发起成立"'一带一路'技术转移协作网络",实施面向"一带一路"参与国的青年科学家来华计划①;2017 年,习近平主席在首届"一带一路"国际合作高峰论坛上提出要将"一带一路"建成"和平之路、繁荣之路、开放之路、创新之路、文明之路"新的行动纲领,明确要坚持创新驱动发展,加强在数字经济、人工智能、纳米技术、量子计算机等前沿领域合作,推动大数据、云计算、智慧城市建设,连接成 21 世纪的数字丝绸之路,论坛启动了"一带一路"科技创新行动计划,开展科技人文交流、共建联合实验室、科技园区合作、技术转移四项行动②;2019 年,第二届"一带一路"国际合作高峰论坛增设"创新之路"分论坛,习近平主席在论坛上进一步强调,创新就是生产力。科技部与有关国家科技创新主管部门共同发布《"创新之路"合作倡议》,旨在顺应科技全球化发展大势和开放合作的时代潮流③,探索建立"一带一路"共建国家之间可持续的科技创新合作模式,依托双边和多边政府间科技创新合作及对话机制,加强科技创新合作与交流④;2020 年,在中关村论坛的"一带一路"科技园区平行论坛上,科技部火炬中心发布了《创新创业国际合作共同行动倡议》,希望合作伙伴共同开展包括建立企业孵化网络、共同主办各类交流活动、促进政产学研合作在内的三方面合作⑤。2022 年,党的二十大报告明确指出,扩大国际科技交流合作,加强国际化科研环境建设,形成具有全球竞争力的开放创新生态,为中国和各个地区推动国际科技创新合作指明了方向、提供了根本遵循。高水平开放是"一带一路"建设的主要特征,开放创新生态建设是其中的重要内容,构建"一带一路"科技创新共同体,为"一带一路"创新发展提质增

---

① 科技部,发展改革委,外交部,商务部.关于印发《推进"一带一路"建设科技创新合作专项规划》的通知[EB/OL].(2016 - 09 - 14)[2023 - 10 - 03]. https://www.most.gov.cn/tztg/201609/t20160914_127689.html.

② 新华网."一带一路"国际合作高峰论坛[EB/OL].[2023 - 10 - 03]. http://www.xinhuanet.com/world/brf2017/.

③ 国际在线.第二届"一带一路"国际合作高峰论坛成果清单[EB/OL].(2019 - 04 - 28)[2023 - 10 - 03]. https://news.cri.cn/20190428/117cc9d0 - d5e0 - 4e61 - f535 - 941d81dc5879.html.

④ 科技部."创新之路"合作倡议[EB/OL].[2023 - 10 - 09]. https://www.ydylcn.com/ydylgjhzgflt/dej/cgqd/339612.shtml.

⑤ 中国一带一路网.中国科技部向全球发布《创新创业国际合作共同行动倡议》[EB/OL].[2023 - 10 - 09]. https://www.yidaiyilu.gov.cn/p/149011.html.

效,全面发挥科技创新在"一带一路"建设中的引领和支撑作用①。

2016 年,由国家科技部、发展改革委、外交部、商务部等部委联合制定的《推进"一带一路"建设科技创新合作专项规划》提出:"各地方要结合当地实际,积极开展特色鲜明、各有侧重的科技创新合作。"②全国多个省市立足自身的区位功能和特征,积极探索和出台了一系列面向"一带一路"的国际区域科技创新合作战略。例如,上海市人民政府发布的《上海服务国家"一带一路"建设发挥桥头堡作用行动方案》专设"科技创新合作专项行动",从建设技术转移中心、加强科技园区合作、共建联合实验室、推进大科学设施开放、深化海洋科学研究与技术合作、深化人文交流等方面做出了更为具体的部署,建议从合作平台、联合研发、技术转移、产业投资、创新人才、科技金融等方面协同推进,把上海打造成服务"一带一路"科技创新合作的桥头堡,提升上海在全球科技创新版图中的影响力和话语权③。天津市编制《天津市推进"一带一路"建设科技创新合作专项规划》,设立"一带一路"国际科技合作示范项目专项经费,加快技术联合研发平台建设,依托天津国家自主创新示范区,加强与跨国公司研发中心、国际知名研究机构和产业组织合作,打造创新合作平台与研发中心,加快国际技术转移中心与国际科技合作园区建设,开展专业领域国际技术转移合作与资源共享④。江西省除了设立"一带一路"科技合作专题项目,还开展针对"一带一路"沿线国家的科技培训,鼓励江西省具有产业和技术优势的企业、科研院所和高校,与"一带一路"沿线国家建立全面、深入的科技伙伴关系,带动全省适用技术和产品在合作对象国的应用和推广。此外,江西省科技厅充分利用科技部中国-东盟技术转移中心、中国-南亚技术转移中心、中国-阿拉伯技术转移中心搭建的各类平台,为企业开辟一条通往东南亚、南亚、阿拉伯国家的市场渠道,推动江西省企业、科研院所"走出去"⑤。四

---

① 习近平.高举中国特色社会主义伟大旗帜 为全面建设社会主义现代化国家而团结奋斗:在中国共产党第二十次全国代表大会上的报告[EB/OL].(2022 - 10 - 25)[2023 - 10 - 03]. http://www.qstheory.cn/yaowen/2022 - 10/25/c_1129079926.htm.

② 科技部,发展改革委,外交部,商务部.关于印发《推进"一带一路"建设科技创新合作专项规划》的通知[EB/OL].(2016 - 09 - 14)[2023 - 10 - 03]. https://www.most.gov.cn/tztg/201609/t20160914_127689.html.

③ 上海市人民政府.上海服务国家"一带一路"建设发挥桥头堡作用行动方案[EB/OL].(2020 - 08 - 14)[2023 - 10 - 04]. https://www.shanghai.gov.cn/nw12344/20200814/0001 - 12344_53799.html.;邹磊.上海加强与"一带一路"沿线国家科技创新合作研究[J].科学发展,2018(3):62 - 70.

④ 天津市委.天津出台"一带一路"科技创新合作专项规划[EB/OL].(2016 - 12 - 21)[2023 - 10 - 04]. https://www.gov.cn/xinwen/2016 - 12/21/content_5150904.htm.

⑤ 江西日报.江西省"一带一路"国际科技合作全面提速[N/OL].(2022 - 09 - 21)[2023 - 10 - 04]. http://www.scio.gov.cn/gxzt/whzt/ydyl/jmhz_25541/202209/t20220921_421359.html.

川省印发《成渝地区共建"一带一路"科技创新合作区实施方案》,标志着四川参与共建"一带一路"科技创新合作区再次"加码"新平台,聚焦建设"一带一路"科技交往中心、技术转移枢纽、产创融合新高地、协同创新示范区,着力构建以西部(成都)科学城和西部(重庆)科学城为核心,国家自创区、高新区、经开区和特色产业园区为承载,高等学校、科研院所、国际科技合作基地等为支撑的"一区、两核、多园、众点"的国际科技合作空间布局①。云南省建设面向南亚、东南亚科技创新中心办公室印发《加快面向南亚东南亚科技创新中心建设行动方案》,积极参与"一带一路"科技创新行动计划、中国-东盟科技伙伴计划、中国-南亚科技伙伴计划,落实科技部中老、中缅、中菲等对外联委会议定事项。在大湄公河次区域合作、澜沧江-湄公河区域合作机制下拓展与沿线国家科技合作;完成中老、中缅经济走廊、云南-老北合作工作组等涉及科技的合作任务;充分发挥中国-南亚技术转移中心、中国-东盟创新中心和金砖国家技术转移中心等国家级国际科技合作平台"筑巢引凤"的作用,创新管理运营模式,拓展创新合作渠道,汇集各方创新合作资源,承担国家对外合作任务②。31 个省、自治区、直辖市以及香港和澳门均已建立推进"一带一路"建设工作领导小组,陆续发布"一带一路"建设的总体规划、实施方案或行动计划等,将"一带一路"建设列入政府工作报告,明确自身在"一带一路"中的战略定位、发展目标和重点任务(见表 2-1),围绕联合研发、技术转移、产业合作、科技园区、人才交流等方面进行了许多探索。

表 2-1　各省、自治区、直辖市以及香港和澳门的"一带一路"文件③

省级行政区	文　件　名　称
新疆	《新疆生产建设兵团参与建设丝绸之路经济带的实施方案》
	《丝绸之路经济带核心区交通枢纽中心建设规划(2016—2030 年)》

---

① 四川省人民政府.共建"一带一路"科技创新合作区　川渝再次"加码"新平台[EB/OL].(2022-06-30)[2023-10-04]. https://www.sc.gov.cn/10462/10464/10797/2022/6/30/6c55673b740f44b59a8b37a727532283.shtml.

② 云南省科技厅.云南省建设面向南亚东南亚科技创新中心办公室关于印发《加快面向南亚东南亚科技创新中心建设行动方案》的通知_云南省科技厅[EB/OL].[2023-10-04]. http://kjt.yn.gov.cn/html/2021/tongzhigonggao_1122/3758.html.

③ 中国"一带一路"战略研究院.中国各省区市融入"一带一路"建设进展[EB/OL].(2019-08-30)[2023-10-04]. http://brd.bisu.edu.cn/art/2019/8/30/art_16369_228974.html.

（续表）

省级行政区	文　件　名　称
新疆	《新疆参与中蒙俄经济走廊建设实施方案》
	《丝绸之路经济带核心区区域金融中心建设规划(2016—2030 年)》
	《丝绸之路经济带核心区(新疆)能源规划》
青海	《青海省参与建设丝绸之路经济带和 21 世纪海上丝绸之路的实施方案》
	《青海省丝绸之路文化产业带发展规划及行动计划(2018—2025)》
甘肃	《甘肃省参与建设丝绸之路经济带和 21 世纪海上丝绸之路的实施方案》
	《丝绸之路经济带甘肃段"6873"交通突破行动实施方案》
	《"丝绸之路经济带"甘肃段建设总体方案》
	《关于推动国际货运班列和航空货运稳定运营的意见》
	《甘肃省合作共建中新互联互通项目南向通道工作方案(2018—2020 年)》
	《新时代甘肃融入"一带一路"抢占"五个制高点"规划》
陕西	《陕西省推进绿色"一带一路"建设实施意见》
	《陕西省"一带一路"建设 2018 年行动计划》
	《陕西省标准联通共建"一带一路"行动计划(2018—2020 年)》
	《西安建设"一带一路"综合改革开放试验区总体方案》
	《关于加强和规范"一带一路"对外交流平台审核工作的通知》
宁夏	《宁夏参与丝绸之路经济带和 21 世纪海上丝绸之路建设规划》
内蒙古	《内蒙古自治区创新同俄罗斯、蒙古国合作机制实施方案》
	《内蒙古自治区深化与蒙古国全面合作规划纲要》
	《内蒙古自治区参与建设"丝绸之路经济带"实施方案》
	《内蒙古自治区建设国家向北开放桥头堡和沿边经济带规划》
	《内蒙古自治区与俄蒙基础设施互联互通总体规划(2016—2035 年)》
	《内蒙古自治区与俄罗斯、蒙古国基础设施互联互通实施方案(2016—2020 年)》

（续表）

省级行政区	文 件 名 称
重庆	《重庆市开放平台协同发展规划（2018—2020 年）》
	《中新（重庆）战略性互联互通示范项目航空产业园建设总体方案》
西藏	《西藏面向南亚开放重要通道建设规划》
云南	《云南省参与建设丝绸之路经济带和 21 世纪海上丝绸之路实施方案》
	《中共云南省委云南省人民政府关于加快建设我国面向南亚东南亚辐射中心的实施意见》
	《中共云南省委云南省人民政府关于加快建设我国面向南亚东南亚辐射中心规划（2016—2020 年）》
	《云南省建设面向南亚东南亚经济贸易中心规划（2016—2020）》
	《云南省建设面向南亚东南亚科技创新中心规划（2016—2020）》
	《云南省建设面向南亚东南亚金融服务中心规划（2016—2020）》
	《云南省建设面向南亚东南亚人文交流中心规划（2016—2020）》
广西	《广西参与建设丝绸之路经济带和 21 世纪海上丝绸之路的思路与行动》
	《广西参与"一带一路"建设 2018 年工作要点》
	《广西参与"一带一路"科技创新行动计划实施方案（2018—2020 年）》
黑龙江	《中蒙俄经济走廊黑龙江陆海丝绸之路经济带建设规划》
吉林	《沿中蒙俄开发开放经济带发展规划（2018—2025 年）》
辽宁	《辽宁"一带一路"综合试验区建设总体方案》
福建	《福建省 21 世纪海上丝绸之路核心区建设方案》
	《福建省开展 21 世纪海上丝绸之路核心区创新驱动发展试验实施方案》
上海	《上海服务国家"一带一路"建设发挥桥头堡作用行动方案》
广东	《广东省促进中医药"一带一路"发展行动计划（2017—2020 年）》
	《广东省参与"一带一路"建设重点工作方案（2015—2017 年）》

(续表)

省级 行政区	文 件 名 称
广东	《广东省参与建设"一带一路"的实施方案》
浙江	《浙江省标准联通共建"一带一路"行动计划(2018—2020)》
	《浙江省打造"一带一路"枢纽行动计划》
海南	《海南省参与建设丝绸之路经济带和 21 世纪海上丝绸之路三年(2017—2019)滚动行动计划》
	《海南省参与"一带一路"建设对外交流合作五年行动计划(2017—2021 年)》
	《海南省参与"一带一路"建设涉外工作方案》
北京	《北京市推进共建"一带一路"三年行动计划(2018—2020 年)》
天津	《天津市参与丝绸之路经济带和 21 世纪海上丝绸之路建设实施方案》
	《天津市"一带一路"科技创新合作行动计划(2017—2020 年)》
	《2018 年天津市"一带一路"科技创新合作专项项目申报指南》
	《天津市融入"一带一路"建设 2018 年工作要点》
河北	《关于积极参与"一带一路"建设推进国际产能合作的实施方案》
	《河北省推进共建"一带一路"教育行动计划》
	《关于主动融入国家"一带一路"战略促进我省开放发展的意见》
	《河北省促进中医药一带一路发展的实施意见》
山西	《山西省参与建设丝绸之路经济带和 21 世纪海上丝绸之路实施方案》
	《山西省参与"一带一路"建设三年(2018—2020 年)滚动实施方案》
江苏	《江苏省中欧班列建设发展规划实施方案(2017—2020)》
	《江苏省 2018 年参与"一带一路"建设工作要点》
江西	《江西省参与丝绸之路经济带和 21 世纪海上丝绸之路建设实施方案》
	《江西省 2018 年参与"一带一路"建设工作要点》

(续表)

省级行政区	文 件 名 称
河南	《郑州-卢森堡"空中丝绸之路"建设专项规划(2017—2025)》
	《推进郑州-卢森堡"空中丝绸之路"建设工作方案》
	《河南省参与建设丝绸之路经济带和21世纪海上丝绸之路的实施方案》
	《河南省标准联通参与建设"一带一路"行动计划(2018—2020年)》
	《河南省参与建设"一带一路"2016年工作方案》
湖北	《湖北省2017—2018年度"一带一路"重点支持项目库》
	《标准联通"一带一路"湖北行动计划(2018—2020年)》
山东	《山东省参与建设丝绸之路经济带和21世纪海上丝绸之路实施方案》
	《山东省"融入'一带一路'大战略,齐鲁文化丝路行"实施意见》
安徽	《安徽省参与建设丝绸之路经济带和21世纪海上丝绸之路实施方案》
	《2018年度安徽省支持中小企业参与"一带一路"建设工作意见》
四川	《四川省推进国际产能和装备制造合作三年行动方案(2017—2019年)》
	《四川文化融入"一带一路"战略实施意见(2017—2020年)》
	《四川省推进"一带一路"建设标准化工作实施方案》
湖南	《湖南省对接"一带一路"战略行动方案(2015—2017年)》
贵州	《贵州省推动企业沿着"一带一路"方向"走出去"行动计划(2018—2020年)》
香港	《关于支持香港全面参与和助力"一带一路"建设的安排》
澳门	《关于支持澳门全面参与和助力"一带一路"建设的安排》

2.2 推进"一带一路"科技创新合作的主要模式

自2017年"一带一路"科技创新行动计划宣布启动以来,"一带一路"科技创新合作已经成为共建"一带一路"的核心内容和重要驱动力。中国与共建"一带一路"国家在国际科技合作平台建设、科技人文交流、科技促进经济社会发展等方面展开合作,积极探索形成多种科技创新合作模式,共同将"一带一路"建设成为名副其实的"创新之路"。截至 2021 年末,我国与共建国家在农业、新能源、卫生健康等领域启动建设了 53 家联合实验室,主导发起"一带一路"国际科学组织联盟,构建多层次多元化科技人文交流机制,促进科研人员和青少年科技交流,推动跨境电商等新产业新业态高速增长,以科技创新合作改善共建国家民生福祉[①]。

2.2.1　中国科协模式

为积极响应"一带一路"倡议,切实推动"一带一路"科技人文交流走深走实,为共同应对全球性挑战和实现可持续发展提供科技支撑,中国科协凭借自身"一体两翼"的组织优势[②],凝聚国际组织力量,推动"一带一路"建设,鼓励科协所属学会与国际组织开展合作,构建国际交流网络和合作平台,实现科技创新资源互通共享和人才的联合培养,发挥对外民间科技交流的作用[③]。中国科协自 2016年启动实施"中国科协'一带一路'国际科技组织合作平台"项目,项目承担单位与"一带一路"沿线国家相关组织签署合作备忘录、达成合作协议、举办国际研讨会、编撰国际组织名录、建立培训基地、成立区域科技组织联盟等,打造形成"一带一路"国际科技合作的重要平台,构建了各国民心相通、理解包容、互学互鉴、合作创新的桥梁,共同推动中国与世界各国在科技、产业和经济等领域的交流合作。

"中国科协'一带一路'国际科技组织合作平台"项目覆盖了能源、环境、健康、农业、信息等多个领域。例如,在能源领域,中国与沿线国家共同推进清洁能源开发利用;在环境领域,中国与沿线国家共同推进生态环境保护;在健康领域,

---

① 傅晋华.推动"一带一路"创新发展提质增效[N/OL].科技日报,(2023 - 09 - 25)[2023 - 10 - 01]. https://theory.gmw.cn/2023 - 09/25/content_36855119.htm.
② 中国科协作为全国科技工作者组成的群众组织,"一体两翼"能够触达技术服务与交易网络的各个节点,科学家品牌独一无二,汇聚了各个领域的优秀科学家;具有多学科交叉优势,所属全国学会覆盖理工农医等各大门类,在大型国有企业、科技头部企业、中小企业均有组织触角;与地方无缝连接,组织体系贯通中央、省、市、县四级;国际联系渠道广泛,具有联合国经社理事会咨商地位,210 家全国学会和各级地方学会加入了 890 余个国际科技组织。
③ 李文君,梁丽芝.构建"一带一路"科技创新共同体的意义、挑战及建议[J].科技促进发展,2020,16(7): 753 - 758.

中国与沿线国家共同推进传染性疾病防控;在农业领域,中国与沿线国家共同推进粮食安全保障;在信息领域,中国与沿线国家共同推进数字经济发展等。在"中国科协'一带一路'国际科技组织合作平台"项目的引导下,国际数字地球学会在澳大利亚发起成立"数字思路国际科技联盟",这是在中国科协"一带一路"国际科技组织平台项目的培育下,首个在海外成立的以我国为主的国际科技联盟;中国抗癌协会成立首个亚欧国际肿瘤培训中心——"一带一路"国际肿瘤防治专业人员联合培训中心。由中国抗癌协会承担的"一带一路"国际肿瘤防治专业人员联合培训中心项目,依托中国最具实力的肿瘤专科医院实施人才培训和肿瘤学科交流活动,分别在天津、北京、广州三地建立培训基地,接收"一带一路"国家肿瘤医技人员来华培训,选派一批优秀的青年肿瘤医师赴国外学习,并承办"一带一路"国际肿瘤防治专业人员联合培训中心举办的学术研讨会等活动;中国免疫学会承担的"一带一路"动物疫病防治联合研究中心项目在哈尔滨兽医研究所举行研究中心的揭牌仪式,并在埃及开罗召开了"一带一路"中埃禽流感及城疫防控论坛;北京工商大学承担的巴基斯坦科技与研究中心成立。该中心将为巴基斯坦提供技术支持和人才培训,推动两国在农业、工业和信息技术等领域的合作。

截至 2021 年末,"中国科协'一带一路'国际科技组织合作平台"项目累计吸引 200 多个国际组织和千余个国别组织参与,涉及全球 150 多个国家和地区,共实施 152 个项目,支持建立或筹建 30 家区域科技组织、36 家国际科技组织联合研究中心、5 家国别科技问题研究中心,培养 11.9 万多名科技人才。中国主导发起的"一带一路"国际科学组织联盟,成员单位达到 67 家。此外,中国面向东盟、南亚、阿拉伯国家、中亚、中东欧国家、非洲、上合组织、拉美建设 8 个跨国技术转移平台,并在联合国南南框架下建立"技术转移南南合作中心"。2020 年中国科协'一带一路'国际科技组织合作平台建设项目辐射到五大洲(见图 2-1),项目覆盖次数最多的 5 个国家依次为巴基斯坦、泰国、俄罗斯、马来西亚和印度尼西亚。

截至 2021 年末,全国 18 个省市的 78 家承担单位参与了"中国科协'一带一路'国际科技组织合作平台"项目工作(见图 2-2),包括 37 个全国学会、21 个高等院校、15 个科研院所、4 个省市科协直属事业单位和 1 个中国科协直属事业单位。

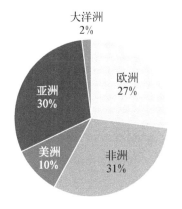

图 2-1　"一带一路"国际科技组织合作
平台项目全球辐射情况

资料来源：中国科协"一带一路"国
际科技组织合作平台(ciste.org.cn)。

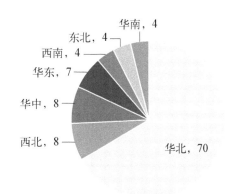

图 2-2　"一带一路"国际科技组织合作
平台项目国内地区分布

资料来源：中国科协"一带一路"国际科技组织
合作平台(ciste.org.cn)。

2.2.2　中科院模式

中国科学院重点建设载体平台、技术项目、人才培养相结合的"一带一路"科技创新合作体系。一是以高水平、高层次科技合作网络和创新平台为抓手,构建常态化科技合作体制机制;二是以协同合作创新、促进信息共享为重点,推动科技合作取得实质性成效;三是积极组织发起国际科技合作计划和项目,共同应对区域和全球性挑战;四是加强人员互派互访、合作培养青年人才,为"一带一路"建设提供人才保障[①]。中国科学院与"一带一路"沿线国家的科技交流与合作起步早、规模大,自 2013 年以来率先打造"人才、平台、项目"相结合的"一带一路"科技合作体系,充分发挥国家战略科技力量的作用,先后启动实施了"发展中国家科教合作拓展工程(2014 年)"和"一带一路"科技合作行动计划(2016 年),每年与"一带一路"沿线国家科技交流规模超过 2 万人次,每年举办国际学术会议近 400 个;累计择优支持 318 名来自发展中国家的青年访问学者和博士后来中国科学院工作访问,招收 540 名外国留学生在中国科学院攻读博士学位;建立了与"一带一路"沿线重点国家主要科研机构的合作机制,在人才培养交流、咨询建议、项目合作、成果转移转化等方面开展了实质性合作;另外,通过发展中国家科学院(TWAS)、联合国教科文组织(UNESCO)、国际科学联合会(ICSU)、上海

---

① 黎贞崇."一带一路"倡议下地方科研院所开展国际科技合作的策略[J].科技管理研究,2018,38(7):116-119.

合作组织建立了与"一带一路"沿线国家合作的国际平台,如 TWAS 区域办公室、TWAS 青年科学家网络、2 个 UNESCO 的国际二类中心、2 个 ICSU 国际项目办公室和上海合作组织科学院院长论坛。"一带一路"倡议的提出有力地促进了上述工作,取得的成效有:通过实施"中国科学院-发展中国家科学院院长奖学金"计划,迄今已为"一带一路"沿线国家培养科研管理和专业技术人才约 800名;在全球气候变化与环境、饮用水安全、生物技术、绿色能源技术、防灾减灾技术等发展中国家共同关注的领域,设立了 5 个"CAS-TWAS 卓越中心",面向发展中国家,广泛构建科技合作网络,开展合作研究、战略咨询、专业技术人才培训等工作;陆续部署启动了一批海外科教合作基地的建设工作,包括中-非联合研究中心、中亚药物研发中心、中亚生态环境研究中心、南美天文研究中心、南美空间天气研究中心、中-斯海上丝绸之路科教中心、加德满都科教中心、东南亚生物多样性研究中心和曼谷创新合作中心等①。2018 年 11 月,由中国科学院发起的"一带一路"国际科学组织联盟(ANSO)正式成立,旨在凝聚多边力量,共建"一带一路"科技创新共同体,促进各国经济社会可持续、高质量发展;聚焦全球共性挑战和重大需求,促进各国科技创新政策沟通和战略对接,共同组织实施重大科技合作计划;推动创新能力开放合作和资源、数据的开放共享;促进创新人才培养,共同提升科技创新能力。"一带一路"国际科学组织联盟(ANSO)成员和组织机构如表 2-2 所示。

表 2-2 "一带一路"国际科学组织联盟(ANSO)成员和组织机构

ANSO 理事会成员单位	
1	中国科学院
2	俄罗斯科学院
3	泰国国家科学技术发展署
4	巴基斯坦科学院
5	匈牙利科学院

---

① 中国科学院.中国科学院共建"一带一路"国际科技合作行动方案[EB/OL].(2017-05-09)[2023-10-05]. https://www.cas.cn/cm/201705/t20170509_4600002.shtml.

（续表）

ANSO 理事会成员单位	
6	乔莫肯尼亚塔农业与技术大学
7	联合国教科文组织
8	巴西科学院
9	土耳其科技研究委员会

ANSO 其他成员单位	
1	亚美尼亚科学院
2	孟加拉工程技术大学
3	白俄罗斯科学院
4	比利时皇家海外科学院
5	保加利亚科学院
6	智利大学
7	香港中文大学
8	澳门大学
9	埃及国家研究中心
10	伊朗进步发展中心
11	哈萨克斯坦科学院
12	吉尔吉斯斯坦科学院
13	墨西哥高等研究中心
14	蒙古科学院
15	摩洛哥哈桑二世科学院
16	尼泊尔特里布文大学
17	奥克兰大学

（续表）

	ANSO 其他成员单位	
18	波兰科学院	
19	罗马尼亚科学院	
20	斯洛文尼亚科学与艺术院	
21	斯里兰卡佩拉德尼亚大学	
22	斯里兰卡卢胡纳大学	
23	塔吉克斯坦科学院	
24	泰国国家科学与创新研究院（原名：泰国研究基金会）	
25	乌兹别克斯坦科学院	
26	欧洲科学与艺术院	
27	国际山地综合发展中心	
28	发展中国家科学院	
29	国际动物学会	
30	北京师范大学	
31	南方科技促进可持续发展委员会	
32	尼泊尔科学院	
33	亚洲理工学院	
34	贾汉吉尔纳加尔大学	
35	老挝国立大学	
36	玛拉工艺大学沙捞越校区	
37	拉曼大学	
38	约旦皇家科学学会	
39	塞尔维亚科学院	

(续表)

	ANSO 其他成员单位
40	贝尔格莱德大学
41	塞尔维亚国际政治经济研究所
42	斯洛伐克科学院
43	北马其顿科学院
44	雅典科学院
45	下戈里察大学
46	黑山科学与艺术学院
47	萨格勒布大学
48	加那利群岛天体物理研究所
49	奥斯瓦尔多·克鲁兹基金会
50	乌拉圭共和国大学
51	雅才理工大学
52	古巴科学院
53	阿根廷射电天文学研究所
54	阿根廷国家科技大学布宜诺斯艾利斯分校
55	圣胡安国立大学
56	安博大学
57	非洲科学院
58	塞内加尔科学与技术院

资料来源:"一带一路"国际科学组织联盟官方(anso.org.cn)。

2.2.3 产业园区模式

产业园区是国际科技创新合作的重要载体,可以有效承载各种类型的国际科技创新合作,既可以推动我国成熟科技成果的产业化,又可以与当地的科研机构开展合作,对于有条件的产业园区,可以具备技术人才培养和创新孵化器的功能[①]。产业园建设过程中,可以通过共建学校来推动基础科学研究,也可以共建联合实验室和联合研究中心,还可以通过投资生产来促进国际产能的转移。伴随着"一带一路"建设的推进,中国与沿线国家已建成或即将建成70多个合作产业园区,部分园区成为"中国模式"发展的重要典范,并呈现数量和质量全方位提升的态势,实现中国和东道国产能合作的同时也对提升当地经济社会发展发挥着重要作用。据商务部统计数据,自"一带一路"倡议提出以来,我国境外产业园的数量呈稳步增长趋势。至2019年年底,我国企业已建和在建的初具规模的境外经贸合作区达113个,分布于全球46个国家和地区,其中建在"一带一路"沿线国家的园区有82个。数据显示,至2019年11月,纳入商务部统计的境外经贸合作区累计投资超过410亿美元,入区企业近5 400家,上缴东道国税费43亿美元,创造了近37万个当地就业岗位。根据中国境外经贸合作区投促办公室发布的"一带一路"沿线产业园名录(见表2-3),可以对境外产业园的情况有一个总体了解。从地理位置分布来看,绝大多数产业园位于经济相对欠发达的国家和地区,且主要集中在东南亚(26个)、非洲(25个)、中亚-东欧(19个)三大区域,分别占园区总数的32.50%、31.25%、23.75%。其中,我国在印度尼西亚投资建设境外园区数量最多,其次分别为俄罗斯、尼日利亚等[②]。

表2-3 "一带一路"沿线产业园区名录

地　区	国　家	园　区　名　称
东南亚	柬埔寨	西哈努克港经济特区
东南亚	柬埔寨	柬埔寨山东桑莎(柴桢)经济特区
东南亚	柬埔寨	柬埔寨桔井省斯努经济特区

---

① 王友发,罗建强,周献中.近40年来中国与"一带一路"国家科技合作态势演变分析[J].科技进步与对策,2016,33(24):1-8.
② 李志明,张成,陈曦.我国境外产业园的区位布局和发展现状分析[J].中国科技资源导刊,2020,52(5):102-110.

（续表）

地 区	国 家	园 区 名 称
东南亚	柬埔寨	华岳柬埔寨绿色农业产业园
东南亚	柬埔寨	柬埔寨齐鲁经济特区
东南亚	老挝	老挝万象赛色塔综合开发区
东南亚	老挝	老挝云橡产业园
东南亚	老挝	老挝磨丁经济开发专区
东南亚	马来西亚	马中关丹产业园
东南亚	泰国	中国-东盟北斗科技城
东南亚	泰国	泰中罗勇工业园
东南亚	文莱	大摩拉岛石油炼化工业园
东南亚	印度尼西亚	中国·印尼经贸合作区
东南亚	印度尼西亚	印度尼西亚东加里曼丹岛农工贸经济合作区
东南亚	印度尼西亚	印度尼西亚苏拉威西镍铁工业园
东南亚	印度尼西亚	中国印尼综合产业园区青山园区
东南亚	印度尼西亚	中国·印度尼西亚聚龙农业产业合作区
东南亚	印度尼西亚	印尼西加里曼丹铝加工园区
东南亚	印度尼西亚	中民投印尼产业园
东南亚	印度尼西亚	广西印尼沃诺吉利经贸合作区
东南亚	印度尼西亚	华夏幸福印尼卡拉旺产业园
东南亚	印度尼西亚	中国·印尼经贸合作区
东南亚	缅甸	缅甸皎漂特区工业园
东南亚	越南	越南北江省云中工业园区
东南亚	越南	越南龙江工业园

（续表）

地 区	国 家	园 区 名 称
东南亚	越南	中国-越南(深圳-海防)经贸合作区
南 亚	巴基斯坦	海尔-鲁巴经济区
南 亚	巴基斯坦	瓜达尔自贸区
南 亚	印度	万达印度产业园
南 亚	印度	印度马哈拉施特拉邦汽车产业园
南 亚	印度	特变电工(印度)绿色能源产业区
南 亚	斯里兰卡	斯里兰卡科伦坡港口城
中 亚	乌兹别克斯坦	乌兹别克斯坦"鹏盛"工业园
中 亚	塔吉克斯坦	中塔工业园
中 亚	塔吉克斯坦	中塔农业纺织产业园
中 亚	格鲁吉亚	格鲁吉亚华凌自由工业园
中 亚	哈萨克斯坦	哈萨克斯坦中国工业园
中 亚	哈萨克斯坦	中哈边境合作中心
中 亚	吉尔吉斯斯坦	吉尔吉斯斯坦亚洲之星农业产业合作
西 亚	阿联酋	中国阿联酋"一带一路"产能合作园区
西 亚	阿曼	中国-阿曼产业园
非 洲	阿尔及利亚	中国江铃经济贸易合作区
非 洲	埃及	埃及苏伊士经贸合作区
非 洲	埃塞俄比亚	埃塞俄比亚东方工业园
非 洲	埃塞俄比亚	埃塞中交工业园区
非 洲	埃塞俄比亚	埃塞俄比亚-湖南工业园
非 洲	吉布提	吉布提国际自贸区

（续表）

地　区	国　家	园　区　名　称
非　洲	毛里求斯	毛里求斯晋非经贸合作区
非　洲	南非	海信南非开普敦亚特兰蒂斯工业园区
非　洲	尼日利亚	越美（尼日利亚）纺织工业园
非　洲	尼日利亚	尼日利亚宁波工业园区
非　洲	尼日利亚	尼日利亚卡拉巴汇鸿开发区
非　洲	尼日利亚	莱基自由贸易区
非　洲	尼日利亚	尼日利亚广东经贸合作区
非　洲	莫桑比克	莫桑比克万宝产业园
非　洲	莫桑比克	莫桑比克贝拉经济特区
非　洲	苏丹	中苏农业开发区
非　洲	塞拉利昂	塞拉利昂农业产业园
非　洲	坦桑尼亚	坦桑尼亚巴加莫约经济特区
非　洲	坦桑尼亚	江苏-新阳嘎农工贸现代产业园
非　洲	津巴布韦	中津经贸合作区
非　洲	乌干达	乌干达辽沈工业园
非　洲	乌干达	非洲（乌干达）山东工业园
非　洲	赞比亚	中垦非洲农业产业园
非　洲	赞比亚	赞比亚中国经济贸易合作区
非　洲	赞比亚	中材赞比亚建材工业园
俄罗斯	俄罗斯	俄中托木斯克木材工贸合作区
俄罗斯	俄罗斯	俄罗斯乌苏里斯克经贸合作区
俄罗斯	俄罗斯	中俄现代农业产业合作区

(续表)

地　区	国　家	园　区　名　称
俄罗斯	俄罗斯	中俄(滨海边疆区)农业产业合作区
俄罗斯	俄罗斯	俄罗斯龙跃林业经贸合作区
俄罗斯	俄罗斯	俄罗斯圣彼得堡波罗的海经济贸易合作区
俄罗斯	俄罗斯	中俄-托森斯克工贸合作区
欧　洲	白俄罗斯	中白工业园
欧　洲	比利时	中国-比利时科技园
欧　洲	法国	中法经济贸易合作区
欧　洲	塞尔维亚	塞尔维亚贝尔麦克商贸物流园区
欧　洲	塞尔维亚	塞尔维亚中国工业园
欧　洲	匈牙利	中匈宝思德经贸合作区
欧　洲	匈牙利	中欧商贸物流园

资料来源：丝绸之路国际合作工作委员会(sric.org.cn)。

　　"一带一路"沿线国家已成为中国海外合作园区建设发展的重要空间承载体。作为探索全球治理与共赢的手段,中国的海外合作园区正在以全新的速度和全新的姿态推动着"一带一路"覆盖的六大经济走廊沿线国家和地区的交流与合作,已经成为中国"一带一路"倡议的重要组成部分。[1]

2.2.4　合作研究模式

　　以共建研究中心推动科技创新合作吸引来自"一带一路"不同国家的高校、科研院所和企业,共建双边及多边科学研究中心或技术开发中心,是"一带一路"沿线国家开展国际科技创新合作的重要模式[2]。立足"一带一路"倡议,在共建联合研究中心过程中,充分考虑沿线国家的科技基础和未来产业发展的需求,结合我国

---

[1] 刘佳骏."一带一路"沿线中国海外园区开放发展趋势与政策建议[J].发展研究,2019(8)：63-67.
[2] 甄树宁."一带一路"战略下国际科技合作模式研究[J].国际经济合作,2016(4)：26-27.

的实际情况,同时也要充分考虑沿线国家以外的其他国家科研组织或机构,特别是联合发达国家的研究力量,通过广泛的合作研究推动科技创新合作[①]。

合作发表论文是合作研究模式的重要成果形式。为反映中国与"一带一路"国家采用合作研究模式的情况,本节以 Web of Science 核心合集数据库作为数据来源,该数据库包括 SCI、SSCI、A&HCI、CPCI‑S 等重要引文索引,是全世界目前公认最权威的科学技术文献索引工具。以"一带一路"沿线的 65 个国家为分析对象,使用的检索式为 CU＝("PEOPLES R CHINA") AND CU＝(AFGHANISTAN OR ALBANIA OR …),检索得到 248 937 篇合作发表论文,检索日期为 2023 年 10 月 2 日。根据 Web of Science 的检索结果,中国与"一带一路"沿线国家的科学合作始于 20 世纪 70 年代,但是直到 1983 年每年合作发表论文才超过 10 篇,之后便快速增长,尤其在 2013 年"一带一路"倡议提出之后,科学合作论文增速迅猛(见图 2‑3)。

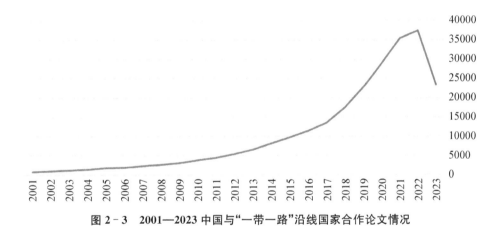

图 2‑3　2001—2023 中国与"一带一路"沿线国家合作论文情况

从合作数量上看,我国与沿线国家合作最多的国家是新加坡(64 178),其次是巴基斯坦(38 960)和印度(32 790),占比达到 54.6％,这可能是新、巴、印 3 个国家在沿线国家中处于相对先进国家行列。从合作范围来看,我国与"一带一路"沿线国家都有论文合作,但是鉴于沿线各个国家科技实力的不平衡,我国与部分国家在科学领域的合作刚刚起步,尤其是周边国家,如塔吉克斯坦、蒙古、文莱等,合作论文数量均不超过 2 000 篇(见图 2‑4)。

① 郭锋,伍希."一带一路"战略下西部高校国际科技合作[J/OL].中国高校科技,2017(S2)：81‑82.DOI：10.16209/j.cnki.cust.2017.s2.033.

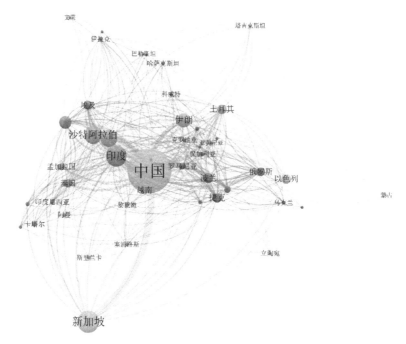

图 2 - 4   中国与"一带一路"沿线国家合作发表网络

根据学科的关键词频分析得到中国与"一带一路"沿线国家近 5 年来重要的研究主题。

中国与其他亚洲国家的重要研究主题：光催化、吸附、纳米流体、超级电容器、石墨烯、混凝土、抗氧化活性、银纳米粒子、氧化锌、分布式发电、深度学习、蒸散发、纳滤、氧化还原反应、多输入多输出、模糊集、分数阶微积分、生物柴油、有机太阳能电池、二硫化钼、金属有机骨架等。

中国与欧洲国家的重要研究主题：抗氧化活性、石墨烯、银河系、地球化学、混凝土、暗能量、全新世、量子纠缠、标准模型、蒸散发、PD - 1(程序性死亡受体 1)、银纳米粒子、光催化、重金属、热舒适性、模糊集、气溶胶、砖石发电、心房颤动、物联网、痴呆、气化(能源/燃料领域)、荧光粉、分布式发电等。

中国与非洲国家的重点研究主题：艾滋病流行与预防、孕产妇死亡率、疟疾、吸附、肺结核、蒸散发、MPPT 太阳能控制器、抗氧化活性、地球化学、光催化、精油、纳米流体、多组分反应、光孤子、银纳米粒子、埃博拉病毒、重金属、森林砍伐、分数阶微积分、粮食不足、氧化锌、腐蚀、混凝土、无线传感器网络等。

　　值得注意的是,发达国家在中国与"一带一路"沿线国家的科学合作网络中扮演了重要角色,在这些科学合作论文中,美、英、德、日等参与的合作论文分别有 47 718、23 982、22 371 和 15 224 篇,并且这些国家在沿线国家的合作中具有较高的中介中心性和影响力。

　　此外,专利合作是合作研究模式的另一种成果形式。白春礼(2023)基于 incoPat 专利数据库统计显示,截至检索日(2022 年 5 月),中国与"一带一路"共建国家合作申请专利共计 7 061 件[①]。从国家分布来看,与我国有专利合作的共建国家不足 1/3,集中在韩国、新加坡、越南、菲律宾等少数国家;多数经济欠发达的中小国家仅有少量申请。专利合作申请量排名前 10 的共建国家占了总体合作量的 94.3%,大量共建国家在与我国共同开展专利技术合作中活跃度低,尚未挖掘出技术合作潜力。从技术领域来看,我国与共建国家专利合作技术领域主要涉及数字通信、计算机技术、仪器仪表、药物及有机化学、机械制造等领域。

2.2.5　央企模式

　　以国际产能合作推动科技创新合作是中央企业参与"一带一路"科技创新行动计划的重要形式,也形成了中国与"一带一路"沿线国家开展科技创新合作的"央企模式"。多年来,中国中央企业秉持共商共建共享合作原则,在基础设施建设、能源资源开发、国际产能合作、产业园区建设等领域承担了一大批具有示范性和带动性的重大项目和标志性工程。据统计,已有 81 家中央企业在"一带一路"沿线承担超过 3 400 个项目。在"走出去"的过程中,中央企业不仅提升了自身国际化经营的能力和水平,也让沿线各国人民感受到了许多实实在在的好处和甜头。根据调查,92%的中央企业参与"一带一路"建设;63%的中央企业在"一带一路"沿线国家进行股权投资;中央企业在"一带一路"沿线主要参与制造业、采矿业、建筑业。在基础设施建设中,中央企业承担了 50%的项目,合同额超过了 70%,为"一带一路"建设的推进起到了"先锋队"的作用,中央企业参建的中老铁路、雅万高铁、匈塞铁路、蒙内铁路等重大项目,有力推动沿线国家的互联互通和协同发展,也为相关国家的现代化建设做出了积极贡献。在产能合作和能源开发等领域,中央企业承担了大批具有示范效应的重大项目和工程,推动

---

① 白春礼.科技创新与合作支撑"一带一路"高质量发展[J].中国科学院院刊,2023,38(9):1238-1245.

了一批国内先进技术项目与当地的创新合作与产业化,成为推动"一带一路"科技创新务实合作的重要力量[①]。

2.3 推进"一带一路"科技创新合作的内容和措施

党的二十大报告明确指出,扩大国际科技交流合作,加强国际化科研环境建设,形成具有全球竞争力的开放创新生态,为我国和各个地区推动国际科技创新合作指明了方向、提供了根本遵循。高水平开放是"一带一路"建设的主要特征,开放创新生态建设是其中的重要内容,构建开放创新生态系统可以促进共建"一带一路"国家创新要素合理流动、创新资源高效配置,从技术共享、产业共生、市场共建等三条主要路径努力形成互惠互利的共生关系,推动"一带一路"创新发展提质增效[②]。

建立开放的创新生态系统实现技术共享,并建立双边和多边技术互动及相互依存的关系。与许多"一带一路"沿线国家相比,中国企业在多个技术领域拥有明显的优势。在构建开放的创新生态系统过程中,中国企业通过积极参与国际开放创新,与合作国家企业开展技术合作或技术转移,根据共建国家的产品需求进行技术升级,从而提高自身的创新能力和技术水平。例如,中国光伏产业是处于世界领先地位且具有极大竞争优势的产业,光伏产品是中国新能源技术出口的"排头兵",中国企业在光伏发电技术领域拥有先进的生产工艺和研发能力。与此同时,"一带一路"沿线国家的太阳能资源丰富,其年光伏发电潜力总量可达 4.489×10^{14} kWh,且需求迅速增加,中国企业通过与这些国家的企业合作,共享光伏发电技术,帮助共建国家建设清洁能源基础设施,提高能源供应可持续性。2014—2018 年五年中,以国家电网有限公司、中国南方电网有限责任公司、中国华能集团有限公司等央企为主力军,中国企业以股权投资形式总计在"一带一路"沿线 64 个国家投资了约 12.04×10^9 GW 的风电和光伏装机,而到 2030 年中国参与"一带一路"沿线国家风电和光伏发电项目潜力将达到 235.41～706.24 GW。天合光能股份有限公司、阳光电源股份有限公司、隆基绿能科技股份有限公司等共 11 家上市企业通过合资、并购、投资等方式在海外布局建厂,总

---

① 人民日报海外版.共建"一带一路"贡献央企力量[N/OL].[2023 - 10 - 05]. http://www.sasac.gov.cn/n2588025/n2588134/c20108144/content.html.

② 傅晋华.推动"一带一路"创新发展提质增效[N/OL].科技日报,(2023 - 09 - 25)[2023 - 10 - 01]. https://theory.gmw.cn/2023 - 09/25/content_36855119.htm.

产能近 35 GW；尤其是在 2018 年"531"光伏新政发布后，中国光伏企业加快了海外扩产和布局的速度，海外产能占公司总产能的比例高达 46.6%。2018 年，中国光伏企业在海外布局的太阳电池的有效产能达到了 12.2 GW，光伏组件的有效产能达到了 18.1 GW①。在开放创新生态系统的框架下，中国企业还可以通过与共建国家的企业建立研发中心、技术合作项目和创新伙伴关系来推动技术合作。这种合作不仅有助于中国企业进一步提高自身的创新能力，还有助于共建国家提升其产业技术水平。对于共建国家而言，与中国企业合作可以共享中国在各种领域的先进技术和管理经验，通过将技术本地化，满足国内市场需求。总之，构建开放的创新生态系统是共建"一带一路"倡议的关键组成部分。通过积极的技术合作和共享，中国企业和共建国家企业可以共同推动技术进步，促进可持续发展，实现互利共赢。这种开放的创新合作将有助于加强国际社会的合作和发展，推动全球经济的繁荣。

　　开放创新生态系统建设实现产业共生，推动双边多边产业链和价值链融合升级。一个显著的案例是中国与柬埔寨的合作，共同建设现代化农业园区，通过技术和管理经验的共享，帮助柬埔寨提高农业生产效率和产品质量，不仅提升了柬埔寨的农业水平，也为中国企业提供了更广泛的市场和合作机会。中国和共建"一带一路"国家在产业合作方面具有广阔的潜力，依托完备的产业体系和强大的供应链网络优势。通过构建创新联合体、产业技术研发联盟等新型组织，促进跨国、跨界创新链的紧密联结，形成高效运行的开放创新生态系统，有助于中国实现向共建国家产业的转移。中巴经济走廊中的高速铁路项目是中国高铁技术的成功输出，同时也提升了巴基斯坦的交通基础设施水平，促进了双方产业链和价值链的升级。在此过程中，中国扩大全球生产网络，优化国内外产业分工网络，促进更多生产要素集中到价值链中高端环节，有利于实现自身产业链和价值链的融合升级。共建国家也能通过与中国的产能合作，提高自身产业价值链的竞争力，比如中亚国家与中国在纺织和服装领域建设生产基地，提高了制造水平，融入全球供应链。对共建国家而言，与中国的产能合作将有助于快速融入全球产业链，利用资源优势和开放创新生态系统，不断提升产业链创新能力。以埃及为例，在与中国合作的苏伊士经济特区建设工业园区，吸引更多外资，加速工业化进程，提高本国制造业竞争力。开放创新生态系统的建设为中国和共建"一

---

① 袁全红."一带一路"给中国光伏产业带来的机遇与挑战[J].太阳能，2020(8)：10-13.

带一路"国家带来了丰富的合作机会,促进了产业共生和跨国合作,推动了全球产业链的融合和升级,为可持续发展和国际合作创造了更有利的环境。这一过程不仅有助于双方的经济增长,也为全球经济繁荣和可持续发展贡献了积极力量。

开放创新生态系统建设实现市场共建,有助于实现双边和多边市场的融合,同时也推动产品创新。中国拥有巨大的市场规模优势,能够积极利用这一优势,在共建"一带一路"倡议中营造各类科技成果的转化应用场景。这种做法促使创新链、产业链和资金链更紧密地相互关联,共同打造一个科技、产业和金融三位一体的开放创新生态系统,有助于加速科技成果向实际生产力的转化。随着中国国际市场规模的不断扩大,市场规模经济的优势将变得更为明显。这将有助于降低企业的创新成本,提高生产效率,并进一步推动整个价值链的升级。例如,中国电动汽车市场已经成为全球最大的市场之一,吸引了全球电动汽车制造商积极寻求合作机会,以满足不断增长的市场需求。对于共建国家而言,市场融合和产品创新意味着能够更好地满足本国人民的消费需求,并为本国产品在国际市场上找到更广泛的机会。与中国市场的对接也为共建国家的产品提供了进入中国市场的途径,这将有助于扩大其市场规模,提升本国产品的创新能力和竞争力。例如,中国与东南亚国家在电子消费品制造领域的成功合作,共建国家通过与中国企业合作,将其产品销售到中国市场,提高了产品的知名度和市场份额。因此,开放创新生态系统的建设将成为市场共建和产品创新的推动力量,不仅有助于市场融合,还将促进科技成果向实际应用领域的转化,为各方创造更多商机和发展机会。

新时期,我国应以开放创新生态系统建设为重点推动"一带一路"创新发展提质增效,主要应从搭建国际科技合作网络平台、建立创新要素的无障碍流动机制、营造良好的科技创新营商环境等方面着手进行政策设计。一是构建开放式创新生态平台,多渠道构建"一带一路"开放创新生态平台。作为一个全球协同、多元主体参与的国际合作平台,"一带一路"需要建立更为高效的科技创新生态平台。发挥领军企业作用,鼓励科技领军企业聚焦一流创新技术和研发平台,在共建"一带一路"国家设立研发机构,同时支持有潜力的大企业与共建国家企业建立战略联盟,共同从事高端技术研发合作,积极支持有创新潜力的中小企业拓展国际市场,推动新产品的开发;支持引导产业界、科研界、科技社团对接国际资源,搭建多元化国际科技合作渠道,推动科技、产业和金融的深度融合。深化实质性国际科技交流合作,依托大科学设施,组织国际大科学计划,拓展科技合作深度。建设高水平人才高地和创新中心,搭建国际和区域科技创新人才交流平台,汇聚全球智力资源。二是建立创新要素的无障碍流动机制,确保资金、人才、技术和数据等创新要素的安全有序流动,实现创新要素在"一带一路"范围内的优化配置。根据共建需求建立适当的财政科研资金跨境使用管理机制,提高资金使用效益,充分发挥科研人员的积极性和创造性。同时,专注于关键领域,共建联合实验室或联合研究中心,扩大外籍科技人才来华就业创业和开展研究工作的机会,面向"一带一路"沿线国家举办各类技术培训班培养科学技术和管理人才,实现科技创新人才要素的跨境自由流动。举办跨国技术转移大会、设立国际技术转移服务机构等方式,积极为我国企业提供向共建国家开展技术转移和转化的机会,促进技术要素的快速流动。特别是在数字化、网络化和智能化发展方面,我们将与共建国家合作,共同制定跨境数据要素流动的治理机制,确保数据要素的安全和有序流动。总体而言,通过上述措施的完善和扩充,实现各类创新要素的流动,从而推动科技创新在"一带一路"合作中的更广泛应用,实现可持续发展和共同繁荣的目标。三是营造良好的科技创新营商环境。良好的科技创新营商环境是加快形成开放创新生态的重要保障。完善政策机制,激发创新主体活力,保障相关利益主体之间的研发合作、产权转移、技术转让、人才流动、资源共享等能够顺利实现①。为此,我们将全面完善知识产权保护法律体系,大力强化执法力度,优化知识产权服务体系,加强对外国知识产权人合法权益的保护,杜绝强制技术转让,完善商业秘密保护,依法严厉打击知识产权侵权行为,以推动共建国家在市场化和法治化原则的基础上开展更加积极的技术交流合作,加强创新成果共享,努力打破制约知识、技术、人才等创新要素流动的壁垒,持续打造市场化、法治化、国际化营商环境,为中外企业提供公平公正的市场秩序②,营造良好的科技创新营商环境,推动创新生态系统的可持续发展,实现更广泛的共同繁荣。

2.4　科技创新合作引领"一带一路"创新竞争力新格局

创新是国家经济社会持续发展的关键动力,中国与"一带一路"沿线国家通过开展科技人文交流,加强中国和参与国家科技人员的广泛交往与流动,形成多

---

① 加快形成具有全球竞争力的开放创新生态[EB/OL].光明网,(2023 - 01 - 19)[2023 - 12 - 17]. https://epaper.gmw.cn/gmrb/html/2023 - 01/19/nw.D110000gmrb_20230119_2 - 16.htm.
② 国家知识产权局.知识产权保护工作,总书记高度重视[EB/OL].(2022 - 04 - 28)[2023 - 12 - 17]. https://www.cnipa.gov.cn/art/2022/4/28/art_3217_183611.html.

层次、多元化的机制。通过共建联合实验室,搭建长期稳定的科技创新合作平台,提升联合攻关能力。通过科技园区合作,共建一批特色鲜明的科技园区,促进科技与产业的深度融合。通过技术转移合作,强化"一带一路"各参与方之间的资源共享与优势互补,促进区域间的平衡发展[①]。中国与"一带一路"沿线国家加深国际创新科技合作既契合了"一带一路"倡议,亦合乎沿线各国科技创新发展的内在需求,塑造"一带一路"创新竞争力新格局。

随着创新在国家竞争中的重要性日益突出,对国家创新体系整体发展水平和竞争力水平进行监测与评估成为政府和学界共同关注的焦点。国际上的《全球创新指数》(GII)、《欧洲创新记分牌》(EIS)、《全球竞争力报告》(GCR)、《经济合作与发展组织科学、技术和工业记分牌》,以及国内的《国家创新指数报告》《国家创新发展报告》《国家科技竞争力报告》和《中国创新指数》等国家层面的创新活动综合分析报告,已从不同维度展开了相关研究。考虑到上述科技创新评价体系的经济体覆盖度及数据可得性,本书采用世界知识产权组织发布的全球创新指数[②]反映"一带一路"倡议提出以来各参与国创新竞争力的变动状态,表2-4列出了评价期内中国和"一带一路"沿线国家的创新竞争力排位和得分情况。

自"一带一路"倡议提出以来,全球创新竞争力评价指数覆盖的52个"一带一路"沿线国家中,32个国家的排名出现了不同程度的上升。上升位次超过50位的国家依次为伊朗、乌兹别克斯坦和巴基斯坦;上升位次超过20位的国家依次为菲律宾、土耳其、孟加拉国、印度、中国、吉尔吉斯斯坦和缅甸;上升位次超过10位的国家依次为埃及、尼泊尔、俄罗斯、泰国、也门、乌克兰、柬埔寨、斯里兰卡、阿塞拜疆、希腊、波兰和印度尼西亚;上升位次10位以内的国家依次为阿尔巴尼亚、阿联酋、爱沙尼亚、越南、蒙古、新加坡、阿曼、哈萨克斯坦和立陶宛。图2-5和2-6反映了"一带一路"沿线国家全球创新竞争力得分的分布情况。可以看出,虽然得分最高组(56~70分)没有发生变化,但处于第二区组(42~56分)和第三区组(28~42分)的国家个数明显增多,表明"一带一路"沿线国家的科技创新合作带动各国创新竞争力整体上升。

---

① 赵新力,李闽榕,刘建飞.一带一路之科技创新发展报告[M].广州:广东旅游出版社,2022.
② 2007年,欧洲工商管理学院(INSEAD)和联合国大学(UNU)合作创立全球创新指数(Global Innovation Index,GII),此后每年发布一次。2012年起,世界知识产权组织(WIPO)成为报告联合发布方。全球创新指数(GII)采用客观定量的硬指标和综合性指标与主观定性的软指标相结合的方式,对大约132个经济体的创新表现进行跟踪和评估,是全球政策制定者、企业管理执行者等人士的主要基准工具。

表 2 - 4　2013—2022 年"一带一路"沿线国家创新竞争力评价比较①

国家	2013 排名	2013 得分	2014 排名	2014 得分	2015 排名	2015 得分	2016 排名	2016 得分	2017 排名	2017 得分	2018 排名	2018 得分	2019 排名	2019 得分	2020 排名	2020 得分	2021 排名	2021 得分	2022 排名	2022 得分	综合变化 排名	综合变化 得分
中国	35	44.7	29	46.6	29	47.5	25	50.6	22	52.5	17	53.1	14	54.8	14	53.3	12	54.8	11	55.3	+24	10.6
蒙古	72	35.8	56	37.5	66	36.4	55	35.7	52	37.1	53	35.9	53	36.3	58	33.4	58	34.2	71	28.0	+1	-7.8
新加坡	8	59.4	7	59.2	7	59.4	6	59.2	7	58.7	5	59.8	8	58.4	8	56.6	8	57.8	7	57.3	+1	-2.1
马来西亚	32	46.9	33	45.6	32	46.0	35	43.4	37	42.7	35	43.0	35	42.7	33	42.4	36	41.9	36	38.7	-4	-8.2
印度尼西亚	85	32.0	87	31.8	97	29.8	88	29.1	87	30.1	85	29.8	85	29.7	85	26.5	87	27.1	75	27.9	+10	-4.1
缅甸	138	23.4	138	22.4	138	20.3	129	14.6	129	15.6	129	15.0	129	14.5	129	17.7	127	18.4	116	16.4	+22	-7.0
泰国	57	37.6	48	39.3	55	38.1	52	36.5	51	37.6	44	38.0	43	38.6	44	36.7	43	37.2	43	34.9	+14	-2.7
老挝	/	/	/	/	/	/	/	/	128	18.4	128	18.9	128	17.6	113	20.6	117	20.2	112	17.4	/	/
柬埔寨	110	28.1	106	28.7	91	30.4	95	27.9	101	27.0	98	26.7	98	26.6	110	21.5	109	22.8	97	20.5	+13	-7.6
越南	51	38.6	51	38.6	52	38.3	59	35.4	47	38.3	45	37.9	42	38.8	42	37.1	44	37.0	48	34.3	+3	-4.3
文莱	/	/	/	/	/	/	/	/	/	/	/	/	71	32.3	71	29.8	82	28.2	92	22.1	/	/
菲律宾	90	31.2	100	29.9	83	31.1	/	/	73	32.5	73	31.6	54	36.2	50	35.2	51	35.3	59	30.7	+31	-0.5

① 世界知识产权组织（WIPO）发布的各年度《全球创新指数报告》。

（续表）

国家	2013 排名	2013 得分	2014 排名	2014 得分	2015 排名	2015 得分	2016 排名	2016 得分	2017 排名	2017 得分	2018 排名	2018 得分	2019 排名	2019 得分	2020 排名	2020 得分	2021 排名	2021 得分	2022 排名	2022 得分	综合变化 排名	综合变化 得分
伊朗	113	27.3	120	26.1	106	28.4	78	30.5	75	32.1	65	33.4	61	34.4	67	30.9	60	32.9	53	32.9	+60	5.6
伊拉克	／	／	／	／	／	／	／	／	127	15.6	126	15.0	131	14.5	131	13.6	131	15.4	131	11.9	／	／
土耳其	68	36.0	54	38.2	58	37.8	42	39.0	43	38.9	50	37.4	49	36.9	51	34.9	41	38.3	37	38.1	+31	2.1
叙利亚	／	／	／	／	／	／	／	／	／	／	／	／	103	25.6	／	／	／	／	／	／	／	／
约旦	61	37.3	64	36.2	75	33.8	82	30.0	83	30.5	79	30.8	86	29.6	81	27.8	81	28.3	78	27.4	−17	−9.9
黎巴嫩	75	35.5	77	33.6	74	33.8	70	32.7	81	30.6	90	28.2	88	28.5	87	26.0	92	25.1	／	／	／	／
以色列	14	56.0	15	55.5	22	53.5	21	52.3	17	53.9	11	56.8	10	57.4	13	53.5	15	53.4	16	50.2	−2	−5.8
巴勒斯坦	／	／	／	／	／	／	／	／	／	／	／	／	／	／	／	／	／	／	／	／	／	／
沙特阿拉伯	42	41.2	38	41.6	43	40.7	49	37.8	55	36.2	61	34.3	68	32.9	66	30.9	66	31.8	51	33.4	−9	−7.8
也门	142	19.3	141	19.5	137	20.8	128	14.6	127	15.6	126	15.0	129	14.5	131	13.6	131	15.4	128	13.8	+14	−5.5
阿曼	80	33.3	75	33.9	69	35.0	73	32.2	77	31.8	69	32.8	80	31.0	84	26.5	76	29.4	79	26.8	+1	−6.5
阿联酋	38	41.9	36	43.2	47	40.1	41	39.4	35	43.2	38	42.6	36	42.2	34	41.8	33	43.0	31	42.1	+7	0.2
卡塔尔	43	41.0	47	40.3	50	39.0	50	37.5	49	37.9	51	36.6	65	33.9	70	30.8	68	31.5	52	32.9	−9	−8.1
科威特	50	40.0	69	35.2	77	33.2	67	33.6	56	36.1	60	34.4	60	34.6	78	28.4	72	29.9	62	29.2	−12	−11.0

（续表）

国　家	2013		2014		2015		2016		2017		2018		2019		2020		2021		2022		综合变化	
	排名	得分	排名	得分	排名	得分	排名	得分	排名	得分	排名	得分	排名	得分	排名	得分	排名	得分	排名	得分
巴林	/		/		/		/		66	34.7	82	30.2	84	30.2	79	28.4	78	28.8	72	27.9	/	/
希腊	55	37.7	50	38.9	45	40.3	40	39.8	44	38.8	42	38.9	41	38.9	43	36.8	47	36.3	44	34.5	+11	-3.2
塞浦路斯	27	49.3	30	45.8	34	43.5	31	46.3	30	46.8	29	47.8	28	48.3	29	45.7	28	46.7	27	46.2	0	-3.1
埃及	108	28.5	99	30.0	100	28.9	107	26.0	105	26.0	95	27.2	92	27.5	96	24.2	94	25.1	89	22.7	+19	-5.8
印度	66	36.2	76	33.7	81	31.7	66	33.6	60	35.5	57	35.2	52	36.6	48	35.6	46	36.4	40	36.6	+26	0.4
巴基斯坦	137	23.3	134	24.0	131	23.1	119	22.6	113	23.8	109	24.1	105	25.4	107	22.3	99	24.4	87	23.0	+50	-0.3
孟加拉国	130	24.0	129	24.4	129	23.7	117	22.9	114	23.7	116	23.1	116	23.3	116	20.4	116	20.2	102	19.7	+28	-4.3
阿富汗	/		/		/		96	27.9	/		/		/		/		/		/		/	/
斯里兰卡	98	30.4	105	29.0	85	30.8	91	28.9	90	29.9	88	28.7	89	28.5	101	23.8	95	25.1	85	24.2	+13	-6.2
马尔代夫	/		/		/		/		/		/		/		/		/		/		/	/
尼泊尔	128	25.0	136	23.8	135	21.1	115	23.1	109	24.2	108	24.2	109	24.9	95	24.4	111	22.5	111	17.6	+17	-7.4
不丹	/		/		/		/		/		/		/		/		/		/		/	/
哈萨克斯坦	84	32.7	79	32.8	82	31.2	75	31.5	78	31.5	74	31.4	90	28.4	77	28.6	79	28.6	83	24.7	1	-8.0
乌兹别克斯坦	133	23.9	128	25.2	122	25.9	/		95	28.0	94	27.6	93	24.5	93	24.5	86	27.4	82	25.3	+51	1.4

（续表）

国　家	2013 排名	2013 得分	2014 排名	2014 得分	2015 排名	2015 得分	2016 排名	2016 得分	2017 排名	2017 得分	2018 排名	2018 得分	2019 排名	2019 得分	2020 排名	2020 得分	2021 排名	2021 得分	2022 排名	2022 得分	综合变化 排名	综合变化 得分
土库曼斯坦	/	/	/	/	/	/	/	/	/	/	/	/	/	/	/	/	/	/	/	/	/	/
塔吉克斯坦	101	30.0	137	23.7	114	27.5	86	29.6	94	28.2	101	26.5	100	26.4	109	22.2	103	23.9	104	18.8	−3	−11.0
吉尔吉斯斯坦	117	27.0	112	27.8	109	28.0	103	26.6	95	28.0	94	27.6	94	24.5	94	24.5	98	24.5	94	21.1	+23	−5.9
俄罗斯	62	37.2	49	39.1	48	39.3	43	38.5	45	38.8	46	37.9	46	37.6	47	35.6	45	36.6	47	34.3	+15	−2.9
乌克兰	71	35.8	63	36.3	64	36.5	56	35.7	50	37.6	43	38.5	47	37.4	45	36.3	49	35.5	57	31.0	+14	−4.8
白俄罗斯	/	/	/	/	/	/	/	/	88	30.0	86	29.4	72	32.1	64	31.3	62	32.6	77	27.5	/	/
格鲁吉亚	73	35.6	74	34.5	73	33.8	64	33.9	68	34.4	59	35.0	48	37.0	63	31.8	63	32.4	74	27.9	−1	−7.7
阿塞拜疆	105	29.0	101	29.6	93	30.1	85	29.6	82	30.6	82	30.2	84	30.2	82	27.2	80	28.4	93	21.4	+12	−7.6
亚美尼亚	59	37.6	65	36.1	61	37.3	60	35.1	59	35.7	68	32.8	64	34.0	61	32.6	69	31.4	80	26.6	−21	−11.0
摩尔多瓦	45	40.9	43	40.7	44	40.5	46	38.4	54	36.8	48	37.6	58	35.5	59	33.0	64	32.3	56	31.1	−11	−9.8
波兰	49	40.1	45	40.6	46	40.2	39	40.2	38	42.0	39	41.7	39	41.3	38	40.0	40	39.9	38	37.5	+11	−2.6
立陶宛	40	41.4	39	41.0	38	42.3	36	41.8	40	41.2	40	41.2	38	41.5	40	39.2	39	39.9	39	37.4	+1	−4.0
爱沙尼亚	25	50.6	24	51.5	23	52.8	24	51.7	25	50.9	24	50.5	24	50.0	25	48.3	21	49.9	18	50.2	+7	−0.4

(续表)

国家	2013 排名	2013 得分	2014 排名	2014 得分	2015 排名	2015 得分	2016 排名	2016 得分	2017 排名	2017 得分	2018 排名	2018 得分	2019 排名	2019 得分	2020 排名	2020 得分	2021 排名	2021 得分	2022 排名	2022 得分	综合变化 排名	综合变化 得分
拉脱维亚	33	45.2	34	44.8	33	45.5	34	44.3	33	44.6	34	43.2	34	43.2	36	41.1	38	40.0	41	36.5	−8	−8.7
捷克	28	48.4	26	50.2	24	51.3	27	49.4	24	51.0	27	48.7	26	49.4	24	48.3	24	49.0	30	42.8	−2	−5.6
斯洛伐克	36	42.2	37	41.9	36	43.0	37	41.7	34	43.4	36	42.9	37	42.0	39	39.7	37	40.2	46	34.3	−10	−7.9
匈牙利	31	46.9	35	44.6	35	43.0	33	44.7	39	41.7	33	44.9	33	44.5	35	41.5	34	42.7	34	39.8	−3	−7.1
斯洛文尼亚	30	47.3	28	47.2	28	48.5	32	46.0	32	45.8	30	46.9	31	45.3	32	42.9	32	44.1	33	40.6	−3	−6.7
克罗地亚	37	41.9	42	40.7	40	41.7	47	38.3	41	39.8	41	40.7	44	37.8	41	37.3	42	37.3	42	35.6	−5	−6.3
波黑	65	36.2	81	32.4	79	32.3	87	29.6	86	30.2	77	31.1	76	31.4	74	29.0	75	29.6	70	28.5	−5	−7.7
黑山共和国	/	/	/	/	/	/	/	/	48	38.1	52	36.5	45	37.7	49	35.4	50	35.4	60	30.3	/	/
塞尔维亚	54	37.9	67	35.9	63	36.5	65	33.8	62	35.3	55	35.5	57	35.7	53	34.3	54	35.0	55	32.3	−1	−5.6
阿尔巴尼亚	93	30.9	94	30.5	87	30.7	92	28.4	93	28.9	83	30.0	83	30.3	83	27.1	84	28.0	84	24.4	+9	−6.5
罗马尼亚	48	40.3	55	38.1	54	38.2	48	37.9	42	39.2	49	37.6	50	36.8	46	36.0	48	35.6	49	34.1	−1	−6.2
保加利亚	/	/	/	/	/	/	/	/	36	42.8	37	42.6	40	40.3	37	40.0	35	42.4	35	39.5	/	/
北马其顿	51	38.2	60	36.9	56	38.0	58	35.4	61	35.4	84	29.9	59	35.3	57	33.4	59	34.1	66	28.8	−15	−9.4

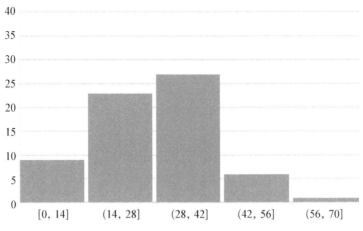

图 2‑5   2013 年"一带一路"沿线国家 GII 得分

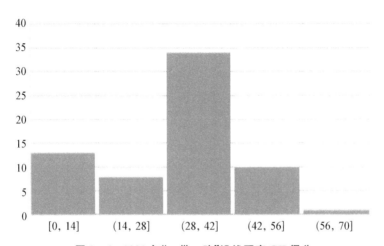

图 2‑6   2022 年"一带一路"沿线国家 GII 得分

总之,科技创新合作能发挥基础性、前瞻性和引领性作用,是支撑服务"一带一路"沿线国家互联互通、深化科技开放合作的桥梁纽带。随着"一带一路"建设进入以高质量发展为特征的新阶段,科技创新合作已成为"一带一路"沿线国家应对新技术革命、解决发展挑战的共同选择,带动中国与沿线国家发展战略对接、产能合作,为沿线经济转型和产业结构调整注入新动能,为落实全球发展倡议做出重要贡献。据世界银行预测,到 2030 年,"一带一路"国际合作将使相关国家 760 万人摆脱极端贫困、3 200 万人摆脱中度贫困,将使参与国贸易增长 2.8%～9.7%、全球贸易增长 1.7%～6.2%、全球收入增长 0.7%～2.9%。未来,相信中国将持续深化"一带一路"科技创新合作,与共建"一带一路"国家一道,共同引导创新全球化朝着更加开放、包容、普惠、平衡、共赢方向发展,推动全球化释放更多正面效应,帮助广大发展中国家加快数字经济发展和绿色转型,共享科技进步红利[①]。

2.5　本章小结

通过回溯中国推进"一带一路"科技创新共同体的建设历程不难发现,制度创新是推动科技创新的重要途径和保障,而科技创新则是中国创新战略的核心和内涵[②]。首要任务是通过"一带一路"科技创新共同体建设的顶层设计,推动"一带一路"沿线国家科技创新合作,深化双方联系和影响,最终实现互利共赢。同时,不断改进国内制度,包括市场制度创新、人才制度创新和知识产权保护等方面,完善创新环境,为科技创新铺平道路,通过国内创新推动"一带一路"倡议的发展。在科技创新合作方面,不仅要注重应用型创新,还要关注理论和基础学科的发展,鼓励通过科协模式、中科院模型、产业园区模式、合作研究模式和央企模式促进"一带一路"科技创新共同体建设,实现双赢局面。创新被认为是引领发展的主要动力,是建设现代化经济体系的战略支撑,也是建设创新型国家未来发展目标的关键。与此同时,"一带一路"作为中国的重点战略规划,对中国崛起和实现中国梦具有重要意义。在当前经济转型的过程中,将创新与"一带一路"紧密结合,通过创新驱动"一带一路"发展,以"一带一路"倡议反向推动创新,相互促进、相互配合,有助于提升中国的国际影响力,促进中华民族的伟大复兴。

[①] 傅晋华.推动"一带一路"创新发展提质增效[N/OL].科技日报,(2023 - 09 - 25)[2023 - 10 - 01].https://theory.gmw.cn/2023 - 09/25/content_36855119.htm.
[②] 王宏禹,朱珠."制度创新"与"科技创新":创新驱动下"一带一路"倡议的发展路径[J/OL].财经理论研究,2019(5):20 - 27.DOI:10.13894/j.cnki.jfet.2019.05.003.

第**3**章

中国与"一带一路"沿线国家科技创新合作的宏观特征

　　科技创新合作是推动"一带一路"建设的有效途径。为发挥科技创新合作对共建"一带一路"的引领和支撑作用,中国科技部、发展改革委、外交部、商务部于2016年9月8日联合出台《推进"一带一路"建设科技创新合作专项规划》,明确提出要用10年左右时间使以周边国家为基础、面向更大范围的协同创新网络初见成效[①]。在此背景下,中国与"一带一路"沿线国家科技合作发展态势、中国与"一带一路"沿线国家科技创新合作网络的演变特征,以及不同时期网络中的核心国家及其地位的变化,这些问题的回答无疑有助于推进"一带一路"科技创新共同体的建设。专利合作是跨国科技创新合作的主要形式[②],一项关于企业跨国专利的调查显示,83%的跨国专利活动都是通过跨国合作形式完成的[③]。本章以跨国专利合作测度"一带一路"沿线各国的科技创新合作,反映中国与"一带一路"沿线国家科技创新合作的宏观特征,具体包括中国与"一带一路"沿线国家科技创新合作的发展态势、中国与"一带一路"沿线国家科技创新合作的存续特征,以及"一带一路"科技创新合作的网络结构,以期为构建互利共赢的"一带一路"科技创新合作共同体制定相关政策提供依据。

　　专利跨国合作主要有两种形式:一是跨国的合作发明;二是跨国的专利所有权,由于专利制度在于为专利权人提供有效的保护,因此本书界定的专利跨国

① 陈欣."一带一路"沿线国家科技合作网络演化研究[J/OL].科学学研究,2020,38(10):1811-1817+1857. DOI:10.16192/j.cnki.1003-2053.2020.10.008.
② 刘凤朝,马荣康,孙玉涛.中国专利活动国际化的渠道与模式分析[J/OL].研究与发展管理,2012,24(1):86-92.DOI:10.13581/j.cnki.rdm.2012.01.012.
③ BERGEK A, BRUZELIUS M. Are patents with multiple inventors from different countries a good indicator of international R&D collaboration? The case of ABB[J/OL]. Research Policy, 2010, 39(10):1321-1334. DOI:10.1016/j.respol.2010.08.002.

合作是指中国与"一带一路"沿线国家的跨国专利所有权。本书使用的专利数据来自欧洲专利局开发的全球专利数据库(PATSTAT),该数据库收录了包括欧洲专利局(EPO)、美国专利商标局(USPTO)、日本专利局(JPO)、中国知识产权局(SIPO)、世界知识产权组织(WIPO)等多个专利机构的专利信息,该数据库提供专利权人的具体信息,按照专利权人所属国家进行检索,将专利权人所属国包括两个或者两个以上国家的作为专利跨国合作数据。

"一带一路"是一个开放的经济合作区域,该区域知识产权环境复杂,涉及的国家和地区在知识产权制度、知识产权运用及管理水平方面差距明显。因此本章根据地域和制度的邻域性,将该区域分为包括蒙俄,中亚 5 国,东南亚 11 国,中东欧 19 国,南亚 8 国及西亚、中东 19 国在内的六大子群(见表 3 - 1)。

表 3 - 1　"一带一路"沿线国家所属区域范围的界定

子　群	主　要　国　别
蒙俄	蒙古和俄罗斯
中亚 5 国	哈萨克斯坦、乌兹别克斯坦、土库曼斯坦、塔吉克斯坦、吉尔吉斯斯坦
东南亚 11 国	新加坡、马来西亚、印度尼西亚、缅甸、泰国、老挝、柬埔寨、越南、文莱、菲律宾、东帝汶
南亚 8 国	印度、巴基斯坦、孟加拉国、阿富汗、斯里兰卡、马尔代夫、尼泊尔、不丹
中东欧 19 国	波兰、立陶宛、爱沙尼亚、拉脱维亚、捷克、斯洛伐克、匈牙利、斯洛文尼亚、克罗地亚、波黑、黑山、塞尔维亚、阿尔巴尼亚、罗马尼亚、保加利亚、北马其顿、乌克兰、白俄罗斯、摩尔多瓦
西亚、中东等 19 国	伊朗、伊拉克、土耳其、叙利亚、约旦、黎巴嫩、以色列、巴勒斯坦、沙特阿拉伯、也门、阿曼、阿联酋、卡塔尔、科威特、巴林、格鲁吉亚、阿塞拜疆、埃及、亚美尼亚

3.1　中国与"一带一路"沿线国家科技创新合作的发展态势

3.1.1　中国与"一带一路"沿线国家科技创新合作日益频繁

2001—2019 年,中国与"一带一路"沿线国家双边贸易额稳步攀升,从 2001

年的 840 亿美元上升至 2019 年的 1.3 万亿美元①,随着"一带一路"沿线国家之间经济、贸易、文化等方面的合作交流日趋频繁,中国与"一带一路"沿线国家的科技创新合作也日益频繁,该区域跨国专利申请数量由 2001 年的 708 件逐步增长为 2019 年的 3 800 件,其中,中国参与的"一带一路"沿线国家的跨国专利合作从 2001 年的 221 项增长到 2019 年的 1 777 项②,中国在该区域跨国专利合作中所占份额也有了显著的提升,占比从 2001 年的 31.21％增长到 2019 年的 46.76％。由图 3 - 1 可以看出,"一带一路"跨国专利合作数量从 2004 年起出现明显的上升,并且在 2011 年达到 3 864 的最大值,其中由中国参与的跨国专利合作数量也在 2011 年达到 2 140 的最大值;2012 年,在所有该区域跨国专利合作中,中国参与的合作数量占比最大,占 56.56％。参与专利合作的国家数量由 2001 年的 35 个增至 2019 年的 51 个,而参与国家数量最大的年份为 2013 年和 2014 年,达到了 56 个。

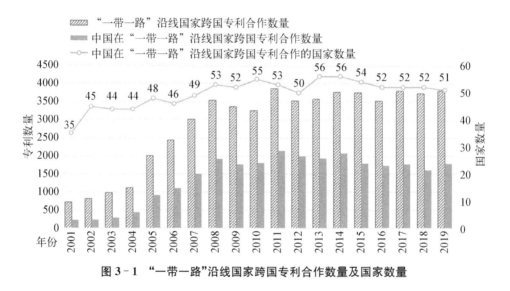

图 3 - 1　"一带一路"沿线国家跨国专利合作数量及国家数量

3.1.2　中国与"一带一路"沿线国家科技创新合作的区域分布

由于历史文化、地理距离和国家政策等原因,中国与"一带一路"沿线国家的科技创新合作具有区域非均衡性。为了直观地反映中国与"一带一路"沿线国家科技创新合作区域分布特征,衡量中国与"一带一路"沿线各子区域科技创新合

---

① 由国研网对外贸易数据库进出口商品国别(地区)总值表整理得到。
② 由于专利数据公开的滞后性,2018 年和 2019 年专利数据仅为部分数据。

作关系的强度,根据中国与"一带一路"各子区域的跨国专利合作数量绘制了中国与"一带一路"跨国专利合作地图(见图 3 - 2)。从中国与"一带一路"跨国专利合作地图来看,中国与东南亚国家的专利合作强度最大,中国与东南亚国家有着深厚的历史文化渊源,且地理位置相依、外交关系稳定,自古以来各领域合作交流甚广,观测期内中国与东南亚各国专利合作占中国与"一带一路"跨国专利合作总数的 56.8%;中国与南亚 8 国的专利合作数占中国与"一带一路"跨国专利合作总数的 18.4%,位居次席,南亚国家与中国地理相邻,拥有大量的人口,市场潜力巨大,印度作为南亚的大国,是中国在南亚地区重要的专利合作伙伴国;接下来是西亚、中东等 19 国,该地区与中国专利合作份额占到 11.3%,"一带一路"框架下,中国与西亚、中东等国家双边合作的协定合作"多点开花",合作领域扩大至交通基建(主要是铁路)、产业投资,能源合作也从油气资源扩展至可再生能源,多领域的技术合作逐年增长。与中东欧 19 国和蒙俄的专利合作以 6.7%的比重紧随其后,中国与中东欧国家地理距离相隔较远、历史文化渊源尚浅。但中东欧作为转型经济体的代表,正经历从新兴经济体向发达经济体过渡阶段,对中国有较大的融资需求,因此加大对该地区的投资,加强专利合作变得可行而且必要。中国与蒙俄的专利合作同样处于较低水平;而中亚 5 国与中国的专利合

图 3 - 2　中国与"一带一路"沿线国家专利合作的区域分布
注:地图中颜色深浅代表了专利合作关系的疏密,颜色越深的区域代表专利合作关系越紧密。

作关系目前仍停留在较低水平,中亚5国地处亚欧大陆中心地带,由于计划经济体制,经济结构单一,经济基础薄弱,尽管拥有大量的矿产资源,但是投资少,开发水平低。但中国与中亚地区2014年双边贸易额已经达到450亿美元,相比2001年增长了28倍,伴随着贸易合作的飞速增长,中国与中亚地区的科技创新合作潜力无穷。

为了跟踪中国与"一带一路"沿线国家科技创新合作的区域格局演变,本节还报告了中国与"一带一路"专利合作区域分布柱状图,以及反映区域间专利合作差异的变异系数指标(见图3-3)。中国在"一带一路"各个子区域的跨国专利合作活动均表现为逐年上升的趋势,尽管目前中国与"一带一路"的专利合作仍存在区域分布不平衡的现实状况,但反映区域间差异的变异系数呈现不断下降的趋势,表明中国与"一带一路"各子区域在科技领域合作的差异正在逐步缩小。

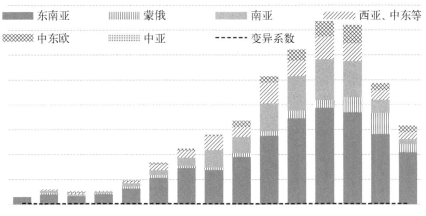

图3-3 中国与"一带一路"沿线国家专利合作区域格局的演变

3.1.3 中国与"一带一路"沿线国家科技创新合作的技术领域分布

国际专利分类号(IPC)是国际通用的专利分类检索依据,但为了使专利信息更有效地反映技术领域的最新进展,PATSTAT数据库基于世界知识产权组织(WIPO)发布的《国际专利分类号与技术领域对照表》,提供专利信息的技术领域分类检索功能,从而为运用专利信息分析不同技术领域的创新动态提供了更为权威的分类方法。本节按照专利信息的技术领域分类法对中国与"一带一路"沿线国家的专利合作数据进行了5大技术领域及35个子技术领域的分类检索,并根据各技术领域专利合作数据绘制了雷达图(见图3-4),反映中国与"一

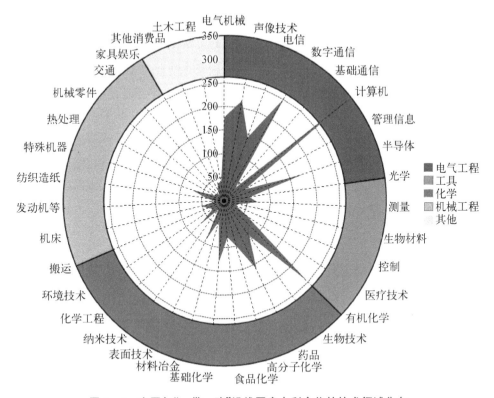

图 3 - 4　中国与"一带一路"沿线国家专利合作的技术领域分布

带一路"沿线国家在各技术领域合作的广度和强度,图 3 - 4 显示中国与"一带一路"沿线国家的专利合作基本覆盖了 5 大技术领域的 35 个子技术领域,但在不同技术领域专利合作的强度存在较大差异,观测期内中国与"一带一路"沿线国家专利合作主要集中在电气工程和化学技术领域,其中处于前 5 位的子技术领域依次为计算机技术、数字通信技术、有机精细化学技术、声像技术和半导体技术。专利数量的累积,在经济意义上意味着对高附加值乃至新产业发展控制权的争夺能力[①]。由此可见,中国已通过与"一带一路"沿线国家进行专利合作,参与到该区域几乎所有技术领域的竞争环节,但不同技术领域合作的强度差异又表明,目前中国与"一带一路"沿线国家专利合作仍处于精专于少数技术领域的阶段。为了尽快提升中国在"一带一路"技术领域的影响力,摆脱技术强国形成的技术领域锁定、减少"一带一路"倡议实施过程中可能遭遇的来自技术领域锁

---

① 俞文华.国内外企业在华发明专利授权格局及其政策含义:基于国家知识产权战略实施的视角[J].中国科技论坛,2009(12):129 - 133+139.

定带来的外部冲击,中国在"一带一路"沿线国家应该在精专于少数技术领域后,迅速扩大与"一带一路"沿线国家专利合作的技术范围,向技术合作多样化发展。

为了进一步考察中国与"一带一路"沿线国家专利合作技术领域在各子区域的分布特点,制定有针对性的区域技术合作推进政策。本节还绘制了中国与"一带一路"沿线国家专利合作技术领域与子区域的对应分析图①(见图3-5)。东南亚和南亚地区同处于子技术领域较密集的一、四象限,表明中国与这两个区域的专利合作比较普遍地存在于多个技术领域,这与中国同东南亚和南亚国家长久以来保持比较良好的专利合作关系的结论相一致;东南亚和南亚地区分属于两个不同的象限,表明中国与这两个区域专利合作的技术领域偏好存在一定的

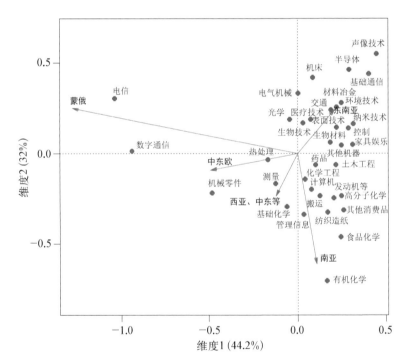

图3-5 中国与"一带一路"沿线国家专利合作技术领域——子区域对应图

---

① 对应分析是一种多元数据分析技术,它利用两个分类变量构成的交叉频数表揭示分类变量间的联系,以及分类变量不同取值之间的关系,并利用对应分析图将行(分类)变量和列(分类)变量绘制在同一个坐标系中,根据坐标系中行变量值点和列变量值点的位置来判断行变量和列变量不同取值之间的关系。本书将利用对应分析讨论技术领域和子区域两个分类变量之间的关系,并根据对应分析图中技术领域的35个不同的取值(即35个子技术领域)与子区域的5个取值(即东南亚、南亚、中东欧、西亚与中东等、蒙俄)在坐标系中的位置揭示中国与"一带一路"专利合作的技术领域所具有的区域分布特点。

差异,相对于东南亚地区而言,南亚地区更远离坐标原点,表明中国与东南亚的专利合作的技术领域分布相对比较均衡,而南亚地区更专业化于某些特定的技术领域,其中在中国与东南亚地区专利合作的众多领域中表现最为突出的 3 个技术领域分别为声像技术、计算机技术和半导体技术,而中国与南亚地区的专利合作更专精于有机化学技术领域。与东南亚和南亚地区不同,蒙俄、中东欧、西亚与中东等均落在技术领域比较稀疏的二、三象限,表明中国与这三个区域的专利合作涉及技术领域范围还比较小,其中中国与蒙俄地区的专利合作主要集中在电信和数字通信技术领域,中国与"一带一路"沿线国家在机械零件方面为数不多的专利合作成果主要分布在中东欧地区。

3.2　中国与"一带一路"沿线国家科技创新合作的存续特征

伴随全球化、信息化和网络化的深入发展,创新要素的开放性和流动性显著增强,合作已经成为世界科技发展的重要推动力。"走出去"的实践经验也表明,中国与"一带一路"沿线国家的合作越来越多地呈现出资本投入、产能合作与科技创新合作相结合的形态[1]。专利是科技创新的重要成果,专利合作是科技创新合作的重要形式[2],中国与"一带一路"沿线国家的专利合作规模不断上升[3],与此同时,该区域专利合作的稳定性更值得关注,长期稳定的专利合作关系既可以通过减少合作双方盲目寻找合作伙伴的行为降低科技创新合作成本,也能通过持续知识转移提高创新合作主体的创新能力,成就核心竞争力[4]。

首先计算 2001—2019 年中国与"一带一路"沿线国家在 35 个技术领域的技

① 黄军英."一带一路"国际科技创新合作大有可为[N/OL].光明日报,(2019 - 05 - 02)[2023 - 10 - 12]. http://www.qstheory.cn/llwx/2019 - 05/02/c_1124443843.htm.

② SACHWALD F. Location choices within global innovation networks: The case of Europe[J/OL]. The Journal of Technology Transfer,2008,33(4):364 - 378. DOI:10.1007/s10961 - 007 - 9057 - 8;王贤文,刘则渊,侯海燕.基于专利共被引的企业技术发展与技术竞争分析:以世界 500 强中的工业企业为例[J/OL].科研管理,2010,31(4):127 - 138.DOI:10.19571/j.cnki.1000 - 2995.2010.04.017.

③ 张明倩,邓敏敏.中国与"一带一路"沿线国家跨国专利合作特征研究[J].情报杂志,2016,35(4):37 - 42+4.

④ 蒋樟生,胡珑瑛,田也壮.基于知识转移价值的产业技术创新联盟稳定性研究[J/OL].科学学研究, 2008,26(S2):506 - 511.DOI:10.16192/j.cnki.1003 - 2053.2008.s2.034;林伟连.面向持续创新的产学研合作共同体构建研究[D/OL].浙江大学,2017[2023 - 10 - 12]. https://kns.cnki.net/kcms2/article/ abstract? v = 3uoqIhG8C447WN1SO36whFuPQ0yKi4pXSQlJ _ W8wBD9Diyj0LAGhZcSA1PeLDfcw Z4A9mUAQvKkrn7P1rXypsqtkC8hKtkIl&uniplatform=NZKPT.

术比较优势指数 RTCA[①],并统计了技术比较优势指数大于 1 的技术领域(见图 3-6),中国与"一带一路"沿线国家的专利合作已覆盖该区域几乎所有技术领域。但从具有比较优势的技术领域来看,展开专利合作的技术领域中,获得比较优势的技术领域数量并没有明显上升,这表明中国与"一带一路"沿线国家的专利合作一直精专于少数技术领域,而未能实现全领域的发展。其中,在观察期内始终没有实现技术比较优势的领域有医疗技术、化学工程、环境技术、发动机/泵及叶轮机、热处理及设备和土木工程。这种长期地受限于部分领域的科技发展状况,一方面源于中国自身特色化的科技发展重点倾向,体现了由于中国在创新研发方面的技术专业化累积,强则愈强,弱则一直处于瓶颈期难以突破;另一方面也反映出全球技术强国对创新领域的科技封锁,通过专利的布局不断争夺在"一带一路"沿线国家乃至全球的高附加值产品及创新产业发展的控制权。

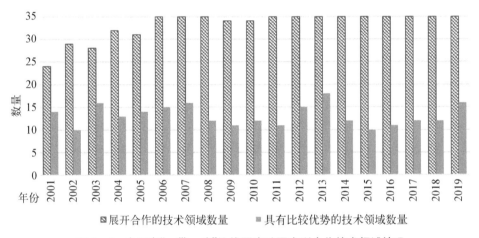

图 3-6 中国在"一带一路"沿线国家跨国专利合作技术领域情况

为了反映 2001—2019 年中国与"一带一路"沿线国家专利合作中技术领域比较优势的存续期,表 3-2 根据技术领域比较优势持续的最长时间,将 35 个技术领域划分为长期比较优势的技术领域 $[\max(t_i) \geqslant 10]$,中期比较优势的

---

① 根据世界知识产权组织(WIPO)发布的《国际专利分类号与技术领域对照表》,将中国与"一带一路"沿线国家的专利合作数据细分为包括计算机技术、数字通信技术、有机精细化学技术在内的 35 个子技术领域,并进行分类检索。用 P_i 表示中国与"一带一路"专利合作对象国在子技术领域上的跨国专利合作量。TP_i 表示该专利合作对象国在子技术领域 i 上拥有的跨国专利合作总数,技术比较优势指数的计算公式如下:$\mathrm{RTCA}_i = \dfrac{P_i/\sum_i P_i}{TP_i/\sum TP_i}$,$\mathrm{RTCA}_i$ 指数大于 1 时,表明该技术领域在"一带一路"跨国专利合作中具有比较优势。

技术领域$[5\leqslant\max(t_i)<10]$和短期比较优势的技术领域$[1\leqslant\max(t_i)<5]$展示出来。

表 3-2　中国与"一带一路"沿线国家专利合作具有比较优势的技术领域及存续时长

比较优势存续时间	技　术　领　域
长期比较优势	电信(17) 数字通信(15)、有机精细化学(15) 表面技术及涂敷(11)
中期比较优势	光学(9) 基础通信方法(8)、纺织及造纸(8) 声像技术(7)、半导体(7) 微观结构和纳米(6)、 电气机械设备及电能(5)、机床(5)
短期比较优势	生物技术(3)、药学(3)、基础材料化学(3) 管理信息技术方法(2)、测量(2)、生物材料(2)、控制(2)、高分子化学及聚合物(2)、食品化学(2)、搬运(2)、其他特殊机器(2)、家具及娱乐(2) 计算机技术(1)、材料及冶金(1)、机械零件(1)、交通(1)、其他消费品(1)

注：( )中给出了比较优势的最长持续年数。

为了进一步测算中国与"一带一路"沿线国家在观测期内专利合作的存续时间，本节利用 Kaplan-Maier 乘积限估计式对 2001—2019 年中国与"一带一路"沿线国家专利合作的生存函数进行了估计，并按照合作对象国所属地理区域和合作专利所属技术领域进行了分组估计①。

表 3-3 列出了 K-M 估计法得到的中国与"一带一路"沿线国家专利合作整体及分区域、分技术领域平均生存时间的估计值，第 1、5、10 年的生存率，以及对数秩检验方法对不同组别差异的显著性检验结果。经过初步统计分析，35 个

---

① 用 $t=1, 2, \cdots, n$ 表示专利合作的持续时间。生存函数 $S(t)$ 描述了中国与"一带一路"沿线国家专利合作持续时间超过 t 年的概率。Kaplan-Maier 乘积限估计式通过观测频数得到生存函数 $S(t)$ 的非参数估计，即

$$\hat{S}(t)=\prod_{k\leqslant t}\frac{n_k-d_k}{n_k}$$

式中，n_k 示在第 k 期仍旧存在合作的时间段个数，d_k 表示在第 k 期发生了合作中止事件的时间段个数。

技术领域在 2001—2019 年共有 82 个比较优势持续时间段,其中 66 个时间段为不存在删失的有效事件。中国与"一带一路"专利合作技术领域的比较优势平均存续期为 3.774 年。

表 3-3 中国与"一带一路"沿线国家专利合作比较优势生存分析

样本数	事件数	平均生存时间	K-M 法估计生存率			
			1 年	5 年	10 年	15 年
82	66	3.774	0.634	0.238	0.079	0.053

经过 K-M 估计法得到的生存率:第 1 年为 63.4%,第 5 年降低至 23.8%,到了第 10 年仅为 7.9%,第 10 年为 5.3%(见表 3-3),图 3-7 给出了更直观的 K-M 生存函数曲线图。

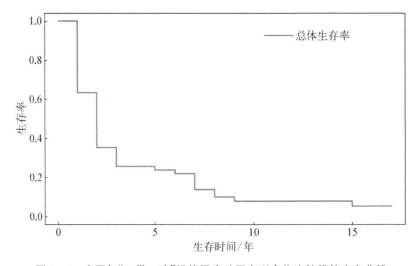

图 3-7 中国与"一带一路"沿线国家跨国专利合作比较优势生存曲线

由图 3-7 可知,中国与"一带一路"沿线国家专利合作技术领域比较优势的生存曲线具有负时间依存性。存续期存在门槛效应,在形成比较优势的初期,生存率下降的幅度最大,如果比较优势已存续一段时间,生存率的下降幅度减缓。因此,中国在"一带一路"沿线国家的专利布局,要考虑技术领域比较优势的存续特征,加强对门槛效应的监察与管理,尤其在比较优势形成的初期,应加紧采取相关配套措施,确保技术领域比较优势后续的稳定发展。

为了深入探讨不同类型技术领域比较优势的存续差异,从以下角度对 35 个技术领域进行了讨论:① 按照 WIPO 的 5 个技术领域进行分组;② 按照领域内的累积技术实力对各个子技术领域进行分组;③ 按照专利合作技术领域的科学密集程度进行分组;④ 为了反映中国与"一带一路"沿线国家专利合作技术领域比较优势存续期的区域差异,对技术领域比较优势存续期按区域进行了分组。

1. 按技术领域分组

根据专利信息的技术领域分类法,把技术领域分为电气工程(8 个)、工具/仪器(5 个)、化学(11 个)、机械工程(8 个)和其他领域(3 个)等五个主要技术部。由 Kaplan-Meier 法估计的结果得知,五大技术领域在显示技术比较优势持续时间上存在一定差异(见表 3-4)。

表 3-4　中国与"一带一路"沿线国家专利合作中比较优势的技术领域差异

	样本数	事件数	平均生存时间	K-M法估计生存率				对数秩检验
				1 年	5 年	10 年	15 年	
电气工程	22	16	5.316	0.636	0.419	0.140	0.140	7.820* (0.098)
工具(仪器)	11	10	3.091	0.727	0.182	0.000	0.000	
化　学	29	24	3.433	0.655	0.187	0.094	0.000	
机械工程	15	11	2.952	0.667	0.143	0.000	0.000	
其　他	5	5	1.200	0.200	0.000	0.000	0.000	

注:"***""**""*"分别表示参数的估计值在 1%、5%、10%的统计水平上显著。

其中,电气工程领域比较优势持续时间平均值为 5.316 年,明显高于总体样本的平均持续时间 3.774 年,化学工程技术领域的线性技术比较优势持续时间平均值为 3.433 年,而工具(仪器)、机械工程和其他三个领域的平均持续时间较低,分别为 3.091、2.952 和 1.200 年,其他领域的比较优势最难维持。

由技术领域分组的生存曲线(见图 3-8)可以看出,电气工程领域的生存率明显高于另外四个领域;其他领域的比较优势持续能力最低,几乎没有持续时间超过 5 年以上的;而另外三个技术领域在前 10 年的生存率并没有很明显的差异。这五大技术领域在比较优势持续时间上的差异也可以由对数秩检验结果得知(卡方=7.82,p=0.098)。中国与"一带一路"沿线国家的跨国专利合作在电气工程领域的比较优势尤为明显,且维持比较优势的时间较长,另外四个技术领域在市场上维持比较优势面临较大的压力。这表明中国在电气工程领域的专业化程度较高,技术经验充足,而另外四个技术领域则在国际竞争中处于不利地位。

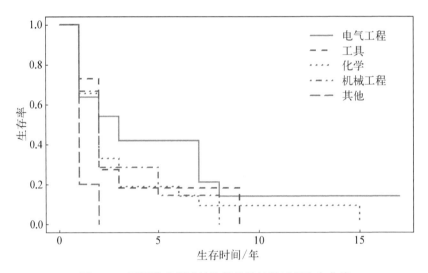

图3-8 不同技术领域的比较优势持续时间生存曲线

2. 按技术累积实力分组

技术累积实力反映中国在"一带一路"区域科技合作的动态竞争中各技术领域实力的累积程度,也反映了中国与"一带一路"沿线国家专利合作活动在某技术领域的创新资源投入及竞争的参与程度。通过对技术累积实力进行分组研究为中国是否可以通过技术创新和经验积累突破发展瓶颈提供合理判断。采用中国与"一带一路"沿线国家2001—2019年在各技术领域合作的专利累积项数对其进行测量。具体将所有技术领域的合作专利的数量的均值作为划分高低水平的标准,得到高技术累积实力领域11个,合作项数均值为1 924个;低技术累积实力领域24个,合作项数均值为242个。

由表3-5可以看出,高技术累积实力组的技术领域比较优势存续期更长,均值为5.239年,而低技术累积实力组的技术领域比较优势存续期仅为2.631年,两者具有显著差异(对数秩检验卡方=8.6,p=0.03)。从生存率上看,高、低技术累积实力领域第1年比较优势的生存率均在60%以上;到第5年时,高技术累计实力领域比较优势生存率为34.8%,而低技术累积实力领域则下降到15.3%。从生存曲线(见图 3-9)可以看出,高技术累积实力领域在样本考察期间的生存率均具有显著的优势,即技术累积实力高的技术领域更有能力保持长期比较优势。

表 3-5　技术累积实力的技术领域比较优势生存分析

	样本数	事件数	平均生存时间	K-M 法估计生存率				对数秩检验
				1 年	5 年	10 年	15 年	
低技术累积实力	31	24	2.631	0.608	0.153	0.000	0.000	5.220** (0.022)
高技术累积实力	51	42	5.239	0.677	0.348	0.174	0.116	

注:"***""**""*"分别表示参数的估计值在 1%、5%、10%的统计水平上显著。

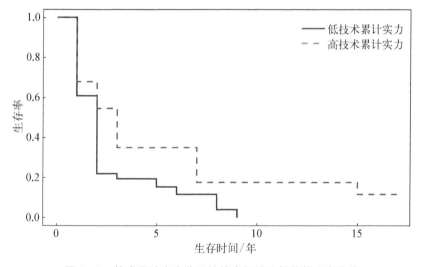

图 3-9　技术累计实力分组的技术领域比较优势生存曲线

3. 按科学密集程度分组研究

Van Looly(2003)根据技术领域内平均每 100 项专利对科学文献的引用数量作为该领域科学密度的度量[1]。一方面,科学密集型的技术领域对科学研究突破具有较强的依赖性,这些技术领域的发展对技术的创新性和竞争性有着较高要求;另一方面,一国如果在科学密集型的技术领域中占据了优势地位,这些

---

[1] VAN LOOY B, ZIMMERMANN E, VEUGELERS R. Do science-technology interactions pay off when developing technology? An exploratory investigation of 10 science-intensive technology domains [J/OL]. Scientometrics, 2003, 57(3): 355-367. DOI: 10.1023/A: 1025052617678.

技术领域带来的往往是高速、高效的经济增长及高渗透性的产业影响力。俞文华(2010)应用该指标在 35 个技术领域中筛选出 16 个科学密集型技术领域,并针对两种类型技术领域如何获取竞争优势分别给出了发展策略[1](见表 3-6)。

表 3-6 技术领域科学密集程度分类表

技术领域	子技术领域	技术领域	子技术领域	技术领域	子技术领域
电气工程	电气机械设备及电能 声像技术 电信* 数字通信* 基础通信方法* 计算机技术* 管理信息技术方法* 半导体*	化学	有机精细化学* 生物技术* 药学* 高分子化学及聚合物 食品化学* 基础材料化学* 材料及冶金	机械工程	搬运 机床 发动机、泵及叶轮机 纺织及造纸 其他特殊机器 热处理及设备 机械零件 交通
工具 (仪器)	光学* 测量* 生物材料* 控制* 医疗技术		表面技术及涂敷 微观结构和纳米* 化学工程 环境技术	其他	家具及娱乐 其他消费品 土木工程

注:"*"代表科学密集型子技术领域。

对中国与"一带一路"沿线国家专利合作的科学密集型技术领域和非科学密集型技术领域比较优势的存续期进行比较,便于从比较优势存续期差异的角度了解中国在"一带一路"沿线国家专利布局的质量。通过探究具有比较优势的技术领域是否集中于科学密集型领域,以及这些领域是否具有更显著的持续优势,挖掘中国与"一带一路"沿线国家专利合作在国际科技竞争中占据优势地位的潜力。

表 3-7 显示,中国与"一带一路"沿线国家专利合作非科学密集型技术领域和科学密集型技术领域的比较优势平均生存时间分别为 3.431 年和 3.732 年,整个观察期内生存率的变化趋势基本一致,而对数秩检验也表明中国在"一带一路"沿线国家完成的跨国专利合作中科学密集型与非科学密集型技术领域的线性比较优势存续期并未出现显著差异(对数秩检验卡方=0.05,p=0.829)。

① 俞文华.国内外企业在华发明专利授权格局及其政策含义:基于国家知识产权战略实施的视角[J].中国科技论坛,2009(12):129-133+139.

表3-7 按科学密集程度分组的技术领域比较优势生存分析

	样本数	事件数	平均生存时间	K-M法估计生存率				对数秩检验
				1年	5年	10年	15年	
非科学密集型子技术领域	35	26	3.431	0.657	0.247	0.062	0.062	0.050 (0.829)
科学密集型子技术领域	47	40	3.732	0.617	0.230	0.086	0.058	

　　由生存曲线(见图3-10)可以直观看出非科学密集型技术领域和科学密集型技术领域的生存曲线无显著差异,即中国在"一带一路"沿线国家的跨国专利合作中并未能连续稳定地产出突破性科技创新成果。而突破性科技创新往往会表现出更高水平的技术发展和技术产出,一旦优势形成,会带来一条全新的经济产业链,这在中国与"一带一路"沿线国家的科技合作中尤为重要。因此,突破在科学密集型技术领域所面临的国际技术专利封锁,应当是中国制定在"一带一路"沿线国家专利布局战略的工作重点。在不断提升中国自主创新能力的同时,应增强与专利合作对象国的协调互动,通过鼓励产学研的合作开发实现知识产权创造能力的不断提升,力争在科学密集型技术领域形成一批核心技术专利,进而提高中国在"一带一路"沿线国家专利布局的质量。

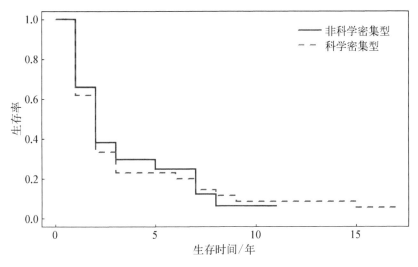

图3-10 按科学密集程度分组的技术领域比较优势生存曲线

4. 按区域分组研究

鉴于"一带一路"覆盖区域广,且这些国家在知识产权制度、知识产权运用及管理水平方面差距明显,为了反映中国与"一带一路"沿线国家跨国专利合作显性比较优势技术领域存续期的地域特征,本节对中国与"一带一路"沿线的东南亚、中亚、蒙俄、中东欧、南亚、西亚/中东等六大区域子群的技术领域比较优势存续期进行了比较,具体数据如表3-8所示。

表3-8 按区域子群分组的技术领域显性比较优势生存分析

	样本数	事件数	平均生存时间	K-M法估计生存率				对数秩检验
				1年	5年	10年	15年	
东南亚	115	97	4.098	0.565	0.218	0.089	0.089	
中 亚	23	23	1.087	0.087	0.000	0.000	0.000	
蒙 俄	73	69	2.717	0.480	0.127	0.026	0.000	24.940*** (0.000)
中东欧	108	90	3.201	0.546	0.137	0.041	0.041	
南 亚	91	77	3.006	0.440	0.171	0.171	0.000	
西亚/中东	106	91	2.911	0.519	0.141	0.077	0.000	

注:"***""**""*"分别表示参数的估计值在1%、5%、10%的统计水平上显著。

按区域子群分组,中国和东南亚国家的跨国专利合作技术比较优势的平均持续时间是最长的,均值为4.098年;中国和中亚的跨国专利合作技术比较优势的平均持续时间最短,均值为1.087年。蒙俄、中东欧、南亚、西亚/中东等这四个子群与中国的跨国专利合作显性技术比较优势平均持续时间没有太大的区别,对应分别为2.717年、3.201年、3.006年和2.911年。总的来说,中国与"一带一路"沿线国家跨国专利合作存在地理空间上的差异,对数秩检验的结果也支持这一结论(对数秩检验卡方=0.05,p=0.000)。不同子群和中国的专利合作在数量、稳定性方面都各不相同。

由不同区域与中国的跨国专利合作的技术比较优势持续时间生存曲线(见图3-11)可以看出在"一带一路"跨国专利合作中,东南亚与中国的合作最为密切,也最为稳定,合作最少的是中亚。各区域版块与中国跨国专利合作比较优势的持续时间存在负时间依存性,即在比较优势持续的初期,面临较高的危险率,随着持续时间的延长,失去比较优势的可能性越小。

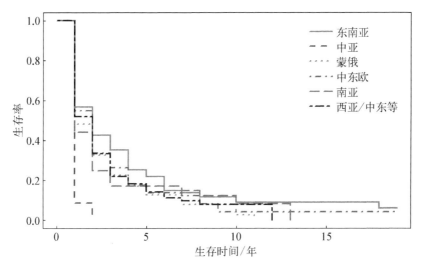

图 3‑11　按区域子群分组的技术领域显性比较优势生存曲线

表 3‑9　2001—2019 年分区域长期比较优势技术领域

分区域	长期比较优势技术领域
东南亚	其他特殊机器(19)、医疗技术(18)、食品化学(18)、电气机械设备及电能(16)、纺织及造纸(16)、高分子化学及聚合物(14)、微观结构和纳米(10)、化学工程(10)、搬运(10)
西亚/中东等	计算机技术(12)、光学(12)、数字通信(10)、测量(10)
南　亚	数字通信(13)、电信(10)、药学(10)
蒙　俄	有机精细化学(11)、半导体(10)、光学(10)
中东欧	有机精细化学(19)
中　亚	—

注:( )中给出显性比较优势的最长持续年数。

　　东南亚自古就是海上丝绸之路的重要枢纽,在 21 世纪仍旧是"一带一路"沿线国家技术合作的核心区域。由表 3‑9 可知,中国与东南亚国家的专利合作最为稳定,表现为存在长期比较优势的子技术领域最多。中国与中亚5国的专利合作的相对滞后,不仅表现在合作领域覆盖面少,还表现在合作的子技术领域没有长期比较优势。中国与"一带一路"沿线国家跨国专利合作具有空间上的差异性,不同区域合作发展不均衡等问题。这可能是由于"一带一路"沿线国家存在复杂的地缘关系,部分国家政治局势不稳、经济发展落后以及与中国的宗教文化差异大等原因造成的。为了更全面的推进中国与"一带一路"沿线国家的专利合作,需要中国在不同领域与不同力量进行联合,综合利用各种手段,减少技术合作过程中的外部干扰,通过与各区域子群国家的沟通与合作,消除存在于技术本身以外的其他阻力,以点带面地不断扩大中国在"一带一路"沿线国家技术合作上的影响力。

3.3 中国与"一带一路"沿线国家科技创新合作网络结构

跨国专利合作数据可以衡量我国与"一带一路"沿线国家跨国专利合作的活跃程度和稳定性,为了刻画我国在"一带一路"沿线国家跨国专利合作网络中所处的地位,本节利用社会网络分析软件 Ucinet 绘制了我国与"一带一路"沿线国家之间的专利合作网络图,为尽可能减小跨国专利合作数据年度波动对分析结果的影响,本节以5年为一个观测周期,分别给出了 2001—2005 年、2006—2010 年、2011—2015 年和 2016—2019 年中国与"一带一路"沿线国家跨国专利合作网络整体分析,如表3-10所示。表3-10报告了网络密度①和群体程度中心性②两个重要的社会网络分析指标,以反映中国与"一带一路"跨国专利合作网络的属性特征。

表 3-10 中国与"一带一路"沿线国家跨国专利合作网络整体分析

网 络 指 标	2001—2005 年	2006—2010 年	2011—2015 年	2016—2019 年
密 度	1.46	2.08	2.38	2.59
群体程度中心性/%	5.74	3.91	3.61	3.43

---

① 密度是重要的社会网络分析指标,可以反映网络中节点联系的紧密程度,在此用来衡量各节点国家跨国专利合作的紧密程度。密度越大,节点国与群体内其他节点国家专利的合作联系越紧密。
② 群体程度中心性指标可以用来衡量整个网络的集权程度,群体程度中心性越大,表明网络中的联系越集中于少数节点,网络集权现象越明显。本书利用该指标反映中国与"一带一路"跨国专利合作网络中核心国的集权程度。

　　由表 3 - 10 可见,中国与"一带一路"沿线国家跨国专利合作网络密度在 2001—2019 年不断增加,说明中国与"一带一路"沿线国家彼此之间在科技领域的合作越来越频繁,图 3 - 12 对比了 2001—2005 年和 2016—2019 年两个年份区间的专利合作网络图,同样可以发现网络内部联系越来越密集。另外,表 3 - 10 反映了 2001—2019 年该网络的群体程度中心性指标不断下降,结合图 3 - 12 可知,中国与"一带一路"沿线国家跨国专利合作网络正处于重建网络核心的阶段。2001—2005 年网络核心国为俄罗斯,但作为第一核心国的俄罗斯,其的专利合作伙伴国具有明显的地域特征,与其存在密切的跨国专利合作关系的国家多为乌克兰、捷克等中东欧国家,而此时中国仅为次核心国,而且与中国存在专利合作关系的多为新加坡、印度、马来西亚等东南亚和南亚国家;2006—2015 年,中国在"一带一路"沿线国家跨国专利合作网络中的影响力不断增强,从中国出发的连接线越来越密集,而且中国在网络图中的位置向中间移动,表明与中国建立密切专利合作关系的伙伴国已不再局限于东南亚和南亚地区,中国与"一带一路"沿线国家其他子区域国家的专利合作越来越频繁;2016—2019 年,中国在

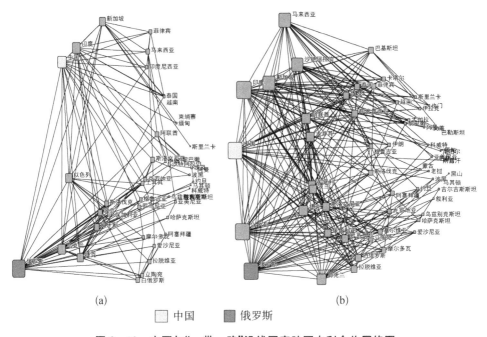

(a)　　　　　　　　　　　　　　　　(b)

☐ 中国　　　■ 俄罗斯

图 3 - 12　中国与"一带一路"沿线国家跨国专利合作网络图

(a) 2001—2005 年　(b) 2016—2019 年

注: 本图采用 Netdraw 的 Principal components layout(主成分显示)展示,所有节点国分层级依次排列。

图中的位置继续向中间移动,表明中国已与"一带一路"沿线大部分国家建立了专利合作关系,已初步确立了其在"一带一路"专利合作网络中的核心国地位;截至 2019 年,中国已与"一带一路"沿线 56 个国家建立了专利合作关系,几乎遍布"一带一路"的各个子区域。

为了跟踪中国在"一带一路"跨国专利合作网络地位的变化,本节还报告了 2001—2019 年中国与"一带一路"跨国专利网络中处在前十位的核心国家及其节点程度中心性指标[①],如表 3-11 所示。由表可见,2001—2015 年,中国在"一带一路"跨国专利合作网络的程度中心性逐步上升,由 2001—2005 年的第六位,上升为 2006—2010 年的第三位,并自 2011—2015 年超越俄罗斯和新加坡成为在"一带一路"跨国专利合作网络中程度中心性最大的国家,节点程度中心性越大,说明我国在"一带一路"跨国专利合作网络中的影响力越大,可见我国在与"一带一路"沿线国家组成的专利合作网络中,越来越发挥主导性作用。

表 3-11　中国与"一带一路"沿线国家跨国专利合作网络程度中心性

排名	2001—2005 年		2006—2010 年		2011—2015 年		2016—2019 年	
	国　家	值	国　家	值	国　家	值	国　家	值
1	俄罗斯	24.4	俄罗斯	15.4	中国	17.7	中国	18.9
2	乌克兰	12.0	新加坡	14.3	新加坡	16.2	印度	17.3
3	新加坡	10.7	中国	11.4	俄罗斯	11.9	新加坡	12.9
4	以色列	7.3	乌克兰	9.1	印度	9.7	俄罗斯	10.7
5	马来西亚	5.3	印度	8.1	以色列	6.3	以色列	6.1
6	中国	5.1	以色列	8.0	乌克兰	5.3	捷克	5.9
7	捷克	4.4	马来西亚	6.9	马来西亚	5.2	马来西亚	5.5
8	印度	3.9	捷克	3.1	波兰	2.8	斯洛伐克	2.9
9	斯洛伐克	3.5	白俄罗斯	2.1	沙特阿拉伯	2.7	波兰	2.8
10	白俄罗斯	3.0	斯洛伐克	1.9	捷克	2.7	乌克兰	2.7

---

① 节点程度中心性是指与该节点相连的其他节点的数量,相连节点越多,程度中心性越大,具有的社会资本越大,从其他节点获取信息和资源的能力越强,网络重要性和影响力越大。本书利用节点程度中心性反映与各节点国建立专利合作关系的国家的数量。

　　鉴于美国和日本作为技术输出大国和专利强国,它们在"一带一路"的专利布局必然会制约和影响我国在"一带一路"跨国专利网络中的地位。因此,本节还进一步给出了考虑美国和日本影响的"一带一路"专利合作网络核心国的节点程度中心性指标,如表 3-12 所示。由表可见,加入美、日影响后,"一带一路"跨国专利合作格局发生了调整。首先,由于和美、日之间专利合作联系疏密程度的差异,处于前十位的核心国家名次发生了改变,原来处于第一位的俄罗斯在加入美、日影响后的位次降低,与此相对应,中国、印度、以色列等国由于与美、日比较密切的专利合作关系,提升了在新网络中的位次;其次,在考虑美、日影响的专利合作网络中,中国的影响力仍然表现为不断上升的态势,中国从 2001—2005 年的第 4 名上升至 2011—2015 年的第 3 名,节点程度中心性值从 2001—2005 年的 4.5% 上升为 2011—2015 年的 13.5%;更值得关注的是,与中国在"一带一路"沿线国家跨国专利合作网络中的程度中心性指标值不断上升相对应的是,日本在该区域的程度中心性指标值不断下降。截至 2019 年,中日之间的差距已由 2001—2005 年的 22.4(日本 26.9、中国 4.5)缩小为 0.2(日本 15.0、中国 14.8)。总的来说,美国在该地区专利合作网络中的技术霸主地位不容小觑,稳固地占据着"一带一路"跨国专利合作网络的核心地位,但仍可以看到,中国的影响力正在逐渐上升。我国作为"一带一路"最早的倡议者和沿线最大的经济体,随着"一带一路"倡议的逐步推进,我国与相关国家技术合作水平的逐渐提升,我国与美、日在该区域技术影响力的差距将进一步缩小,成为真正意义上的技术强国。

表 3-12　加入美、日影响后的中国与"一带一路"沿线国家跨国专利合作网络程度中心性

排名	2001—2005 年		2006—2010 年		2011—2015 年		2016—2019 年	
	国　家	值	国　家	值	国　家	值	国　家	值
1	美国	43.8	美国	44.8	美国	44.7	美国	44.7
2	日本	26.9	日本	19.3	日本	14.9	日本	15.0
3	以色列	7.4	中国	9.2	中国	13.5	中国	14.8
4	中国	4.5	印度	7.2	印度	8.9	印度	11.3
5	俄罗斯	3.7	以色列	6.4	以色列	5.6	新加坡	6.8

（续表）

排名	2001—2005 年		2006—2010 年		2011—2015 年		2016—2019 年	
	国　家	值	国　家	值	国　家	值	国　家	值
6	印度	3.2	新加坡	3.8	新加坡	3.5	俄罗斯	4.7
7	新加坡	3.0	俄罗斯	2.4	俄罗斯	2.0	以色列	3.0
8	乌克兰	1.3	马来西亚	1.0	马来西亚	1.0	捷克	1.9
9	马来西亚	0.8	乌克兰	0.8	沙特阿拉伯	0.9	马来西亚	1.1
10	波兰	0.7	捷克	0.6	捷克	0.7	斯洛伐克	0.8

3.4　本章小结

　　基于我国与"一带一路"沿线国家长久以来即有的双边、多边合作机制,中国与"一带一路"沿线国家已经建立了密切的专利合作关系,而且在中国与"一带一路"沿线国家跨国专利合作网络中,我国已初步确立了核心国地位,与越来越多的"一带一路"沿线国家在大部分技术领域建立了专利合作关系,作为"一带一路"最早的倡议者和其沿线最大的经济体,随着"一带一路"倡议的逐步推进,我国与相关国家技术合作水平在逐渐提升,我国在"一带一路"沿线国家科技领域合作中发挥着越来越重要的作用。但同样应看到,我国与美国、日本等技术强国仍存在一定的差距,专利合作仍存在区域分布不平衡、专精于少数技术领域的现实问题。从合作数量和稳定性层面看,近年来"一带一路"沿线国家跨国科技合作的发展集中体现在数量和规模上,目前暂未形成成熟的合作体系,合作的持续期短、稳定性差,合作深度有待提高。为了尽快提升我国在"一带一路"沿线国家技术领域的影响力,为企业赢得国际市场竞争优势,尽量减少企业'走出去'过程中可能遭遇的知识产权国际纠纷,降低"一带一路"倡议实施过程中少数技术领域锁定带来的外部冲击,我国应尽快扩大与"一带一路"沿线国家专利合作的技术和区域范围,向技术合作多样化和区域合作均衡化发展。

第 4 章

中国与"一带一路"沿线国家科技
创新合作的中观特征

中国与"一带一路"沿线国家科技创新合作的中观层面是以异质性科技创新合作群落为对象,从关联结构、模体结构和模块结构三个方面探究科技创新合作群落的形成路径和模式,从中观层面解构中国与"一带一路"沿线国家科技创新合作的特征和结构。

4.1 中国与"一带一路"沿线国家科技创新合作的关联结构

第 3 章的分析显示,中国与"一带一路"沿线国家的科技创新合作不论是区域、技术领域,还是科技创新合作对象国,异质性非常明显。本节将采用关联规则挖掘算法从中国与"一带一路"科技创新合作关系数据中"归纳"出频繁发生的事件序列和行为模式,挖掘中国与"一带一路"科技创新合作网络中创新群落的关联模式和特征。

4.1.1 科技创新合作序列及关联模式挖掘的相关定义

定义 1:设 $I = \{i_1, i_2, \cdots, i_m\}$ 为科技创新合作国家构成的项集,例如,每个专利的共同研发国家就是一个项目,若项集为 $I = \{$中国,美国,日本,$\cdots$,意大利$\}$,I 的长度为 66,表示该项目有中国、美国、日本和意大利等 66 个国家参与创新合作。

定义 2:设每一个科技创新合作项目 T 是项集 I 的子集。对应每一个科技创新合作项目有一个唯一标识码,记作 TID。科技创新项目全体构成了科技创新合作数据库 D,$|D|$ 等于 D 中科技创新合作的项数。本节一共抽取了 20 977 条项目数,因此 $|D| = 20\ 977$。

定义 3：对于项集 X，设定 count $=\{X \subseteq T\}$ 为科技创新合作数据库 D 中包含 X 的合作项数，则项集 X 的支持度（Support）为：

$$\text{support}(X) = \frac{\text{count} = \{X \subseteq T\}}{|D|} \tag{4.1}$$

例如，如果 $X=\{$中国、美国$\}$出现在所有科技创新合作中，即中国和美国参与了所有的 20 977 项科技创新合作，此时支持度为 1，即

$$\text{support} = \frac{\text{count} = \{X \subseteq T\}}{|D|} = \frac{20\ 977}{20\ 977} = 1 \tag{4.2}$$

如果 $X=\{$中国、美国$\}$出现在 10 489 项科技创新合作中，即中国和美国参与了所有的 20 977 项科技创新合作的一半，此时支持度为 0.5，即

$$\text{support} = \frac{\text{count} = \{X \subseteq T\}}{|D|} = \frac{10\ 489}{20\ 977} = 0.5 \tag{4.3}$$

定义 4：最小支持度是项集的最小支持阈值，记为 $SUP_{\min}$。支持度不小于 $SUP_{\min}$ 的项集称为频繁集；长度为 k 的频繁集称为 k-频繁集。通常，最小 $SUP_{\min}$ 设定为 0.000 8 至 0.005[1]，按照 0.005 的最小支持度阈值，$\{$中国、美国$\}$是 2-频繁集。

定义 5：关联规则是一个蕴含式，

$$R: X \Rightarrow Y \tag{4.4}$$

其中，$X \subset I$，$Y \subset I$。表示项集 X 在某项创新合作中出现，则导致 Y 也可能会以一定的概率出现。关联规则通常用支持度（Support）和置信度（Confidence）衡量。

定义 6：关联规则 R 的支持度，科技创新合作集中同时包含 X 和 Y 的科技创新合作项数与$|D|$之比，反映 X、Y 同时出现的概率。即

$$\text{support}(X \Rightarrow Y) = \frac{\text{count} = \{X \cap Y\}}{|D|} \tag{4.5}$$

---

[1] 陈封能（PANG-NING TAN），迈克尔·斯坦巴赫（MICHAEL STEINBACH），阿努吉·卡帕坦（ANUJ KARPATNE），维平·库玛尔（VIPIN KUMAR）.数据挖掘导论［M］.段磊，张天庆，等，译.北京：机械工业出版社，2019.

定义 7：关联规则 R 的置信度，指同时包含 X 和 Y 的科技创新合作项数与包含 X 的科技创新合作项数之比。即

$$\text{confidence}(X \Rightarrow Y) = \frac{\text{support}(X \Rightarrow Y)}{\text{support}(X)} \tag{4.6}$$

定义 8：关联规则 R 的提升度，指科技创新合作中项集 X 和 Y 同时发生的概率，但要同时考虑在所有科技创新合作项中它们各自出现的概率。即

$$\text{Lift}(X \Rightarrow Y) = \frac{\text{support}(X \Rightarrow Y)}{\text{support}(X) \times \text{support}(Y)} \tag{4.7}$$

提升度反映了关联规则中 X 与 Y 的相关性，提升度大于 1 且越高，表明正相关性越高；提升度小于 1 且越低，表明负相关性越高；提升度等于 1，表明没有相关性。

一般来说，只有支持度和置信度较高的关联规则才是研究者感兴趣的，若某项关联规则 R 的支持度和置信度均不小于 $SUP_{\min}$ 和 $CONF_{\min}$，则称为强关联规则。在本节，它代表当一个国家出现在合作研发项目中，同时这些合作研发的项目中还包括 Y 的概率，如果

$$\text{confidence}(CN \Rightarrow US) = \frac{\text{support}(CN \Rightarrow US)}{\text{support}(CN)} = 0.71 \tag{4.8}$$

则表明中国参与的合作研发项目，美国也参与的高达 71%，反映出美国参与中国科技创新合作的范围之广（support 为 29%）和程度之深（confidence 为 71%）。

4.1.2　中国与"一带一路"沿线国家科技创新合作关联模式的特征

关联规则挖掘的目的就是在中国与"一带一路"科技创新合作行为数据中"归纳"出频繁发生的时间序列或行为模式，即相对稳定的科技创新合作关系。本节基于中国与"一带一路"沿线国家的专利跨国合作数据集进行建模，设置最小支持度为 0.000 8，最小置信度分别为 0.7 和 0.5，提升度大于 1，共挖掘出以下频繁的行为模式（见表 4 - 1）。

表4-1 中国与"一带一路"沿线国家科技创新合作关联模式

最小支持度=0.000 8,最小置信度=0.7

序号	规则前项		规则后项	支持度	置信度	提升度
[1]	{巴林}	=>	{沙特}	0.40%	92.31%	23.28
[2]	{也门}	=>	{沙特阿拉伯}	0.13%	80.00%	20.18
[3]	{斯洛伐克}	=>	{捷克}	5.25%	81.96%	9.43
[4]	{波兰}	=>	{以色列}	0.10%	75.00%	7.64
[5]	{哈萨克斯坦}	=>	{俄罗斯}	1.85%	90.32%	4.54
[6]	{白俄罗斯}	=>	{俄罗斯}	2.64%	78.43%	3.94
[7]	{阿塞拜疆}	=>	{俄罗斯}	0.46%	77.78%	3.91
[8]	{文莱}	=>	{印度}	0.10%	100.00%	2.64
[9]	{中国}	=>	{印度}	0.10%	100.00%	2.64
[10]	{土耳其}	=>	{印度}	0.17%	71.43%	1.89

最小支持度=0.000 8,最小置信度=0.5

序号	规则前项		规则后项	支持度	置信度	提升度
[1]	{巴林}	=>	{沙特}	0.40%	92.31%	23.28
[2]	{也门}	=>	{沙特阿拉伯}	0.13%	80.00%	20.18
[3]	{约旦}	=>	{沙特阿拉伯}	0.20%	60.00%	15.14
[4]	{以色列}	=>	{波兰}	0.10%	60.00%	9.92
[5]	{斯洛伐克}	=>	{捷克}	5.25%	81.96%	9.43
[6]	{中国}	=>	{波兰}	0.10%	50.00%	8.27
[7]	{立陶宛}	=>	{乌克兰}	0.13%	50.00%	7.92
[8]	{哈萨克斯坦}	=>	{俄罗斯}	1.85%	90.32%	4.54
[9]	{白俄罗斯}	=>	{俄罗斯}	2.64%	78.43%	3.94
[10]	{阿塞拜疆}	=>	{俄罗斯}	0.46%	77.78%	3.91

(续表)

最小支持度＝0.000 8,最小置信度＝0.5

[11]	{乌克兰}	=>	{俄罗斯}	3.90%	61.78%	3.11
[12]	{缅甸}	=>	{新加坡}	0.17%	50.00%	2.72
[13]	{文莱}	=>	{印度}	0.10%	100.00%	2.64
[14]	{中国}	=>	{印度}	0.10%	100.00%	2.64
[15]	{拉脱维亚}	=>	{俄罗斯}	0.46%	51.85%	2.61
[16]	{新加坡}	=>	{印度}	0.10%	60.00%	1.59
[17]	{尼泊尔}	=>	{印度}	0.76%	56.10%	1.48
[18]	{斯里兰卡}	=>	{印度}	0.33%	55.56%	1.47
[19]	{孟加拉}	=>	{印度}	0.33%	52.63%	1.39
[20]	{土耳其}	=>	{印度}	1.52%	52.27%	1.38
[21]	{缅甸}	=>	{印度}	0.17%	50.00%	1.32
[22]	{罗马尼亚}	=>	{印度}	0.10%	50.00%	1.32
[23]	{尼泊尔}	=>	{中国}	0.69%	51.22%	1.24
[24]	{塞尔维亚}	=>	{中国}	0.13%	50.00%	1.21

　　进一步,为了挖掘由强到弱关联合作模式的演变特征,本节通过调整关联强度阈值(从强到弱)显示中国与"一带一路"沿线国家科技创新合作的层级结构,或强关联成分的涌现[①](见图 4-1)。尽管中国与"一带一路"沿线国家科技创新合作的宏观特征显示,科技创新合作活动几乎覆盖全部国家,但随着置信度阈值从低到高进行调整,关联规则变得越来越稀疏,科技创新合作行为局限在少数几个国家。值得注意的是,首先涌现出来的关联模式是沙特阿拉伯及其合作对象国也门(YE)、巴林(BH)和约旦(JO)等国家,表明这些国家在某些技术领域存在较强的合作研发能力。

———————

① 刘潇,杨建梅.基于数据科学的复杂元网络方法及应用[M].北京:科学出版社,2015.

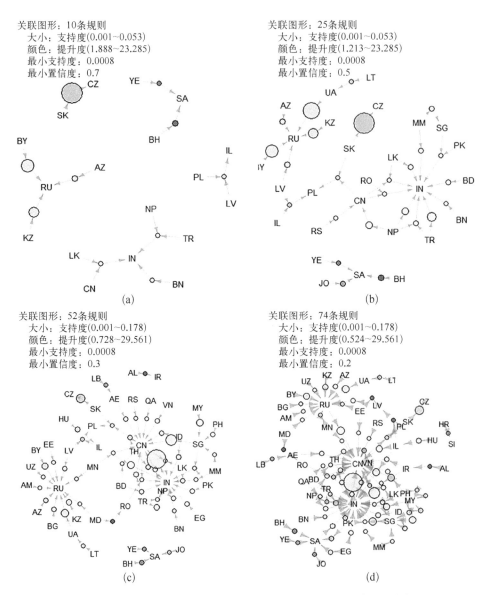

关联图形：10条规则
大小：支持度(0.001~0.053)
颜色：提升度(1.888~23.285)
最小支持度：0.0008
最小置信度：0.7

(a)

关联图形：25条规则
大小：支持度(0.001~0.053)
颜色：提升度(1.213~23.285)
最小支持度：0.0008
最小置信度：0.5

(b)

关联图形：52条规则
大小：支持度(0.001~0.178)
颜色：提升度(0.728~29.561)
最小支持度：0.0008
最小置信度：0.3

(c)

关联图形：74条规则
大小：支持度(0.001~0.178)
颜色：提升度(0.524~29.561)
最小支持度：0.0008
最小置信度：0.2

(d)

图4-1　中国与"一带一路"沿线国家科技创新合作关联规则演变

　　图4-1分别报告了支持度阈值为0.0008,置信度阈值为0.7、0.5、0.3和0.2的关联规则强度下科技创新合作结构,形成的合作路径关联结构如表4-1所示。当设置置信度最高为0.7时,只有俄罗斯、印度、斯洛伐克和中国等的国际合作被识别出来,表示这些国家间的国际合作最为密切。其中,东欧国家如俄罗斯、斯洛伐克和捷克等置信度最高,说明这些国家间合作关系最为密切;沙特阿

拉伯等提升度最高,说明这些国家间的关联规则可信度高,显著的关联规则说明这些国家间的合作形式可信度高。当置信度降低到 0.5 时[见图 4 - 1(b)],更多的国家被识别出来,俄罗斯代表的东欧区国家间的合作仍旧显著,印度成为关联规则中最常见的后项。随着将置信度进一步降低为 0.3、0.2[见图 4 - 1(c)(d)],"一带一路"沿线国家均被识别出来。通过置信度由强自弱的调整,关联规则图出现了明显的"结构洞",其中印度和俄罗斯出现早于中国。说明印度在"一带一路"沿线国家跨国专利合作中参与广度和强度均强于中国,俄罗斯的参与强度强于中国;中国只有随着将置信度调低后,才逐渐产生较多的关联规则与之链接在一起。这说明中国与"一带一路"其他国家的专利合作关系在"数量"上占有优势,但在关联强度上是不足的。

同样,鉴于美国作为技术输出大国和专利强国,它们在"一带一路"的专利布局必然会制约和影响我国在"一带一路"跨国专利合作中的地位。因此,本节还进一步对比中美两国在"一带一路"跨国专利合作网络中的地位,探索美国和"一带一路"国家间的合作关系以及中国和"一带一路"国家间的合作关系强弱。

表 4 - 2　加入美国后中国与"一带一路"沿线国家科技创新合作关联模式

〈前项〉=>〈后项〉	支持度/%	置信度/%
〈中国〉=>〈美国〉	29.20	70.83
〈印度〉=>〈美国〉	28.68	75.81
〈中国,印度〉=>〈美国〉	14.93	83.70
〈新加坡〉=>〈美国〉	9.68	52.70
〈以色列〉=>〈美国〉	7.14	72.73
〈马来西亚〉=>〈美国〉	5.45	57.69
〈斯洛伐克〉=>〈捷克〉	5.25	81.96
〈乌克兰〉=>〈俄罗斯〉	3.90	61.78
〈中国,俄罗斯〉=>〈美国〉	3.14	73.08
〈以色列,印度〉=>〈美国〉	2.81	77.98
〈白俄罗斯〉=>〈俄罗斯〉	2.64	78.43

　　表4-2显示中国和美国是最频繁出现的专利合作关联：有29.2%的"一带一路"跨国专利合作研发同时选择"中国"和"美国"；而且在含有中国的6 126项"一带一路"跨国专利中，有70.83%（置信度）的专利中也含有美国，反映出美国作为"结构洞"的状况非常明显。除此之外，出现小集团（由3个节点和4个节点形成的三角结构）：（中国、印度、美国），（中国、俄罗斯、美国）等形成的三角关联结构增加了科技创新合作关联网络的集聚效应。例如，规则"{中国，印度}=>{美国}(14.93，83.70)"的含义是，有14.93%的专利同时含有中国、印度和美国；而且在已经包含中国和印度的企业中，有83.7%的可能性也包含美国。从三角结构的挖掘结果来看，美国依旧是明显的"结构洞国家"。前置项为{中国、印度}{中国、俄罗斯}和{印度、马来西亚}，后置项国家均为美国，占比达到33.4%，也就是说，在6 964条专利中，美国均为占据重要位置的"结构洞"国家。进一步可以发现，和中国相关联的大量关联结构都是以美国为后置规则，也就是说，美国在中国与"一带一路"沿线国家的专利合作中发挥着重要的桥梁作用，对美国的研发合作路径依赖严重。另一方面，从中国的角度来看，涉及中国的关联规则中，主要包括以美国为后置项规则的：{中国、印度}{中国、俄罗斯}{印度、马来西亚}。需要特别注意的是，在以中国为后置项的关联规则中主要为俄罗斯、尼泊尔、印度、越南、泰国、巴基斯坦和马来西亚等国家，"一带一路"沿线国家的科技创新合作地缘性明显。为了更直观地反映中国与"一带一路"科技创新合作的关联特征，本节进一步对其进行可视化（见图4-2）。图4-2只显示支持度大于0.000 8、置信度大于0.5的关联规则，圆圈的大小代表支持度的大小，其颜色深浅代表提升度的大小，提升度均大于1，表示国家间的关联规则有存在的意义。

　　图4-2显示，在中国与"一带一路"沿线国家科技创新合作网络中，存在一个强"结构洞"即美国，两个弱"结构洞"即中国和印度。"结构洞"理论表明个体在网络中的位置要比其与其他个体关系的强弱更重要[①]。美国在中国与"一带一路"沿线国家科技创新合作网络中的"结构洞"位置决定了其拥有的信息、资源与权力，处于研发网络中的主导地位，美国将没有直接联系的两个国家联系起来，拥有信息优势和控制优势，这样能够为自己提供更多的服务和回报，进而形成科技创新合作中的良性循环。从图4-2中还能发现，中国和印度正处在"弱

---

① 庞博，邵云飞，王思梦.联盟组合管理能力与企业创新绩效：结构洞与关系质量的影响效应[J].技术经济，2018，37(6)：48-56.

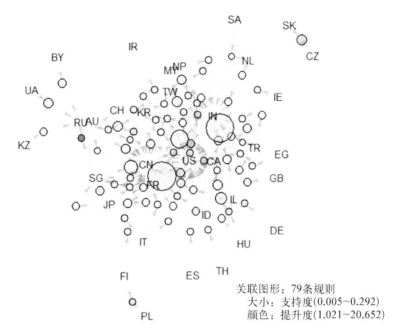

关联图形：79条规则
大小：支持度(0.005~0.292)
颜色：提升度(1.021~20.652)

图 4‑2　加入美国后中国与"一带一路"沿线国家科技创新合作关联规则

结构洞"的发展和形成阶段。俄罗斯处于白俄罗斯、乌克兰、哈萨克斯坦等其他国家的结构洞位置,说明俄罗斯在中西亚和东欧的专利合作网络中处于关键位置,斯洛伐克和捷克两国的专利合作研发极为紧密,有明显的区域和小世界性。马来西亚、土耳其等发展中国家参与的合作模式被显著地识别出来,说明在"一带一路"跨国专利合作网络中具有显著的"南南合作"特征。以上关联规则,如表4‑3所示。

表 4‑3　中国与"一带一路"沿线国家科技创新合作关联模式的提升度

规 则 前 项	规则后项	支持度	置信度	提升度	项　数
〈俄罗斯,新加坡〉	〈中国〉	0.69%	77.78%	20.65	21
〈斯洛伐克〉	〈捷克〉	5.25%	81.96%	9.43	159
〈美国〉	〈以色列〉	1.12%	77.27%	7.88	34
〈哈萨克斯坦〉	〈俄罗斯〉	1.85%	90.32%	4.54	56
〈白俄罗斯〉	〈俄罗斯〉	2.64%	78.43%	3.94	80

规 则 前 项	规则后项	支持度	置信度	提升度	项　　数
{乌克兰}	{俄罗斯}	3.90%	61.78%	3.11	118
{中国,美国}	{新加坡}	0.96%	56.86%	3.10	29
{美国}	{新加坡}	1.12%	54.84%	2.99	34
{中国}	{美国}	29.20%	70.83%	1.40	884
{土耳其}	{印度}	1.52%	52.27%	1.38	46
{中国}	{印度}	0.69%	51.22%	1.35	21
{土耳其}	{美国}	1.95%	67.05%	1.32	59

　　由表 4-3 可见,提升度较高时,捷克、波兰、俄罗斯等出现的频率较高;而提升度较低时,美国、中国和印度出现的频率较高。由提升度的概念可得出:俄罗斯与新加坡,斯洛伐克与捷克,波兰、匈牙利与美国,哈萨克斯坦与俄罗斯等国的科技创新合作关系较为密切。而美国、中国和印度等提升度相对较小(但仍然大于1,即该关联规则存在意义),对其可能的解释是,由于三国与其他国家间的专利研发项目过多,从而一定程度上掩盖与某些国家的紧密研发合作关系。其次,由于表 4-3 是按照总体数据进行分析,没有针对特定技术领域进行区分。可能存在潜在的解释是:如 A 国与 B 国在制造行业的关联性强度很高,存在很高的提升度,但是在软件服务业领域关联性极低,提升度为1,这就可能导致 A 国与 B 国总体提升度降低。

　　图 4-3 反映了中国与"一带一路"科技创新合作中 3 节点合作模式中的关联规则,其中,美国、中国和印度的"结构洞"的性质更为明显。尤其是美国,居于网络的正中心位置,所有国家都与之链接,美国占据了三国合作为基础的跨国专利合作网络中的"结构洞"位置,决定了美国拥有网络合作中的信息、资源与权力,处于研发网络中的主导地位;美国通过其核心地位,将没有直接联系的两个国家联系起来,进一步巩固了美国具有的拥有信息优势和合作控制优势。进一步将 56 条关联规则按组绘制矩阵图(见图 4-4)。从图 4-4 可以看出,新加坡(处于矩阵左上角)等作为规则的规则后项对应的专利合作关联规则中的提升度最高,而在矩阵中下部分的中国、美国和印度,提升度减小,但是支持度明显上升,反映出这些国家参与科技创新合作关系广泛。

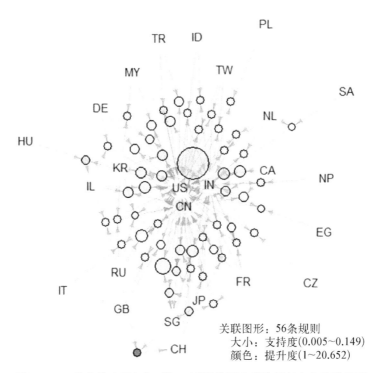

关联图形：56条规则
大小：支持度(0.005~0.149)
颜色：提升度(1~20.652)

图 4‑3　3 节点的中国与"一带一路"沿线国家科技创新合作关联规则

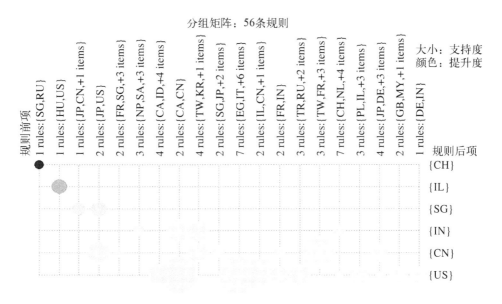

图 4‑4　3 节点的中国与"一带一路"沿线国家科技创新合作关联规则矩阵图

本节主要利用关联规则理论对中国与"一带一路"沿线国家跨国专利合作网络进行数据挖掘,得出了具体两个、三个和四个国家间的合作模式,并通过提升置信度,发现合作国家间更为强烈的合作关联方式和处于"结构洞"优势的国家。在考虑到美国的"一带一路"跨国专利合作中,中国专利会比较依赖美国,美国是网络中最大的结构洞,而在"一带一路"65 国专利合作网络中,多元化程度有所提高,但集中度仍然较高。中国和美国是最强或最频繁的关联;关联网络中存在等级结构,通过调整关联强度阈值,强关联成分会涌现出来,正是这些强关联的国家,呈现出"聚集"的合作行为,导致美国、印度的稳固地位。这种格局在聚焦"一带一路"65 国的关联关系中有着不同的反映。相对于美国,中国和印度正处在"弱结构洞"的发展和形成阶段。印度、俄罗斯是"一带一路"中最强的专利合作关联中心;印度作为"中间人",网络中新涌现出来的合作关系大部分都首先同印度或者俄罗斯关联;中国在"一带一路"跨国专利研发中的地位虽然较强,但不及印度和俄罗斯,在关联强度较弱时才会出现明显的"结构洞"。俄罗斯处于白俄罗斯、乌克兰、哈萨克斯坦等其他国家的结构洞位置,说明俄罗斯在中西亚和东欧的专利合作网络中处于关键位置。另外,在专利合作网络边缘的国家反而具有较高的提升度,如斯洛伐克和捷克两国的专利合作研发极为紧密,有明显的区域和小世界性。

4.2 中国与"一带一路"沿线国家科技创新合作的模体结构

上一节的分析发现,中国与"一带一路"沿线国家科技创新合作覆盖的国家范围不断扩大的同时,其中合作对象国之间的强关联关系正在越来越明显地呈现出"聚集"态势,即微观合作结构在中国与"一带一路"沿线国家科技创新合作网络中占据重要的比重,因此本节将利用模体技术深入挖掘该区域创新合作网络的子结构,并借助其探讨中国与"一带一路"沿线国家科技创新合作网络全局拓扑结构的演进。网络子结构是造成复杂网络整体动态演化和功能差异的重要因素[1]。模体(motif)是复杂网络的重要子结构,基于模体方法将研究聚焦于网络节点之间连接关系的路径选择,从而实现从局部层面刻画复杂网络的连接模

---

① COSTA L da F, RODRIGUES F A, TRAVIESO G, et al. Characterization of complex networks: A survey of measurements[J/OL]. Advances in Physics, 2007, 56(1): 167 - 242. DOI: 10.1080/00018730601170527; BARABÁSI A L, OLTVAI Z N. Network biology: Understanding the cell's functional organization[J/OL]. Nature Reviews. Genetics, 2004, 5(2): 101 - 113. DOI: 10.1038/nrg1272.

式,对理解复杂网络的拓扑结构及演化具有重要作用①,就中国与"一带一路"沿线国家的跨国专利合作网络而言,模体反映了"一带一路"沿线国家间专利合作的连接方式,为认识跨国专利合作网络的局部特征和演化规律提供了一条可行的路径。本节首先识别"一带一路"跨国专利合作网络的模体结构,拓展对跨国专利合作网络局部特征的认识;然后将社会网络分析的结构对等性理论应用于复杂网络的局部结构,尝试基于节点国家在局部结构中的"位置",辨识其在跨国专利合作网络局部结构中的"角色"定位。

4.2.1　网络模体及结构"对等性"理论

作为复杂网络的基元,模体被定义为网络中频繁出现的同构子图,是复杂网络的基本拓扑结构之一②。不同的模体结构往往具有不同的动力学功能,对网络模体的识别和挖掘对于认识网络的局部结构具有重要意义。网络模体识别算法需要首先生成与真实网络具有相同度序列的随机网络;然后分别在真实网络和随机网络中挖掘特定规模的子图;最后根据模体的统计特征(Z 值和 P 值)对其进行评定,Z 值越大,P 值越小,对应模体的统计意义越显著;另外,为了评价模体的相对重要性,并实现不同规模网络间的比较,还可以对模体的 Z 值进行归一化处理。

$$Z_i^* = \frac{Z_i}{\sqrt{\sum Z_i^2}} \qquad (4.9)$$

Barabási 和 Oltvai(2004)进一步指出 3 节点和 4 节点模体对复杂网络的拓扑结构和功能的解释尤为重要,因此本节重点关注中国与"一带一路"沿线国家跨国专利合作网络的 3 节点和 4 节点模体。图 4-5 给出了无向网络中所有可能的 3 节点、4 节点模体,并根据连通性将其定义为星型结构模体、全联通型结构模体和介于两者之间的中间型结构模体(如链型、环型、远端簇形等拓扑结构),不同类型的模体结构直接导致其所处网络在信息、物质和能量交换上的差

① 刘亮,韩传峰,缪莉莉,曹吉鸣,姚晓勃.基于子图结构对等的科学家合作网络角色辨识[J].科学学研究,2013,31(8): 1128 - 1135.
② MILO R,SHEN-ORR S,ITZKOVITZ S,et al. Network motifs: Simple building blocks of complex networks[J/OL]. Science (American Association for the Advancement of Science),2002,298(5594): 824 - 827. DOI: 10.1126/science.298.5594.824.

异[①]。星型模体(3-1 ![] 和 4-1 ![])无须构建所有节点间的连接关系,节点间的信息交换成本较低,信息交流效率仅取决于中心节点的信息输入和输出能力。与星型结构模体完全相反的是全联通型结构模体(3-2 ![] 和 4-6 ![]),模体中任何两个节点间都存在连接关系,它比同等规模其他结构的模体具有更好的连通性和关联性,充分体现了专利合作研发中分布式合作的特点,所有节点间都存在联系,提高了专利合作研发参与者的聚集程度,信息处理效率上升,但其交流成本也相对较高。中间型结构模体(4-2 ![]、4-3 ![]、4-4 ![] 和 4-5 ![])的功能和特征介于二者之间。

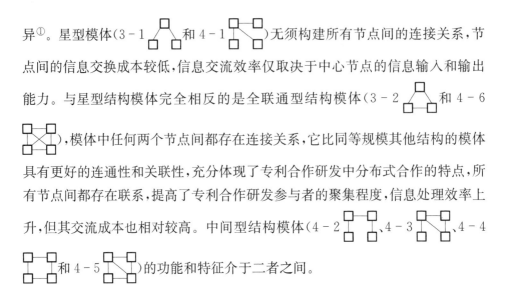

信息交换效率、合作研发成本逐渐上升

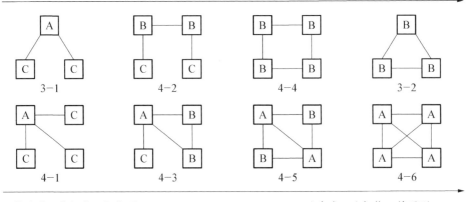

集中式、集权化、契约型 ——————————→ 分布式、分权化、关系型

图 4-5 3 节点和 4 节点模体结构与功能分布

社会网络理论指出"角色"依赖于"位置",不同位置的节点与其他节点相互作用的方式和程度存在差异,从而形成网络中不同的行为角色。因此,根据节点在模体中的位置对其角色进行辨识是解释网络局部连接结构和节点行为的重要方法[②]。

———————

① BAVELAS A. A mathematical model for group structures[J]. Applied Anthropology, 1948, 7(3): 16-30.
② 刘军. 社会网络分析导论[M]. 北京: 社会科学文献出版社, 2004.; MIZRUCHI M S. Cohesion, equivalence, and similarity of behavior: A theoretical and empirical assessment [J/OL]. Social Networks, 1993, 15(3): 275-307. DOI: 10.1016/0378-8733(93)90009-A.

由于网络节点的中心性与其网络影响力存在正相关关系①,刘亮(2013)根据节点在模体中的位置和度中心性,定义节点在模体中分别承担核心(A)、中介(B)和边缘(C)角色(见表4-4)②,不同的节点"角色"在创立合作关系、掌控资源分配和推动合作进程的效率方面存在差异③。以4节点模体为例,模体中度为3的节点国家(即与模体中其他节点国家均存在合作关系的国家)在专利合作中往往处于主导地位(即核心角色 A),模体中度为2的节点国家(即与模体中其他2个节点国家存在合作关系的国家)在专利合作中通常发挥界桥作用(即中介角色B),而模体中度为1的节点国家(即仅与模体中1个节点国家存在合作关系的国家)在专利合作中通常处于从属地位(即边缘角色C)。

表 4-4　3 节点和 4 节点模体点位定义及关系示意

点　位	图　　示	子图编号	点位性质与特征
1A2B		3-1	A-核心国,B-边缘国;A 点位国家与两位不合作的 B 分别合作
3C		3-2	C-中介国、核心国;C 点位行动者两两均有合作
1A3B		4-1	A-核心国,B-边缘国;A 点位国家与两位不合作的 B 分别合作
2C2D		4-3	C-中介国,B-边缘国;C 分别于不合作的两位 D 合作者合作

① KRETSCHMER H. Author productivity and geodesic distance in bibliographic co-authorship networks, and visibility on the Web[J/OL]. Scientometrics, 2004, 60(3): 409 – 420. DOI: 10.1023/B: SCIE. 0000034383.86665.22.

② 刘亮,韩传峰,缪莉莉,曹吉鸣,姚晓勃.基于子图结构对等的科学家合作网络角色辨识[J].科学学研究,2013,31(8): 1128-1135.

③ BAVELAS A. A mathematical model for group structures[J]. Applied Anthropology, 1948, 7(3): 16 – 30.

（续表）

点　　位	图　　示	子图编号	点位性质与特征
1E2F1G		4-2	E-核心国,F-中介国,E-边缘国；E 与所有点位国家合作,G 不与两位 F 国家合作
4H		4-5	H-中介国；H 点位四个国家中仅与相邻点位合作
2I2J		4-4	I-核心国,J 中介国；两位 J 点位合作者与相邻点位合作,两位 I 点位与其他点位合作
4K		4-6	K-核心国；四位 K 点位行动者均两两合作

对 4 节点的模体结构研究不能单纯地类比 3 节点,而应该从结构本身的效果和效率来研究。由于 4 节点的模体结构实际是由 3 节点的模体构成的,其组合计算方法如图 4-6 所示。分别考虑图 4-6 的三种子图组合方式：第一种组合方式体现了 4-1 模体继承于 3-1 模体,具有与 3-1 模体相同的特征,若参与者 1、2、4 之间欲进行合作必须通过参与者 3,参与者 3 处于绝对核心地位,掌握绝对结构洞优势；第二种组合方式体现了 4-2 模体继承了 3-1 和 3-2 模体,在这种模体结构中,一方面参与者 1、2、3 具有对等的合作关系,另一方面参与者 4 只能通过节点 3 才能与其他参与者构建起关系,此时参与者 3 处于相对核心地位,具有结构洞优势；第三种组合方式体现了 4-6 模体,继承于 3-2 模体结构,各个参与者之间都存在相互交流路径,模体中不存在核心节点,个节点地位完全对等①。

---

① 缪莉莉,韩传峰,刘亮,等.基于模体的科学家合作网络基元特征分析[J/OL].科学学研究,2012,30(10)：1468-1475.DOI：10.16192/j.cnki.1003-2053.2012.10.005.;刘亮,汪建,韩传峰.国家应急组织合作网络基元同构与异构比较研究[J/OL].中国安全科学学报,2019,27(5)：169-174.DOI：10.16265/j.cnki.issn1003-3033.2019.05.030.

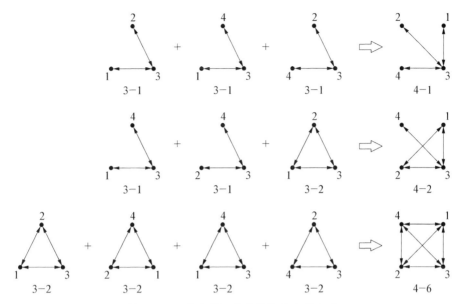

图 4 - 6　3 节点到 4 节点模体的生成方式

4.2.2　中国与"一带一路"沿线国家科技创新合作网络的模体特征

本节采用 Mavisto 软件分别对 2000 年、2005 年、2010 年、2015 年和 2019 年中国与"一带一路"沿线国家跨国专利合作网络的 3 节点和 4 节点模体进行识别，挖掘中国与"一带一路"沿线国家跨国专利合作网络的模体特征（见表 4 - 5）。

表 4 - 5　2000—2019 年中国与"一带一路"沿线国家跨国专利合作网络的模体构成

类型	图　　示	年份	实际频次	Z 值	归一化 Z 值	P 值	子图浓度
星型结构		2000	496	0.000	0.000	1.000	90.68%
		2005	1 982	0.000	0.000	1.000	89.97%
		2010	3 079	0.000	0.000	1.000	88.83%
		2015	4 231	0.000	0.000	1.000	87.71%
		2019	4 216	0.000	0.000	1.000	87.88%
		2000	1 500	0.000	0.000	1.000	26.48%
		2005	13 165	0.000	0.000	1.000	29.35%

（续表）

类型	图　　示	年份	实际频次	Z 值	归一化 Z 值	P 值	子图浓度
星型结构		2010	21 972	0.000	0.000	1.000	25.78%
		2015	33 562	0.000	0.000	1.000	24.06%
		2019	32 537	0.000	0.000	1.000	24.10%
中间结构		2000	2 648	0.120	0.031	0.472	46.74%
		2005	18 134	2.335	0.278	0.002	40.42%
		2010	35 440	2.489	0.310	0.004	41.59%
		2015	56 743	2.044	0.305	0.017	40.68%
		2019	56 030	0.967	0.164	0.169	41.50%
		2000	1 145	1.825	0.471	0.039	20.21%
		2005	9 763	3.245	0.386	0.000	21.76%
		2010	19 669	3.386	0.421	0.000	23.08%
		2015	33 836	2.717	0.405	0.005	24.26%
		2019	32 263	2.513	0.426	0.002	23.17%
		2000	164	1.044	0.269	0.156	2.89%
		2005	1 556	3.542	0.422	0.000	3.47%
		2010	3 318	2.900	0.361	0.000	3.89%
		2015	6 098	2.416	0.360	0.014	4.37%
		2019	5 726	1.434	0.243	0.091	4.24%
		2000	194	1.650	0.425	0.064	3.42%
		2005	2057	3.724	0.443	0.000	4.59%
		2010	4 413	3.229	0.402	0.000	5.18%
		2015	8 406	2.857	0.426	0.005	6.03%
		2019	7 706	2.556	0.433	0.003	5.71%

（续表）

类　型	图　　示	年份	实际频次	Z 值	归一化 Z 值	P 值	子图浓度
全联通型		2000	51	2.576	0.426	0.005	9.32%
		2005	221	3.693	0.440	0.000	10.03%
		2010	387	3.886	0.484	0.000	11.17%
		2015	593	3.206	0.478	0.001	12.29%
		2019	581	3.449	0.584	0.000	12.12%
		2000	14	1.116	0.288	0.146	0.25%
		2005	186	3.808	0.453	0.000	0.41%
		2010	410	3.597	0.448	0.000	0.48%
		2015	844	3.019	0.450	0.004	0.61%
		2019	744	2.662	0.467	0.003	0.55%

数据来源：PATSTAT 数据库。

表 4-5 显示，2000—2019 年，随着"一带一路"跨国专利合作网络规模不断扩大，各种类型的子图结构在真实网络中出现的频次均呈增长趋势。但从 Z 值来看，"一带一路"跨国专利合作网络中全联通型结构子图（3-2 和 4-6 ）的数量显著高于同等规模的随机网络中全联通型结构子图的数量，形成了"一带一路"跨国专利合作网络中重要的局部特征；另外，中间型子图（4-3 、4-4 和 4-5 ）也是显著的模体结构。归一化 Z 值对比的结果显示，即便控制了网络自身规模不大扩张的影响，在"一带一路"跨国专利合作网络中全联通型子图均为显著的模体结构，且 2000—2019 年全联通型结构模体在网络中的统计显著性越来越强。其中，3 节点全联通型子图（3-2 ）的归一化 Z 值由 2000 年的 0.426 增长为 2019 年的 0.584；4 节点全联通型子图（4-6 ）的归一化 Z 值由 2000 年的 0.288 增长为 2019 年的 0.467。为了更直观

地反映实际网络与随机网络各类型子图数量差异的变动规律,本节还将对比结果在时间轴上进行了可视化(见图4-7)。

在图4-7中,实线代表"一带一路"跨国专利合作真实网络中的子图数量,虚线代表随机网络中子图数量。图4-7显示,全联通型子图结构(3-2 [图] 和4-6 [图])和中间型子图(4-3 [图] 、4-4 [图] 和4-5 [图])在"一带一路"跨国专利合作网络中出现的数量显著高于在随机网络中出现的数量,而且我们还可以发现,数量差异随时间呈现日益加大的趋势,这种差异趋势在全联通型的子图结构中更为突出,而全联通型子图结构具有更好的关联性,更短的特征路径长度,专利合作国的聚集程度更高,表明"一带一路"沿线国家在专利合作中越来越多地呈现出分布式合作的特点。尽管"一带一路"跨国专利合作网络的模体结构本身并不具备专利产出功能,但国家间建立新的专利合作连接时,由于和潜在合作伙伴之间存在信息不对称,新的专利合作关系往往对过往专利合作活动具有依赖性,这种信息不对称约束下的网络选择机制会不断强化"一带一路"跨国专利合作网络呈现出的局部特征,并最终影响"一带一路"跨国专利合作网络的整体演进轨迹。

基于模体方法对"一带一路"跨国专利合作网络的局部特征进行讨论的基础上,本节还将各种子图结构在"一带一路"跨国专利合作真实网络中的相对浓度及其变动进行了对比,子图结构的相对浓度度量的是所有真实网络中出现的子图,这些子图并非全是模体,但同样可以从另一个侧面反映在"一带一路"沿线国家创新资源、能力和地域特征存在较大差异的前提下,跨国专利合作网络呈现出的局部结构状态(见图4-8)。结果显示"一带一路"跨国专利合作网络呈现出两个典型的局部特征:一方面,子图3-1 [图] 、4-1 [图] 、4-2 [图] 和4-3 [图] 在各年份的网络中出现的浓度均相对较高,这些子图结构在跨国专利合作中代表以某个核心国家为主导组成的专利合作结构,这是"一带一路"跨国专利合作网络在现实约束条件下呈现出的主要合作形式,即有若干活跃的国家在整体网络中发挥着主导作用,从而使"一带一路"跨国专利合作网络整体呈现出"小世界"性。另一方面,也可以看出虽然子图3-2 [图] 、4-4 [图] 、4-5 [图] 和

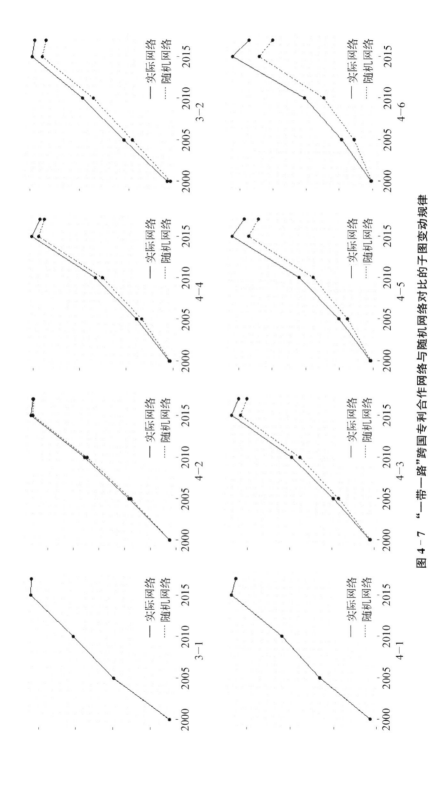

图 4 - 7　"一带一路"跨国专利合作网络与随机网络对比的子图变动规律

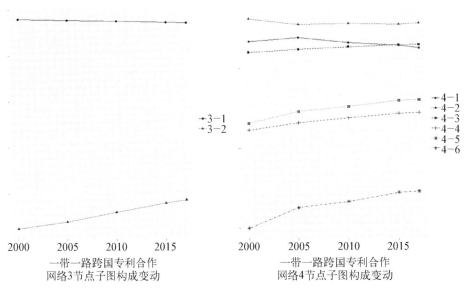

一带一路跨国专利合作
网络3节点子图构成变动

一带一路跨国专利合作
网络4节点子图构成变动

图4-8 "一带一路"跨国专利合作网络子图构成变动特征

4-6 目前在网络中出现的比例相对较低,但在2000—2019年这些子图在

网络中所占比重出现了显著地上升趋势,其中全联通型子图3-2 和4-6

的上升趋势更为明显,意味着伴随着"一带一路"跨国专利合作网络规模的

不断扩张,国家间的合作正在由为少数国家主导型合作向分布式合作转变的特

征,这与基于模体方法得到的"一带一路"跨国专利合作网络局部特征的演进规

律保持一致,一方面是由于随着"一带一路"国家间科技创新合作活动日益频繁,

国家间已初步形成了互信互利的合作网络,实现了合作成本和效率的优化;另一

方面也表明"一带一路"沿线国家的科技创新实力均有不同程度的提升,可以在

合作中发挥各自的优势,各司其职。

4.2.3 "一带一路"沿线国家角色多样性和演化特征

除了探讨"一带一路"跨国专利合作网络的局部特征和演进规律,本节还将

社会网络分析的结构对等性理论应用于网络的局部结构,通过国家在网络局部

结构中的节点位置,讨论"一带一路"沿线国家在跨国专利合作中所承担的角色

及其动态演化的特征。

考虑到 3 节点子图结构中角色种类较少、意义不明显,研究主要依据 4 节点子图结构中节点的位置进行讨论。本节使用 Matlab 软件,将 2000 年、2005 年、2010 年、2015 年和 2019 年"一带一路"跨国专利合作网络对应的邻接矩阵作为输入矩阵,利用穷尽递归搜索算法枚举 4 节点子图对应的 6 种 4 * 4 阶的子矩阵,并统计整理了各节点国家的角色种类及数量,进而分析"一带一路"沿线国家在跨国专利合作中的角色定位和演化特征。

首先考察"一带一路"跨国专利合作网络所有节点国家的网络角色定位及多样性变迁。网络节点根据其在局部结构中所处的位置,被定义为核心、中介和边缘角色(见表 4 - 4),图 4 - 9 分别展示了 2000 年、2010 年和 2019 年"一带一路"沿线国家在跨国专利合作网络局部结构中的角色多样性[见图 4 - 9(a)]和角色定位特点[见图 4 - 9(b)]。图 4 - 9(a)表明"一带一路"沿线国家在跨国专利合作中具有角色多样性的特征,且这种多样性特征在 2000—2019 年呈现逐渐增强的趋势,2000 年在参与跨国专利合作的 36 个国家中,只有 18 个国家与其他国家发生专利合作时,在跨国专利合作的局部结构中同时具有的核心、中介或边缘角色的行为特征,而 2019 年在参与跨国专利合作的 54 个国家中,有 42 个国家在跨国专利合作网络的局部结构中同时承担了核心、中介和边缘 3 种角色,占比高达 78%,这说明"一带一路"跨国专利合作网络在 2000—2019 年不但网络规

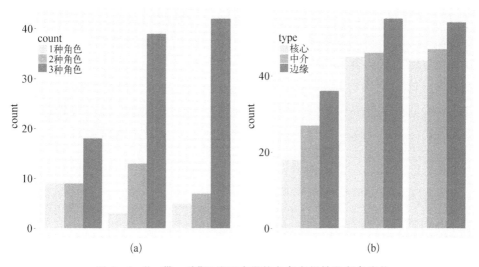

(a)　　　　　　　　　　　　　　(b)

图 4 - 9　"一带一路"沿线国家网络角色多样性及角色定位

模日益扩张,而且跨国专利合作网络内部的复杂性也在不断增强;同时,这也契合了信息不对称、创新资源和能力约束下科技创新合作活动多样性的选择机制。图 4-9(b)显示,"一带一路"沿线国家在跨国专利合作中不但承担角色的多样性不断增强,而且 2000—2019 年越来越多的国家在跨国专利合作网络的局部结构中处于核心地位,在建立专利合作关系的过程中承担过主导合作活动的行为角色,拥有配置创新资源和推动专利合作进程的能力。

研究进一步聚焦"一带一路"跨国专利合作网络中重要的节点国家在网络局部结构中的行为角色。鉴于网络节点的度中心性与其网络影响力存在正相关关系,节点的度中心性越高,意味着该节点在网络结构中的位置越优越,在网络中的作用越重要①,本节采用网络节点的度中心性指标②筛选出 2000 年、2010 年和 2019 年在"一带一路"跨国专利合作网络中处于前 10 位的重要节点国家,并对这些重要节点国家在跨国专利合作网络局部结构中承担的角色类型进行了统计(见表 4-6),表 4-6 显示度中心性高的国家在跨国专利合作网络局部结构中更多地承担核心角色,发挥主导作用,但同样也可以看到,2000 年只有俄罗斯在跨国专利合作网络局部结构中承担核心角色的比重超过了 50%,这一方面是由于2000 年"一带一路"沿线国家之间的专利合作活动整体并不充分,同时也反映出2000 年"一带一路"沿线国家在科技创新合作活动中的行为特征存在显著的非均衡性。2019 年已有更多的重点国家(如中国、印度、以色列和俄罗斯)在跨国专利合作网络局部结构中承担核心角色的比重均超过了 50%,这意味着随着"一带一路"沿线国家之间的专利合作活动日益频繁,越来越多的国家在专利合作活动中可以发挥配置创新资源、推动合作进程的作用,其中,中国在 2000—2019 年的表现最为突出,中国不但与越来越多的"一带一路"沿线国家建立了专利合作关系(点度中心性指标由 2000 年的 0.324,上升为 2019 年的 0.774),而且在这些专利合作活动中越来越多地发挥主导作用,这表明在"一带一路"倡议下,中国在科技创新领域与"一带一路"沿线国家的互通、互联卓有成效。

① KRETSCHMER H. Author productivity and geodesic distance in bibliographic co-authorship networks, and visibility on the Web[J/OL]. Scientometrics, 2004, 60(3): 409-420. DOI: 10.1023/B: SCIE. 0000034383.86665.22.

② 对于拥有 g 个节点的无向网络,节点 i 的度中心性 $= \dfrac{\sum_{j=1}^{g} x_{ij} (i \neq j)}{g-1}$,该指标取值介于 0~1,取值为 0 表明节点 i 与网络中任何其他节点都不存在联系,取值为 1 表明节点 i 与网络中其他节点均存在联系。

表 4 - 6　"一带一路"跨国专利合作网络节点国家相对度数中心度比较

2000 年					2010 年					2019 年				
国家	度中心性	核心/%	中介/%	边缘/%	国家	度中心性	核心/%	中介/%	边缘/%	国家	度中心性	核心/%	中介/%	边缘/%
俄罗斯	0.405	51.5	37.9	10.6	印度	0.648	84.5	14.8	0.7	中国	0.774	87.9	7.6	0.3
印度	0.351	49.1	36.2	14.8	中国	0.630	81.0	17.7	1.3	印度	0.698	86.5	12.8	0.7
以色列	0.351	38.9	49.0	12.1	俄罗斯	0.537	60.5	33.9	5.6	以色列	0.528	58.8	35.8	5.4
中国	0.324	31.3	54.6	14.1	以色列	0.407	44.6	44.6	10.9	俄罗斯	0.528	51.4	40.5	8.1
乌克兰	0.243	18.9	51.2	29.9	马来西亚	0.315	23.1	50.7	26.3	马来西亚	0.453	42.8	44.6	12.6
新加坡	0.216	15.6	47.9	36.5	新加坡	0.296	18.1	50.4	31.5	新加坡	0.377	30.6	50.2	19.2
波兰	0.216	12.5	55.3	32.2	乌克兰	0.296	17.8	51.6	30.6	土耳其	0.340	22.0	51.8	26.2
马来西亚	0.162	5.4	42.4	52.3	土耳其	0.278	15.1	51.7	33.1	波兰	0.340	24.0	51.9	24.1
孟加拉	0.135	1.4	29.7	68.9	匈牙利	0.241	13.0	46.3	40.7	捷克	0.302	16.8	49.6	33.6
伊朗	0.135	4.1	34.9	61.0	波兰	0.241	12.7	48.6	38.7	新加坡	0.283	13.5	46.1	40.4

数据来源：PATSTAT 数据库。

97

揭示了"一带一路"跨国专利合作网络中重点国家在局部结构中行为的共性特征之后,本节还重点考察了中国在"一带一路"跨国专利合作网络局部结构中的角色定位(见表4-7)。表4-7显示中国在"一带一路"跨国专利合作网络中主要承担着合作主导者的作用,且主导作用在2000—2019年逐渐增强,核心角色的比重从2000年的31.33%上升为2019年的87.88%,其中,中国在参与跨国专利合作活动时更多地出现在4-1 ⊞和4-3 ⊞两种合作模式中;此外,在4-2 ⊞、4-3 ⊞、4-4 ⊞和4-5 ⊞四种合作模式中,中国也承担了部分沟通其他两个专利合作国的中介角色,随着中国越来越多地在"一带一路"跨国专利合作活动中居于主导地位,这种中介角色的作用呈现出逐渐弱化的趋势;最后,中国仅少量出现在合作模式4-1 ⊞、4-2 ⊞和4-3 ⊞的从属位置,承担被动参与合作的边缘角色,这种边缘角色的比重在2000—2019年已呈现出不断下降的趋势。

本节讨论了"一带一路"跨国专利合作网络的局部结构特征,自下而上地对"一带一路"沿线国家间专利跨国合作模式和行为机制进行了讨论。分析结果表明,伴随着"一带一路"跨国专利合作网络规模的不断扩张,"一带一路"沿线国家的专利合作正呈现出由少数国家主导型合作向分布式合作转变的特征;另外,"一带一路"沿线国家的专利合作对已有网络存在依赖,反映了信息不对称约束下"一带一路"专利合作网络全局演进的社会选择机制。本节还将社会网络分析的结构对等性理论应用于网络局部结构,基于节点国家在"一带一路"跨国专利合作网络局部结构中的位置,讨论了"一带一路"沿线国家在跨国专利合作中的角色多样性及其动态演化特征,关注了跨国专利合作网络重点国家(即高点度中心性国家)在专利合作中具有的共性行为模式,即在专利跨国合作中承担着主导合作的核心角色作用。其中,中国在2000—2019年的表现最为突出,不但与越来越多的"一带一路"沿线国家建立了专利合作关系,而且在这些专利合作活动中越来越多地发挥主导作用,这表明我国在"一带一路"倡议下,与"一带一路"沿线国家在科技创新领域的互通、互联卓有成效。

表 4-7　中国在"一带一路"跨国专利合作中的微观结构和角色定位

年份	核心/%				中介/%				边缘/%		
	4-1	4-3	4-5	4-6	4-2	4-3	4-4	4-5	4-1	4-2	4-3
2000	10.68	14.10	5.27	1.28	34.19	16.95	0.57	2.85	13.11	0.71	0.28
2005	52.58	21.46	7.65	1.63	11.04	4.38	0.26	0.34	0.52	0.08	0.06
2010	41.54	25.56	11.06	2.88	9.90	7.10	0.15	0.51	0.83	0.39	0.08
2015	47.28	29.34	11.42	3.33	4.52	3.66	0.04	0.15	0.25	0.00	0.00
2019	44.89	28.25	11.63	3.11	6.96	4.19	0.24	0.43	0.25	0.02	0.03

数据来源：PATSTAT 数据库。

4.3 中国与"一带一路"沿线国家科技创新合作的模块结构

块模型分析将网络中各个行动者按照一定标准分成几个离散的子集,这些子集被称为"块"或"聚类"或"位置",并研究各个块之间可能存在的关系[①]。实际上,在进行划分之后所形成的每一个"块"都是一个小模型,它们是原始矩阵的子矩阵,也代表一个群体,它们是对网络整体结构的反映,能够较为直观地反映网络的拓扑结构和网络中群体之间的关系[②]。一般来说,分析块模型有两个基本步骤:一是对行动者进行分区,即把行动者分到各个位置中去;二是确定块的取值。首先,将整体网络中的成员按照一定的标准进行整合,使他们能够全部纳入各个块中;其次,在各个块进行取值,即 1 - 块,或者 0 - 块。取 1 或 0 的标准有 6 种,本节采用与平均网络密度比较的方法来取值。最后,可以根据各块值对整体网络的结构和群体之间的关系进行分析,了解网络结构的构成。块模型分析最常使用的是凝聚子群(CONCOR)算法,CONCOR 算法是一种迭代相关收敛法,研究的是节点 X 的相似性向量与节点 Y 的相似性向量在多大程度上相似。CONCOR 程序开始于一个矩阵,不断更新迭代计算相关系数矩阵之后,各个位置之间的结构对等性程度通过树形图来表示,并且标记处各个位置所包含的网络节点成员,这种分块的图形可以很清晰地看到哪些节点是结构对等的,更重要的是还可以从中看到关系的模式。

本节使用 UCINET 软件中的 CONCOR 算法,设定最大分割深度为 2,收敛标准为 0.2,进行 25 次迭代后,得到中国与"一带一路"沿线国家专利合作网络的子群分解内容(见表 4 - 8)以及密度矩阵表(见表 4 - 9)。密度矩阵中,密度是该子群的实际显著关系与理论显著关系数之比,反映是子群之间的内外部关系[③]。根据子群内部关系及外部关系的数量差别,可以划分为四种不同的模

① WHITE H C, BOORMAN S A, BREIGER R L. Social structure from multiple networks. I. Blockmodels of roles and positions[J/OL]. The American Journal of Sociology, 1976, 81(4): 730 - 780. DOI: 10.1086/226141.
② FREEMAN L C. Social Network Analysis[M]. Los Angeles; London: SAGE, 2008.; NEWMAN M E J. Modularity and community structure in networks[J/OL]. Proceedings of the National Academy of Sciences — PNAS, 2006, 103(23): 8577 - 8582. DOI: 10.1073/pnas.0601602103.
③ 李玉会."一带一路"沿线国家科研合作网络及其溢出效应研究[D/OL].广州: 暨南大学,2020[2023 - 10 - 24]. https://kns.cnki.net/kcms2/article/abstract?v=3uoqIhG8C475KOm_zrgu4sq25HxUBNNTmIbFx6y0bOQ0cH_CuEtpsAvV-ekk4XN6Ayf9pZ8pVUVvw2JY1qyKpuUmi6x3K2oo&uniplatform=NZKPT. DOI: 10.27167/d.cnki.gjinu.2020.001221.

块类型[①]:一是内部发生了更多的合作关系,但该子群与外部合作关系很少甚至几乎没有发生合作关系,该子群定义为内部型模块;二是子群内部发生的合作关系很少甚至几乎没有发生合作关系,但该子群与外部发生更多的合作关系,该子群定义为外部型模块;三是子群内部发生了很多合作关系,同时该子群与外部也发生了很多的合作关系,该子群定义为兼顾型模块;四是子群内部发生的合作关系很少甚至几乎没有发生合作关系,并且该子群与外部同样发生的合作关系很少甚至几乎没有发生合作关系,该子群定义为孤立型模块。进一步地,根据网络密度矩阵来构建像矩阵,采用的是 α-密度指标,α 为临界值密度,通常指的是密度矩阵每一行的平均密度值,将密度矩阵中大于此临界值密度的值设置为1,小于此临界值密度的值设置为0[②]。

表 4-8　"一带一路"跨国专利合作网络块模型分析结果

	2010 年	2013 年
子群 1	阿联酋、立陶宛、拉脱维亚、亚美尼亚、阿塞拜疆、黑山、哈萨克斯坦、蒙古、叙利亚、格鲁吉亚、塔吉克斯坦、白俄罗斯、土库曼斯坦、乌克兰、卡塔尔、爱沙尼亚、摩尔多瓦、克罗地亚、也门、乌兹别克斯坦、吉尔吉斯斯坦	阿联酋、立陶宛、拉脱维亚、亚美尼亚、阿塞拜疆、乌克兰、捷克、爱沙尼亚、也门、格鲁吉亚、塔吉克斯坦、白俄罗斯、摩尔多瓦、乌兹别克斯坦、哈萨克斯坦、吉尔吉斯斯坦
子群 2	科威特、马尔代夫、不丹、斯洛伐克、柬埔寨、巴林、阿曼、巴勒斯坦	巴林、黑山、马尔代夫、土库曼斯坦、科威特、巴勒斯坦、不丹
子群 3	波黑、马来西亚、塞浦路斯、斯里兰卡、孟加拉、阿尔巴尼亚、以色列、印度尼西亚、希腊、越南、北马其顿、伊朗、泰国、尼泊尔、匈牙利、菲律宾、波兰、塞尔维亚、保加利亚、埃及、罗马尼亚、约旦、俄罗斯、沙特阿拉伯、新加坡、黎巴嫩、印度、土耳其、巴基斯坦、中国	新加坡、保加利亚、伊朗、俄罗斯、柬埔寨、塞浦路斯、孟加拉、印度、伊拉克、斯里兰卡、希腊、阿尔巴尼亚、匈牙利、土耳其、斯洛文尼亚、越南、蒙古、黎巴嫩、罗马尼亚、尼泊尔、卡塔尔、波兰、巴基斯坦、塞尔维亚、斯洛伐克、约旦
子群 4	斯洛文尼亚、文莱、捷克、老挝、伊拉克	马来西亚、波黑、中国、文莱、北马其顿、沙特阿拉伯、克罗地亚、叙利亚、泰国、阿曼、菲律宾、印度尼西亚、以色列、老挝、埃及

① 李敬,陈旎,万广华,等."一带一路"沿线国家货物贸易的竞争互补关系及动态变化:基于网络分析方法[J/OL].管理世界,2017(4):10-19.DOI:10.19744/j.cnki.11-1235/f.2017.04.002.
② 刘自敏,韩威鹏,张娅."一带一路"沿线能源消费与风险防范[J/OL].煤炭经济研究,2020,40(12):10-22.DOI:10.13202/j.cnki.cer.2020.12.003.

（续表）

	2016 年	2019 年
子群 1	阿联酋、罗马尼亚、阿尔巴尼亚、俄罗斯、匈牙利、印度尼西亚、孟加拉、印度、卡塔尔、马来西亚、尼泊尔、塞尔维亚、中国、塞浦路斯、捷克、越南、柬埔寨、斯里兰卡、希腊、以色列、科威特、泰国、波兰、巴基斯坦、伊朗、新加坡、菲律宾、土耳其	阿联酋、罗马尼亚、阿尔巴尼亚、蒙古、沙特阿拉伯、北马其顿、孟加拉、老挝、伊拉克、泰国、约旦、斯洛伐克、中国、巴基斯坦、捷克、以色列、印度尼西亚、菲律宾
子群 2	巴林、黎巴嫩、阿曼、克罗地亚、埃及、约旦、也门、文莱、波黑、沙特阿拉伯	埃及、俄罗斯、亚美尼亚、希腊、克罗地亚、保加利亚、立陶宛、尼泊尔、塞尔维亚、土耳其、文莱、塞浦路斯、波兰、黎巴嫩、斯里兰卡、马来西亚、匈牙利、印度、新加坡、越南、伊朗
子群 3	斯洛伐克、老挝、不丹、北马其顿、巴勒斯坦、马尔代夫、阿富汗	阿曼、土库曼斯坦、马尔代夫、不丹、巴林、科威特、波黑、也门、柬埔寨、叙利亚
子群 4	阿塞拜疆、白俄罗斯、伊拉克、亚美尼亚、立陶宛、吉尔吉斯斯坦、摩尔多瓦、保加利亚、哈萨克斯坦、拉脱维亚、蒙古、斯洛文尼亚、格鲁吉亚、塔吉克斯坦、土库曼斯坦、黑山、乌克兰、乌兹别克斯坦、爱沙尼亚、叙利亚	阿塞拜疆、白俄罗斯、爱沙尼亚、哈萨克斯坦、拉脱维亚、摩尔多瓦、斯洛文尼亚、格鲁吉亚、塔吉克斯坦、吉尔吉斯斯坦、黑山、乌克兰、乌兹别克斯坦、巴勒斯坦、卡塔尔

表 4-9　"一带一路"跨国专利合作网络密度矩阵与像矩阵

年份	子群	密 度 矩 阵					像 矩 阵			
		子群 1	子群 2	子群 3	子群 4	均值	子群 1	子群 2	子群 3	子群 4
2010	子群 1	0.286	0.026	0.717	0.111	0.285	1	0	1	0
	子群 2	0.026	0.000	0.048	1.167	0.310	0	0	0	1
	子群 3	0.717	0.048	4.306	0.422	1.373	0	0	1	0
	子群 4	0.111	1.167	0.422	0.000	0.425	0	1	0	0
2013	子群 1	0.458	0.000	1.337	0.227	0.506	0	0	1	0
	子群 2	0.000	0.000	0.000	0.031	0.008	0	0	0	1

年份	子群	密度矩阵					像矩阵			
		子群1	子群2	子群3	子群4	均值	子群1	子群2	子群3	子群4
2013	子群3	1.337	0.000	1.474	4.065	1.719	0	0	0	1
	子群4	0.227	0.031	4.065	1.708	1.508	0	0	1	1
2016	子群1	6.300	0.586	0.98	0.790	2.164	1	0	0	0
	子群2	0.586	0.978	0.014	0.080	0.415	1	1	0	0
	子群3	0.980	0.014	0.000	0.121	0.279	1	0	0	0
	子群4	0.790	0.080	0.121	0.205	0.299	1	0	0	0
2019	子群1	2.520	5.787	0.029	0.288	2.156	1	1	0	0
	子群2	5.787	3.529	0.026	1.375	2.679	1	1	0	0
	子群3	0.029	0.026	0.000	0.018	0.018	1	1	0	0
	子群4	0.288	1.375	0.018	0.229	0.478	0	1	0	0

2010 年，子群 1 内部合作密度高于平均值，且与子群 3 发生大量合作，即内、外部关系都比较多，属于兼顾型模块；子群 2 和子群 4 外部合作密度高于平均值，属于外部型模块。子群 3 内部合作密度高于平均值，属于内部型模块。此外，子群 1 和子群 3 覆盖国家数量多，且合作关系紧密；2013 年，模块格局发生变化。子群 1 和子群 2 类型不变，但是国家成员出现流失，子群 3 和子群 4 有较大调整，子群 4 主要成员为中国及相关东盟国家。根据密度矩阵及像矩阵发现，子群 1 和子群 3 合作，内部关系较少，属于外部模块；子群 2 与子群 4 合作，也属于外部型模块；子群 3 和子群 4 属于兼顾型模块。子群 3 的密度为 1.474，子群 4 的内部密度为 1.708，子群 3 与子群 4 之间的密度为 4.065，说明子群 3 与子群 4 之间合作关系紧密；2016 年，模块格局进一步调整。子群 2 形成内部型模块，子群 3 属于孤立型模块，两者都属于是边缘子群。子群 1 与子群 4 形成兼顾型模块，并且子群 1 是网络中最主要的子群，覆盖了中国、俄罗斯、印度以及新加坡等高中心度国家，属于网络的核心子群；2019 年，模块格局趋向均衡。其中，子群 1 的内部密度为 2.52，子群 2 的内部密度为 3.529，子群 1 与子群 2 之间的密度

5.787，说明子群 1 和子群 2 不仅内部合作关系紧密，并且子群之间的合作联系更加紧密，子群 1 与子群 2 是兼顾型模块并且是网络中的核心子群。子群 3 仍属于孤立型模块，子群 4 属于外部型模块。

2010—2019 年中国与"一带一路"沿线国家专利合作网络的块模型分析结果表明，从分类位置上看大多数国家都处于兼顾型模块，表明各国间专利合作关系良好，但是部分边缘国家依然未能很好地融入"一带一路"跨国专利合作网络。从 2019 年块模型分析结果来看，"一带一路"沿线国家逐步形成了两大重要的跨国专利合作模块：第一个重要的跨国专利合作模块是以中国和以色列为首，由 2 个东亚国家（中国、蒙古）、2 个南亚国家（孟加拉、巴基斯坦）、4 个东盟国家（印度尼西亚、泰国、老挝、菲律宾）、5 个西亚国家（以色列、沙特阿拉伯、阿联酋、约旦、伊拉克）以及 5 个中东欧国家（罗马尼亚、阿尔巴尼亚、北马其顿、斯洛伐克、捷克）组成；第二个跨国专利合作模块是以俄罗斯、印度为首，由 4 个东盟国家（新加坡、马来西亚、越南、文莱）、2 个独联体国家（俄罗斯、亚美尼亚）、3 个南亚国家（印度、尼泊尔、斯里兰卡）、6 个西亚和地中海沿岸国家（伊朗、土耳其、塞浦路斯、黎巴嫩、埃及、希腊）及 6 个中东欧国家（波兰、立陶宛、匈牙利、克罗地亚、保加利亚、塞尔维亚）组成。另外"一带一路"沿线国家还存在半边缘合作模块和边缘合作模块。半边缘合作模块是以乌克兰和白俄罗斯为首，由哈萨克斯坦、卡塔尔及部分独联体、中东欧和中亚国家组成。边缘合作模块包括阿曼、土库曼斯坦、马尔代夫、不丹、巴林、科威特、波黑、也门、柬埔寨、叙利亚，这些国家未能很好地融入进"一带一路"跨国专利合作网络当中，需要进一步扩大网络的合作广度来提升这些边缘国家的科技创新合作水平。

4.4　本章小结

从关联结构、模体结构和模块结构对中国与"一带一路"沿线国家跨国专利合作中观结构的分析表明，首先，"一带一路"跨国专利网络中各个国家呈现出不同的合作特征。在西亚地区，俄罗斯处于白俄罗斯、乌克兰、哈萨克斯坦等其他国家的关键中介位置；斯洛伐克和捷克两国的专利合作研发极为紧密，有明显的区域和小世界性，这些国家均可视为潜在合作国。在东南亚地区的新加坡、马来西亚、越南等国跨国专利研发活动活跃，而其他国家相对参与较少。印度、以色列等国家在"一带一路"跨国专利合作网络中具有较强影响力，在研究与创新领域充满活力,发展迅猛、不容忽视。以上反映出"一带一路"沿线国家专利合作不均衡,这要求我们在推进"一带一路"倡议的同时,要突破地缘局限,与"一带一路"沿线创新"潜力"国家联合,打造创新共同体,实现优势互补①。其次,"一带一路"沿线国家的专利合作正呈现出由少数国家主导型合作向分布式合作转变的特征。中国与"一带一路"沿线国家在跨国专利合作中的角色多样性及其动态演化特征说明,中国在跨国专利合作中为高点度中心度国家,即在专利跨国合作中承担着主导合作的核心角色,不但与越来越多的"一带一路"沿线国家建立了专利合作关系,而且在这些专利合作活动中越来越多地发挥主导作用,这表明我国在"一带一路"倡议下,与"一带一路"沿线国家在科技创新领域的互通、互联卓有成效。最后,中国与"一带一路"沿线国家专利合作网络的块模型分析表明,鉴于"一带一路"沿线国家横跨亚非欧,有着复杂的区域政治、经济和文化环境,该区域的专利合作仍呈现差序格局,有明显的强弱之分。中国作为大国和"一带一路"倡议的发起国,有责任承担起区域知识产权建设的领导角色。中国要积极推动区域知识产权体系,同时参与国际专利知识保护规则的顶层设计,建立"一带一路"沿线国家间的专利合作和知识产权登记认证局,促进沿线国家间建立起一个知识产权标准化、常态化和包容性的合作机制;通过提供政策、资金、技术等的协调和合作,确立能够统筹兼顾各方主张和诉求的实现路径和保障机制,实现"一带一路"沿线国家间知识产权保护制度的连贯性、一致性和可持续性的发展,最终形成全方位、多层次、宽领域的合作格局,切实地推动知识产权与标准化国际合作走深走实。

---

① 高伊林,闵超.中美与"一带一路"沿线国家专利合作态势分析[J/OL].图书情报知识,2019(4):94 - 103.DOI:10.13366/j.dik.2019.04.094.

第 **5** 章

中国与"一带一路"沿线国家科技
创新合作的微观特征

伴随着国家间贸易、科技、文化等领域的交流不断加强,国家间的关系更倾向于形成一个有机的整体,从而具有复杂系统的特征[①]。因此,关于国家与国家之间关系的研究之中,大多数学者开始采用复杂性理论和复杂网络分析方法,从全局的角度进行审视[②]。本章基于双模网络,从微观层面分析整体格局和个体相互作用模式,将研究对象之间的彼此相互关联纳入研究框架之中。事实上,"一带一路"合作倡议的参与各国本身便构成了一个现实网络,双模网络可以在很大程度上克服传统单模网络遗漏信息的不足,能够囊括更深层次的拓扑结构信息,使得研究结论具有更强的合理性。具体来说,本章基于双模网络挖掘中国与"一带一路"沿线国家科技创新合作网络的核心节点并探测国家和技术节点复杂度特征。

5.1 中国与"一带一路"沿线国家科技创新合作的双模网络特征

5.1.1 "国家-技术"双模网络构建

区别于传统的复杂网络模型,双模网络可以囊括国家在不同技术领域上的科技创新合作关系,进而解释国家与国家、技术与技术之间的深层关系[③]。对于

---

① 吴宗柠,樊瑛.复杂网络视角下国际贸易研究综述[J].电子科技大学学报,2018,47(3):469-480.

② 任素婷,崔雪峰,樊瑛.复杂网络视角下中国国际贸易地位的探究[J].北京师范大学学报(自然科学版),2013,49(1):90-94+115;樊瑛,任素婷.基于复杂网络的世界贸易格局探测[J/OL].北京师范大学学报(自然科学版),2015,51(2):140-143+221.DOI:10.16360/j.cnki.jbnuns.2015.02.007.

③ TACCHELLA A, CRISTELLI M, CALDARELLI G, et al. Economic complexity: Conceptual grounding of a new metrics for global competitiveness[J/OL]. Journal of Economic Dynamics & Control, 2013, 37(8): 1683-1691. DOI: 10.1016/j.jedc.2013.04.006; SCIARRA C, CHIAROTTI G, RIDOLFI L, et al. Reconciling contrasting views on economic complexity[J/OL]. Nature Communications, 2020, 11(1): 3352. DOI: 10.1038/s41467-020-16992-1; HIDALGO C A, HAUSMANN R, DASGUPTA P S. The building blocks of economic complexity[J]. Proceedings of the National Academy of Sciences of the United States of America, 2009, 106(26): 10570-10575.

一个包含 m 个国家 n 个技术领域的双模网络,其邻接矩阵 $\boldsymbol{B}$ 可以表示为

$$\boldsymbol{B} = \begin{matrix} & \begin{matrix} N_1^T & N_2^T & \cdots & N_n^T \end{matrix} \\ \begin{matrix} N_1^C \\ N_2^C \\ \vdots \\ N_m^C \end{matrix} & \begin{bmatrix} B_{11} & B_{12} & \cdots & B_{1n} \\ B_{21} & B_{22} & \cdots & B_{2n} \\ \vdots & \vdots & \ddots & \vdots \\ B_{m1} & B_{m2} & \cdots & B_{mn} \end{bmatrix} \end{matrix} \tag{5.1}$$

其中,$N_i^C (i=1, 2, \cdots, m)$ 表示双模网络中的国家节点,$N_j^T (j=1, 2, \cdots, n)$ 表示双模网络中的技术节点;该矩阵中的元素 B_{ij} 为国家 i 在技术 j 上的衡量指标,若国家 i 在技术 j 上开展了跨国专利合作,则 $B_{ij}=1$,即国家 i 和技术 j 之间产生连线;若国家 i 在技术 j 上未开展跨国专利合作,则 $B_{ij}=0$,即国家 i 和技术 j 之间不产生连线。基于中国与"一带一路"沿线国家的跨国专利合作数据,利用 NetDraw 软件对"国家-技术"双模网络进行可视化,结果如图 5-1 所示,图中圆圈表示国家节点,方块表示技术节点,节点的大小与跨国专利合作发生的项数正相关。

对比 2002 年和 2019 年的"国家-技术"双模网络图可以发现,2019 年的双模网络在网络的密度、网络中节点的数量和节点的大小方面都显著增加。2001 年"国家-技术"双模网络共有 64 个节点(包括 30 个国家,34 个技术领域)和 272 条边,其中仅有 6 个国家在超过 20 个技术领域上拥有跨国专利研发成果。2019 年,网络中共存在 83 个节点(包括 48 个国家,35 个技术领域)和 674 条边,有 12 个国家在超过 20 个技术领域上进行了跨国专利合作,这表明越来越多的"一带一路"沿线国家在越来越多的技术领域上与其他国家开展科技创新合作。

5.1.2　"国家-技术"双模网络的特征分析

1. 网络密度分析

网络密度是社会网络分析方法中最常使用的指标之一,用于衡量整个网络节点之间的联系程度。网络密度越大,表明网络中节点之间的联系程度越高,越有利于节点间的资源共享联系,紧密联系的网络能够为其中节点的发展提供重要力量。"国家-技术"双模网络的网络密度定义为①

---

① FREEMAN C. Networks of innovators: A synthesis of research issues[J/OL]. Research Policy, 1991, 20(5): 499 - 514. DOI: 10.1016/0048 - 7333(91)90072 - X.

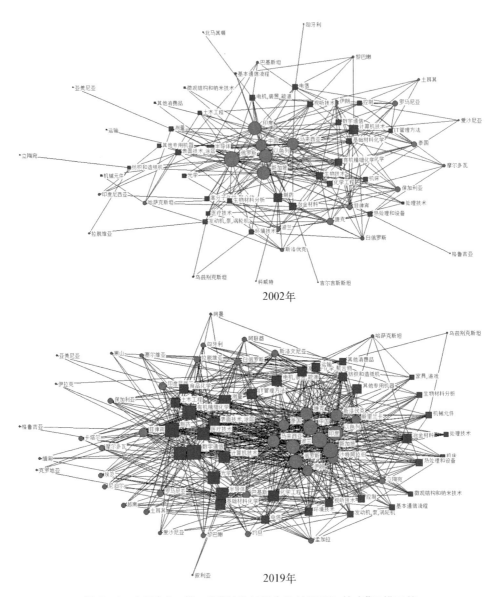

图 5-1 中国与"一带一路"科技创新合作的"国家-技术"双模网络

$$D = \frac{M}{N(N-1)} \tag{5.2}$$

其中，D 代表网络的密度，M 代表网络节点间实际存在的关系数目，N 代表网络中的节点个数，$N(N-1)$ 代表节点之间的关系数在理论上的最大值。计算得到的 2001—2019 年"国家-技术"双模网络密度与增长率如图 5-2 所示。从图中可以看出,"一带一路"跨国专利合作网络密度整体呈波动上升趋势,数值上由 2001 年的 0.13 上升至 2019 年的 0.19,增幅为 23.08%,代表"一带一路"各国在不同技术领域上的跨国专利合作频率不断增加。但是网络密度始终小于 0.2,且近年网络密度的年增长率始终维持在 2% 左右,增长率较低,说明跨国专利合作仍然存在着较大的发展前景。

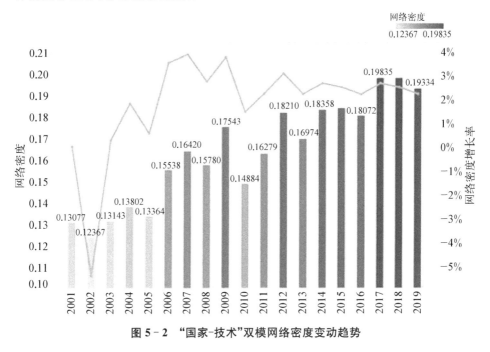

图 5-2　"国家-技术"双模网络密度变动趋势

2. 平均最短距离分析

网络的最短距离是指任意两个节点之间最少可以通过多少条边关联在一起,平均最短距离是所有节点之间最短距离的平均值,该指标用于衡量网络中节点之间的连通性。平均最短距离越小,说明网络中两个节点之间产生关联所需要的连接数越少,网络中任意两个节点间的可达性越好。平均最短距离的具体计算表达式为

$$L = \frac{d(i, j)}{N(N-1)} \tag{5.3}$$

其中,L 代表平均最短距离,$d(i, j)$ 代表网络中节点 i 和节点 j 间的最短路径,N 代表网络中的节点个数。2001—2019 年"国家-技术"双模网络平均最短距离与增长率如图 5-3 所示。从图中可以发现,"一带一路"跨国专利合作网络的平均最短距离维持在 2 左右,代表对于跨国专利合作网络中的任意节点,平均只需

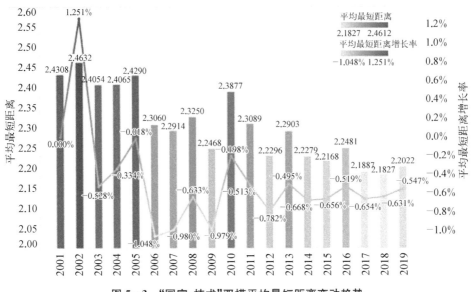

图 5-3 "国家-技术"双模平均最短距离变动趋势

经过两个节点就能与另一个节点产生联系,网络中节点之间的连通性较强。且近年来平均最短距离的年增长率始终为负,表明网络节点间的平均最短距离在逐年减少,网络节点之间的可达性越来越高。

3. 度数中心度分析

若将双模网络中的两类节点分别视作行动者节点和行动者所隶属的事件节点,那么对于行动者节点来说,其度数中心度是该行动者所属于的事件数,即与该行动者节点所连接的事件数;事件的度数中心度是该事件所拥有的行动者数目,即与该事件节点所连接的行动者数。度数中心度可以反映节点之间的联结程度,度数中心度越大,表明该节点与统一网络中越多的其他节点之间存在直接关联。行动者节点和事件节点的度数中心度计算表达式为

$$C_D^{NM}(n_i) = \frac{\sum\limits_{k=1}^{g+h} x_{ik}^{NM}}{g+h-1} \tag{5.4}$$

$$C_D^{NM}(m_k) = \frac{\sum\limits_{i=1}^{g+h} x_{ik}^{NM}}{g+h-1} \tag{5.5}$$

其中,NM 表示双模网络,该网络中包含着 g 个行动者节点和 h 个行动者所隶

属的事件节点,x_{ik}^{NM} 代表双模网络中的元素。在"国家-技术"双模网络中,国家节点的度数中心度是指该国家开展跨国专利合作时涉及的技术领域个数,技术节点的度数中心度是指在该技术领域上有多少个国家开展过跨国专利合作。基于 2001—2019 年中国与"一带一路"沿线国家跨国专利合作数据,计算得到的双模网络标准化度数中心度前 10 名,如表 5-1 所示。由表可见,排名前 10 节点的度数中心度逐年上升,且节点之间的差距越来越小,这表明双模网络中每个节点的连接数越来越多;相比于技术节点,国家节点一直处于度数中心度排名前三的位置,意味着这些国家在进行跨国专利合作时,会选择在多种不同的技术领域上进行;国家节点中,俄罗斯和马来西亚的度数中心度逐年下滑,印度、新加坡和中国的度数中心度逐年上升,目前印度、新加坡和中国是"一带一路"跨国专利合作中涉及的技术领域最广泛;在技术领域节点中,制药技术领域的度数中心度常年最高,意味着在制药技术领域开展跨国专利合作的"一带一路"沿线国家最多。

表 5-1 "国家-技术"双模网络度数中心度排序情况

排名	2001 年		2010 年		2019 年	
	节点名称	度数中心度	节点名称	度数中心度	节点名称	度数中心度
1	俄罗斯	0.20	印 度	0.41	印 度	0.42
2	以色列	0.17	俄罗斯	0.41	新加坡	0.42
3	印 度	0.11	新加坡	0.39	中 国	0.41
4	新加坡	0.09	中 国	0.39	以色列	0.40
5	马来西亚	0.34	制 药	0.38	制 药	0.39
6	中 国	0.31	有机化学	0.36	波 兰	0.39
7	计算机技术	0.25	以色列	0.34	数字通信	0.37
8	制 药	0.23	马来西亚	0.34	俄罗斯	0.37
9	半导体	0.19	半导体	0.29	有机化学	0.36
10	冶金材料	0.19	测 量	0.28	马来西亚	0.35

4. 接近中心度分析

对于单模网络中的节点,接近中心度是一节点到其他节点最短距离之和的倒数。对于双模网络中的行动者节点和事件节点,接近中心度是一节点到其他同类节点的最短距离之和,再加上该节点到不同类别节点的最短距离之和的倒数,即双模网络的接近中心度是行动者所属事件到其他行动者和事件最短距离的函数①。接近中心度可以反映节点之间的接近程度,一个节点的接近中心度越大,代表其离其他节点的距离越短,该节点到达其他节点越容易。行动者节点和事件节点接近中心度的具体计算公式为

$$C_C^{NM}(n_i) = \left[1 + \frac{\sum_{j=1}^{g+h} \min_k d(k,j)}{g+h-1}\right]^{-1} \tag{5.6}$$

$$C_C^{NM}(m_k) = \left[1 + \frac{\sum_{i=1}^{g+h} \min_j d(i,j)}{g+h-1}\right]^{-1} \tag{5.7}$$

其中,NM 表示双模网络,该网络中包含着 g 个行动者节点和 h 个行动者所隶属的事件节点,$d(k,j)$ 代表事件 k 与行动者 j 间的距离,$d(i,j)$ 代表行动者 i 与行动者 j 之间的距离。基于 2001—2019 年中国与"一带一路"沿线国家跨国专利合作数据,计算得到的双模网络节点的接近中心度前 10 名排序,如表 5-2 所示。可以发现,相对于技术领域节点而言,国家节点的接近中心度更大,说明在"国家-技术"双模网络中,国家节点到达不同节点越容易,即能够最快与其他节点产生联系。"一带一路"沿线国家中,目前印度、新加坡和中国的接近中心度最高,能够快速与其他国家在不同技术领域开展专利合作活动,是跨国专利合作中最有效率的节点。

表 5-2 "国家-技术"双模网络接近中心度排序

排名	2001 年		2010 年		2019 年	
	节点名称	接近中心度	节点名称	接近中心度	节点名称	接近中心度
1	俄罗斯	0.62	印 度	0.63	印 度	0.63
2	以色列	0.55	俄罗斯	0.63	新加坡	0.63

① FAUST K. Centrality in affiliation networks[J/OL]. Social Networks, 1997, 19(2): 157-191. DOI: 10.1016/S0378-8733(96)00300-0.

（续表）

排名	2001 年		2010 年		2019 年	
	节点名称	接近中心度	节点名称	接近中心度	节点名称	接近中心度
3	印 度	0.55	中 国	0.61	中 国	0.62
4	新加坡	0.55	新加坡	0.60	以色列	0.61
5	马来西亚	0.51	马来西亚	0.56	波 兰	0.61
6	计算机技术	0.50	以色列	0.56	俄罗斯	0.60
7	中 国	0.50	制 药	0.54	马来西亚	0.58
8	制 药	0.50	有机化学	0.53	捷 克	0.58
9	半导体	0.47	斯洛伐克	0.51	制 药	0.55
10	冶金材料	0.47	捷 克	0.51	泰 国	0.55

5. 中介中心度分析

在双模网络中,若一个节点处于其他节点产生连接的路径上,那么就认为该节点处于另外两个节点的中间。对于双模网络中的行动者节点和事件节点,同类节点之间的联系要通过另一类节点来实现,因此事件节点总处于行动者节点的捷径上,计算事件节点的中介中心度时,需要考虑所有与该事件有联系的行动者;行动者节点也总处于事件节点的捷径上,因此计算行动者节点的中间中心度时,需要考虑所有与该行动者有联系的事件。行动者节点和事件节点的中介中心度计算公式为

$$C_B^{NM}(n_i) = \frac{1}{2} \sum_{m_k, m_l \in n_i} \frac{1}{x_{kl}^M} \tag{5.8}$$

$$C_B^{NM}(m_k) = \frac{1}{2} \sum_{n_i, n_j \in m_k} \frac{1}{x_{ij}^N} \tag{5.9}$$

其中, x^M 是行动者矩阵, x^N 是事件矩阵。如果任意一对属于事件 m_k 的行动者 (n_i, n_j) 共享 x_{ij}^N 个事件,那么事件 m_k 节点的中间中心度就增加 $1/x_{ij}^N$ 个单位[①]。

---

① FAUST K. Centrality in affiliation networks[J/OL]. Social Networks, 1997, 19(2): 157 - 191. DOI: 10.1016/S0378 - 8733(96)00300 - 0.

基于 2001—2019 年中国与"一带一路"沿线国家跨国专利合作数据,计算得到的双模网络节点的中间中心度前 10 名(见表 5 - 3)。由表可见,伴随着时间的推进,就前 10 排名来说,技术领域节点逐渐超越国家节点,成为中介中心度最大的节点。较大的中介中心度意味着许多节点需要依靠该节点才能对外产生联系,中介中心度较大的节点就像一个交通枢纽,在其他节点之间的联系中起到中介作用,与中间中心度较大的节点产生联系,意味着能够通过其与更多的同类别节点相连。对于"国家-技术"双模网络而言,比起国家,技术领域是跨国专利合作的真正中介,在进行跨国专利合作时,只有掌握高中间中心度较高技术领域的相关技术,才能与其他国家在更多技术领域上开展合作。

表 5 - 3 "国家-技术"双模网络中介中心度排序

排名	2001 年		2010 年		2019 年	
	节点名称	中介中心度	节点名称	中介中心度	节点名称	中介中心度
1	俄罗斯	0.20	制 药	0.09	制 药	0.06
2	印 度	0.12	有机化学	0.08	半导体	0.06
3	以色列	0.11	印 度	0.07	有机化学	0.05
4	新加坡	0.09	俄罗斯	0.07	基础材料化学	0.05
5	计算机技术	0.07	中 国	0.06	数字通信	0.05
6	制 药	0.06	新加坡	0.06	印 度	0.05
7	马来西亚	0.06	土木工程	0.06	新加坡	0.05
8	冶金材料	0.05	测 量	0.05	中 国	0.04
9	中 国	0.05	半导体	0.05	光 学	0.04
10	纺织和造纸机	0.04	化学工程	0.05	以色列	0.04

5.2 基于"国家-技术"双模网络的核心节点识别

上节得到的度数中心度表示"一带一路"跨国专利合作网络中国家和技术领

域之间的直接可达性,接近中心度反映国家和技术领域之间的相对可达性,中介中心度反映国家和技术领域的在网络中的衔接功能。鉴于不同中心度指标下网络节点重要性排序结果有所不同,本节将基于三种双模网络的节点中心度指标,利用熵权 TOPSIS 法,对"国家-技术"双模网络中节点的重要性进行排序。TOPSIS 法,又称"理想解法",是一种用于解决多目标决策分析问题的综合评价方法[①]。TOPSIS 法通过计算评价对象到"正理想解"和"负理想解"之间的距离,依据该距离的大小对不同评价对象进行排序,从而达到识别不同评价对象优劣程度的目的。

TOPSIS 法的核心思想模型为

$$C_i = \frac{sep_i^-}{sep_i^+ + sep_i^-} \tag{5.10}$$

其中,sep_i^- 是评价对象到负理想解的距离;sep_i^+ 是评价对象到正理想解的距离;C_i 是评价对象到最佳样本点的相对接近程度,C_i 越接近 1,该评价对象越好。

为避免人为因素造成的干扰,本节选择熵权法进行赋权,信息熵的计算公式为

$$e_j = -\frac{1}{\ln n} \sum_{i=1}^n (b_{ij} \ln b_{ij}) \tag{5.11}$$

其中,n 是被评价对象的规模;b_{ij} 是第 j 个指标下第 i 个评价对象取值占该指标取值的比重;e_j 表示信息熵的大小。e_j 越小,代表第 j 个指标在不同评价对象上的差异程度越大,信息系统的不确定性越高。熵权法利用指标的变异程度来度量其权重,一个指标的变异程度越大,代表该指标所含的信息量越大,赋予的权重越大。

针对双模网络节点的熵权 TOPSIS 法的具体计算步骤为:

(1) 建立初始决策矩阵 A。 假设双模网络中有 n 个不同节点,存在节点集合 $V = \{V_1, V_2, \cdots, V_n\}$,每个节点有 m 个网络特征指标,指标的集合表示为 $R = \{R_1, R_2, \cdots, R_m\}$,并将第 i 个节点的第 j 个特征指标表示为 $V_i(R_j)$,网络中节点的初始决策矩阵为

① SHEN S. A Modified TOPSIS Method with Improved Rank Stability and Method Consistency for Multi-Criteria Decision Analysis[D/OL]. ProQuest Dissertations Publishing,2021[2023 - 10 - 30]. https://search.proquest.com/docview/2516150491.

$$A = \begin{bmatrix} V_1(R_1) & \cdots & V_1(R_m) \\ \cdots & \cdots & \cdots \\ V_n(R_1) & \cdots & V_n(R_m) \end{bmatrix} \qquad (5.12)$$

(2) 得到标准化矩阵 $\boldsymbol{B}$。由于各个网络指标的量纲不同,需对初始决策矩阵 $\boldsymbol{A}$ 进行归一化处理,得到标准化矩阵 $\boldsymbol{B}$,以便于之后的计算比较:

$$B = \begin{bmatrix} \dfrac{V_1(R_1)}{\sum\limits_{i=1}^{n} V_i(R_1)} & \cdots & \dfrac{V_1(R_m)}{\sum\limits_{i=1}^{n} V_i(R_m)} \\ \cdots & \cdots & \cdots \\ \dfrac{V_n(R_1)}{\sum\limits_{i=1}^{n} V_i(R_1)} & \cdots & \dfrac{V_n(R_m)}{\sum\limits_{i=1}^{n} V_i(R_m)} \end{bmatrix} \qquad (5.13)$$

(3) 计算各个指标的权重。为了获得每个网络特征的权重,首先需要计算出每个指标的信息熵,然后对熵进行归一化处理,得到各指标的权重。第 j 个指标的熵权 w_j 的计算表达式为

$$w_j = \frac{1 - e_j}{m - \sum\limits_{j=1}^{m} e_j} \qquad (5.14)$$

(4) 计算加权决策矩阵 $\boldsymbol{R}$。将步骤(3)得出的权重赋予标准化矩阵 $\boldsymbol{B}$,得到加权决策矩阵 $\boldsymbol{R}$,矩阵中的元素 r_{ij} 表示第 i 个节点的第 j 个加权指标,其计算表达式为

$$R = \begin{bmatrix} \dfrac{V_1(R_1)}{\sum\limits_{i=1}^{n} V_i(R_1)}w_1 & \cdots & \dfrac{V_1(R_m)}{\sum\limits_{i=1}^{n} V_i(R_m)}w_n \\ \cdots & \cdots & \cdots \\ \dfrac{V_n(R_1)}{\sum\limits_{i=1}^{n} V_i(R_1)}w_1 & \cdots & \dfrac{V_n(R_m)}{\sum\limits_{i=1}^{n} V_i(R_m)}w_n \end{bmatrix} = \begin{bmatrix} r_{11} & \cdots & r_{1m} \\ \cdots & \cdots & \cdots \\ r_{n1} & \cdots & r_{nm} \end{bmatrix} \qquad (5.15)$$

(5) 确定正理想解和负理想解。根据加权决策矩阵 $\boldsymbol{R}$,每个加权指标的极值即为该指标的正理想解 X^+ 和负理想解 X^-,第 j 个指标理想解的具体计算表达式为

$$X_j^+ = \{\max(r_{1j}, \cdots, r_{nj})\} \tag{5.16}$$

$$X_j^- = \{\min(r_{1j}, \cdots, r_{nj})\} \tag{5.17}$$

（6）计算每个节点到正理想解和负理想解的距离。计算出节点 i 的各个指标距离即正理想解或负理想解的距离，具体计算表达式为

$$sep_i^+ = \sqrt{\sum_{j=1}^{m} (r_{ij} - X_j^+)^2} \tag{5.18}$$

$$sep_i^- = \sqrt{\sum_{j=1}^{m} (r_{ij} - X_j^-)^2} \tag{5.19}$$

（7）计算节点的贴近程度。计算各个节点和最优节点的相对贴近程度 C_i，然后依据贴近程度为各个节点进行排序，贴近程度越大表示该节点在双模网络中越重要，即该节点是双模网络中的关键节点。

根据上述步骤，可以得到 2019 年中国与"一带一路"沿线国家科技创新合作"国家-技术"双模网络的中心性指标信息熵和权重，如表 5-4 所示。其中，中介中心度的信息熵最小，即网络中各节点在中间中心度上的差异最大，中间中心度的大小最能反映节点在网络中的重要性，因此综合评价时需要分配的权重最多。

表 5-4　中心性指标的信息熵与权重

指　标	度数中心度	接近中心度	中间中心度
e_j	0.949 2	0.968 6	0.867 6
w_j	0.236 7	0.146 5	0.616 8

表 5-5 报告了基于熵权 TOPSIS 法识别得到的"国家-技术"双模网络关键节点的排序结果，制药技术领域是网络中最核心的节点，其拥有网络中较高的度数中心度、接近中心度及最高的中间中心度。排序结果表明，制药技术领域是"一带一路"跨国专利合作中最重要的节点，大部分国家都在制药领域上进行过跨国专利合作，制药技术领域上掌握了专利合作网络的大部分信息，并起着帮助其他节点之间产生连接的作用，是网络中的枢纽和桥梁。国家节点中排名最高的是印度和新加坡，其拥有网络中最高的度数中心度、接近中心度及较高的中间

中心度,在双模网络中的地位也相对较高。排序结果表明,印度和新加坡是"一带一路"跨国专利合作中的主导国家,在几乎所有技术领域上都进行跨国专利合作,其组织"一带一路"成员开展跨国专利合作,在网络中起着局部的协调作用。

表 5 - 5　"国家-技术"双模网络关键节点排序结果

排　名	节点名称	贴近度	排　名	节点名称	贴近度
1	制　药	0.97	6	数字通信	0.74
2	半导体	0.91	7	基础材料化学	0.74
3	有机化学	0.84	8	中　国	0.71
4	印　度	0.74	9	光　学	0.69
5	新加坡	0.74	10	以色列	0.67

5.3　基于"国家-技术"双模网络的节点复杂度分析

隐形能力理论指出,每个国家都具有特殊"能力",它包括基础设施、教育、技术等各种因素,代表特定国家的所有经济资源和国家社会组织的特征,很难使用单一指标在国家之间进行衡量[1]。因此,度量一个区域的知识能力,不应仅仅对该区域反映知识存量的指标(如专利、R&D 等)进行简单加和,而更应该关注知识本身的异质性及知识之间的相互联系。过往研究对区域知识复杂性知之甚少,主要是因为缺乏对知识和技术的精确测量[2]。正是由于复杂知识的特殊属性,对于如何衡量地区的知识价值,特别是区域内复杂、隐性、难以获取的知识的多寡,现有研究中仍然缺乏行之有效的衡量方法。直至 A. Hidalgo 和 R. Hausmann 基于双模网络研究经济复杂度问题[3],通过被称为"反射法"(Method of Reflection, MR)的线性迭代运算,分别度量国家复杂度和产品复杂度。而后,P. A. Balland 和

① CRISTELLI M, GABRIELLI A, TACCHELLA A, et al. Measuring the intangibles:A metrics for the economic complexity of countries and products[J/OL]. PloS one, 2013, 8(8):e70726 - e70726. DOI:10.1371/journal.pone.0070726.
② PAVITT K. R&D, patenting and innovative activities:A statistical exploration[J/OL]. Research Policy, 1982, 11(1):33 - 51. DOI:10.1016/0048 - 7333(82)90005 - 1.
③ HIDALGO C A, HAUSMANN R. Building blocks of economic complexity[J/OL]. Proceedings of the National Academy of Sciences-PNAS, 2009, 106(26):10570 - 10575. DOI:10.1073/pnas.0900943106.

D. Rigby 则将 A. Hidalgo 和 R. Hausmann 所提出的方法引入了对复杂度的研究之中[①],本节借鉴这些研究,基于中国与"一带一路"沿线国家的"国家-技术"双模网络,构建能够衡量该区域一个技术领域或是一个国家所拥有的复杂度的指标,并进一步分析该区域"国家-技术"双模网络的节点复杂度特征。

5.3.1　复杂度指标的测算

1. 复杂度指标的构建框架

"国家-技术"双模网络的两个顶点集分别由 65 个"一带一路"沿线国家和 PATSTAT 数据库中的 35 个技术领域构成,连线则代表了国家在不同技术领域的专利申请数,根据"HH 算法"的思想,"国家-技术"双模网络可以认为是由"国家-能力-技术"的关系转化而来,具体构建机制如图 5-4 所示。

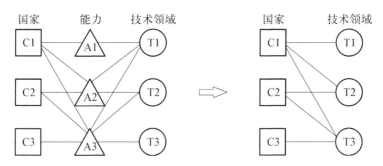

图 5-4　"国家-技术"双模网络构建机制

双模网络利用显示性比较技术优势指数(RTA)刻画各国在各技术领域中知识能力的比较优势:

$$\text{RTA}_{ct} = \frac{\dfrac{x_{ct}}{\sum\limits_{t} x_{ct}}}{\dfrac{\sum\limits_{c} x_{ct}}{\sum\limits_{c} \sum\limits_{t} x_{ct}}} \tag{5.20}$$

刻画某个国家是否在某个技术领域中具备比较优势,则使用邻接矩阵 M(0-1 矩阵)表示,其元素 M_{ct} 的值满足条件:

① BALLAND P A, RIGBY D. The geography of complex knowledge[J/OL]. Economic Geography, 2017, 93 (1): 1-23. DOI: 10.1080/00130095.2016.1205947.

$$M_{ct} = \begin{cases} 1, & \mathrm{RTA}_{ct} \geqslant 1 \\ 0, & \mathrm{RTA}_{ct} < 1 \end{cases} \tag{5.21}$$

得到邻接矩阵 $\boldsymbol{M}$，具体表示为

$$\boldsymbol{M} = \begin{bmatrix} & Y_1 & Y_2 & \cdots & Y_p \\ X_1 & M_{11} & M_{12} & \cdots & M_{1p} \\ X_2 & M_{21} & M_{22} & \cdots & M_{2p} \\ \vdots & \vdots & \vdots & \ddots & \vdots \\ X_c & M_{c1} & M_{c2} & \cdots & M_{cp} \end{bmatrix} \tag{5.22}$$

式(5-22)中，X_c 表示"国家-技术"双模网络中的国家节点；Y_p 表示双模网络中的技术节点。在复杂性的研究框架中，双模网络将复杂性的问题分为两个维度——X_c 和 Y_p，二者分别代表国家节点的复杂性与技术节点的复杂性。参考 C. Sciarra 等(2018a、2020b)对复杂性的数学解释[1]，国家节点的复杂性对可以表示为 Y_1，Y_2，$\cdots$，Y_p 与 M_{cp} 的函数；技术节点的复杂性 Y_p 可以表示为 X_1，X_2，$\cdots$，X_c 与 M_{cp} 的函数。而对于复杂度的测算便是求解以下耦合线性方程组：

$$\begin{cases} X_c = f(Y_1, Y_2, \cdots, Y_p, M_{cp}) \\ Y_p = g(X_1, X_2, \cdots, X_c, M_{cp}) \end{cases} \tag{5.23}$$

根据 A. Tacchella 等(2012)、C. Sciarra 等(2020)的处理思路，基于变换矩阵 $\boldsymbol{W}$，将耦合线性方程组式(5-23)转化为式(5-24)所示的特征方程组式，并进行特征问题的求解[2]，即

$$\begin{cases} X_c = \dfrac{1}{\sqrt{\lambda}} \sum_p W_{cp} Y_p \\ Y_p = \dfrac{1}{\sqrt{\lambda}} \sum_c W_{cp} X_c \end{cases} \tag{5.24}$$

式(5-24)中，W_{cp} 是矩阵 $\boldsymbol{W}$ 的元素，可通过某种计算方式从 M_{cp} 计算得

[1] SCIARRA C, CHIAROTTI G, LAIO F, et al. A change of perspective in network centrality[J/OL]. Scientific Reports, 2018, 8(1): 15269-9. DOI: 10.1038/s41598-018-33336-8.
[2] TACCHELLA A, CRISTELLI M, CALDARELLI G, et al. A new metrics for countries' fitness and products' complexity[J/OL]. Scientific Reports, 2012, 2(1): 723-723. DOI: 10.1038/srep00723.

到；λ 为特征值表示的变量间特征关系，进一步将上式写为

$$\begin{cases} X_c = \dfrac{1}{\lambda} \sum_p \sum_{c'} W_{cp} W_{c'p} X_{c'} = \dfrac{1}{\lambda} \sum_{i'} N_{cc'} X_{c'} \\[4mm] Y_p = \dfrac{1}{\lambda} \sum_c \sum_{p'} W_{cp} W_{cp'} Y_{p'} = \dfrac{1}{\lambda} \sum_{p'} G_{pp'} Y_{p'} \end{cases} \tag{5.25}$$

式（5 - 25）中，$N_{cc'} = (WW^T)_{cc'}$ 和 $G_{pp'} = (W^TW)_{pp'}$ 均为对称方阵；根据 KEMP - BENEDICT E(2014)的描述[①]，N 则可解释为国家接近度矩阵，用以描述国家与国家之间参与技术领域的相似程度；G 则可解释为技术接近度矩阵，用以描述不同领域技术与技术之间的参与国接近程度。

2. 不同类型节点复杂度的测算

由于构造方式不同，两类节点的复杂性含义有所区别。对国家节点而言，参与合作的技术领域越广泛，该国家节点的复杂度越高；除此之外，当该国家节点参与合作的技术具有高的中心性或重要性，该国家节点在该技术上参与的合作越深入，复杂度也会越高。而对技术节点而言，情况则有所不同，当该技术的参与国具有高的中心性或重要性，表明该技术的复杂度越高；但若其参与国越多，即被越广泛地参与，复杂度应该是降低的，因此，双模网络的节点复杂度具有非对称性的特点。Tacchella 等(2012)提出了非线性的适应度和复杂度算法(the Fitness and Complexity algorithm，FC)[②]，该方法将两类节点之间的相互关系以非线性函数表示，不仅保留了传统反射法计算得到的大部分信息，同时避免了反射法忽略节点普遍性和多样性信息的缺陷[③]。Zhang 等(2022)采用 FC 算法，

① KEMP - BENEDICT E. An interpretation and critique of the Method of Reflections[J]. MPRA，2014：60705.
② TACCHELLA A，CRISTELLI M，CALDARELLI G，et al. Economic complexity：Conceptual grounding of a new metrics for global competitiveness[J/OL]. Journal of Economic Dynamics & Control，2013，37(8)：1683 - 1691. DOI：10.1016/j.jedc.2013.04.006.
③ HAUSMANN R，HIDALGO C A，BUSTOS S，et al. The Atlas of Economic Complexity：Mapping Paths to Prosperity[M/OL]. Updated edition. Cambridge：The MIT Press，2014. DOI：10.7551/mitpress/9647.001.0001；PUGLIESE E，ZACCARIA A，PIETRONERO L. On the convergence of the Fitness-Complexity algorithm[J/OL]. The European Physical Journal. ST，Special topics，2016，225(10)：1893 - 1911. DOI：10.1140/epjst/e2015 - 50118 - 1；MARIANI M S，VIDMER A，MEDO M，et al. Measuring economic complexity of countries and products：Which metric to use? [J/OL]. The European Physical Journal. B，Condensed matter physics，2015，88(11). DOI：10.1140/epjb/e2015 - 60298 - 7；MORRISON G，BULDYREV S V，IMBRUNO M，et al. On economic complexity and the fitness of nations[J/OL]. Scientific Reports，2017，7(1)：15332. DOI：10.1038/s41598 -017 - 14603 - 6.

在双模网络框架下测算了两类复杂度——国家适应度 F_c 和技术复杂度 Q_t[1],二者遵循以下迭代:

$$\begin{cases} \widetilde{F}_c^{(n)} = \sum_p M_{ct} Q_t^{(n-1)} \\ \widetilde{Q_t}^{(n)} = \dfrac{1}{\sum_c M_{ct} \dfrac{1}{F_c^{(n-1)}}} \end{cases} \Longleftrightarrow \begin{cases} F_c^{(n)} = \dfrac{\widetilde{F}_c^{(n)}}{\dfrac{\sum_c \widetilde{F}_c^{(n)}}{C}} \\ Q_t^{(n)} = \dfrac{\widetilde{Q_t}^{(n)}}{\dfrac{\sum_t \widetilde{Q_t}^{(n)}}{T}} \end{cases} \quad (5.26)$$

式(5-26)中的迭代还应满足初始条件: $\begin{cases} \widetilde{F}_c^{(0)} = 1, \forall c \\ \widetilde{Q_t}^{(0)} = 1, \forall t \end{cases}$ 。且每一步迭代都

对适应度和复杂度的中间值 $\widetilde{F}_c^{(n)}$ 和 $\widetilde{Q_t}^{(n)}$ 进行标准化处理,使得 $F_c^{(n)}$ 和 $Q_t^{(n)}$

趋于收敛。因此,通过引入缩放因子 $c_F = \dfrac{C}{\sum_t Q_t s_t}$ 和 $c_Q = \dfrac{\sum_t Q_t s_t}{T}$,可将上述迭

代形式的方程组改写为非迭代形式:

$$\begin{cases} F_c = c_F \sum_t M_{ct} Q_t \\ Q_t = c_Q \dfrac{1}{\sum_c M_{ct} \dfrac{1}{F_c}} \end{cases} \quad (5.27)$$

式(5.27)中, s_t 为技术节点的权,即 $s_t = \sum_c M_{ct}$ 。非迭代形式的国家适应度 F_c 可以表示为 $Q_1, Q_2, \cdots, Q_t$ 的线性函数 $f_{\text{linear}}(Q_1, Q_2, \cdots, Q_t, M_{ct})$;但非迭代形式的技术复杂度 Q_t 则被表示为国家适应度 $F_1, F_2, \cdots, F_c$ 与邻接矩阵 M_{ct} 的非线性函数 $f_{\text{non-linear}}(F_1, F_2, \cdots, F_c, M_{ct})$ 。为了避免非线性形式的函数特征问题求解的困难,根据相关学者所提供的基于泰勒展开的

近似方法[①]，可将式(5.27)中的非迭代形式的技术复杂度 Q_t 转化为高准确度的线性近似表达：

$$
\begin{cases}
F_c \backsimeq c_F \sum_t M_{ct} Q_t \\[2ex]
Q_t \backsimeq \dfrac{c_Q}{(s'_t)^2} \sum_c \dfrac{M_{ct} F_c}{s_c^2}
\end{cases}
\tag{5.28}
$$

其中，s_c 为国家节点的权，即 $s_c = \sum_t M_{ct}$；$s'_t = \sum_c M_{ct}/s_c$。$F_c = (F_1, F_2, \cdots, F_m)$ 为 m 个国家的适应度，$Q_t = (Q_1, Q_2, \cdots, Q_n)$ 为 n 种技术的复杂度，得

$$
\begin{cases}
X_c = \dfrac{c_F \sum_t \sum_{c'} \left[M_{ct} M_{c't} \dfrac{X_{c'}}{(k'_t)^2 k_{c'}} \right]}{s_c} \\[3ex]
Y_t = \dfrac{c_Q \sum_c \sum_{t'} \left[M_{ct} M_{ct'} \dfrac{T_{t'}}{(k_c)^2 k'_{t'}} \right]}{s'_t}
\end{cases}
\tag{5.29}
$$

此时，国家接近度矩阵 N 和技术接近度矩阵 G 则可以由式(5.30)表示为：

$$
\begin{cases}
N_{cc'} = \dfrac{\sum_t M_{ct} M_{c't}}{(k'_t)^2 k_{c'} k_c} \\[3ex]
G_{tt'} = \dfrac{\sum_c M_{ct} M_{ct'}}{(k_c)^2 k'_{t'} k'_t}
\end{cases}
\tag{5.30}
$$

此处得到的国家接近度矩阵 N 和技术接近度矩阵 G，则是经由非线性 FC 算法得到的变换矩阵 W 所对应特征问题的解，上文中已经给出了接近度矩阵 N 和技术接近度矩阵 G 关于的变换矩阵 W 的表达式：$N_{cc'} = (WW^T)_{cc'}$ 以及

---

① TACCHELLA A, CRISTELLI M, CALDARELLI G, et al. Economic complexity: Conceptual grounding of a new metrics for global competitiveness[J/OL]. Journal of Economic Dynamics & Control, 2013, 37(8): 1683 - 1691. DOI: 10.1016/j.jedc.2013.04.006; SCIARRA C, CHIAROTTI G, RIDOLFI L, et al. Reconciling contrasting views on economic complexity [J/OL]. Nature Communications, 2020, 11(1): 3352. DOI: 10.1038/s41467 - 020 - 16992 - 1; HIDALGO C A, HAUSMANN R, DASGUPTA P S. The building blocks of economic complexity[J]. Proceedings of the National Academy of Sciences of the United States of America, 2009, 106(26): 10570 - 10575.

$G_{tt'} = (\boldsymbol{W}^T\boldsymbol{W})_{tt'}$。

鉴于网络节点的重要性不仅取决于该节点本身的属性,还取决于该节点的邻居节点的属性,即国家或技术节点的复杂性不仅取决于该国家或技术节点自身的中心性,还取决于与之相连的技术或国家节点的中心性,因此,利用国家接近度矩阵 $\boldsymbol{N}$ 和技术接近度矩阵 $\boldsymbol{G}$ 加权得到国家和技术两类节点的总体复杂度为

$$\begin{cases} \text{GPYC}_c = \Big(\sum_{i=1}^{2} \lambda_i^N (\boldsymbol{v}_{c,i}^N)^2\Big)^2 + 2\sum_{i=1}^{2} (\lambda_i^N)^2 (\boldsymbol{v}_{c,i}^N)^2 \\ \text{GPYT}_t = \Big(\sum_{i=1}^{2} \lambda_i^G (\boldsymbol{v}_{t,i}^G)^2\Big)^2 + 2\sum_{i=1}^{2} (\lambda_i^G)^2 (\boldsymbol{v}_{t,i}^G)^2 \end{cases} \tag{5.31}$$

式中,λ_1^N 和 λ_2^N、λ_1^G 和 λ_2^G 分别为接近度矩阵 $\boldsymbol{N}$、$\boldsymbol{G}$ 的两个最大特征值;$v_{c,1}^N$ 和 $v_{c,2}^N$、$v_{t,1}^G$ 和 $v_{t,2}^G$ 则分别为 λ_1^N 和 λ_2^N、λ_1^G 和 λ_2^G 对应的特征向量。GPYC 或 GPYT 指标越大,则表示该国家或者技术的总体复杂度越高。

5.3.2 "国家-技术"双模网络的节点复杂度分析

1. 技术节点的复杂度分析

表 5-6 展示了 2019 年复杂度(GPYT)指标排名前 5 位与后 5 位的技术领域及其对应的专利总量。

表 5-6 2019 年部分技术领域的复杂度计算结果

技术领域	复杂度	专利总量	技术领域	复杂度	专利总量
半导体	1.000	122 140	制药	0.563	212 699
视听技术	0.978	146 219	其他消费品	0.552	81 267
数字通信	0.956	265 260	医疗技术	0.506	269 729
基本通信处理	0.945	32 440	信息技术管理	0.478	68 747
光学	0.939	118 609	环境科学	0.000	51 273

注:复杂度指标已进行最大-最小值标准化。

不难发现,排名前几位的技术领域均为高新技术领域,与信息技术产业或电子产业这一类大多依靠复杂知识的领域相关。从专利贡献情况来看,这些领域的参与国较少,且参与国的复杂度普遍较高,如韩国、新加坡等,在这些领域上的显示性比较优势都较强。排名后几位的技术领域情况则相反。不同于上述的高新技术领域,这些领域对应的大多为资源密集型或是劳动力密集型产业,正如预料中的那样,这些领域被世界各国广泛地参与,因此总体复杂度较低。值得注意的是,医疗技术、制药技术甚至于信息管理技术在以往可能被认为是较为前沿的、同样依靠复杂知识的技术领域,但是由于全球范围内的强劲需求以及发达国家的外包或是产业链转移,在过去的十数年间,许多发展中国家或是落后国家在这两个领域均有较为迅猛的发展。而正是由于全球越来越多的国家掌握了这些技术,或者说这些技术领域的复杂知识发生了大量的溢出,导致了这些复杂知识在共享的过程中变得不那么复杂、容易习得并且容易在区域之间发生转移和再产出,这导致了这些技术领域总体复杂度的降低。

表 5－7 展示了 2000—2019 年上述 10 个技术领域的复杂度排位百分数,并进行了平均值和平均移动的描述性统计。

表 5－7　2000—2019 年部分技术领域的复杂度排名变动情况

技术领域	2000	2005	2010	2015	2019	AVERAGE[f]	SHIFT[g]
半导体	0.085	0.142	0.028	0.028	0.028	0.057	0.032
视听技术	0.057	0.085	0.114	0.085	0.057	0.142	0.043
数字通信	0.028	0.057	0.085	0.114	0.085	0.028	0.042
基本通信处理	0.228	0.228	0.171	0.142	0.114	0.114	0.068
光学	0.114	0.028	0.057	0.057	0.142	0.228	0.031
制药	0.514	0.514	0.685	0.914	0.885	0.657	0.063
其他消费品	0.714	0.742	0.942	0.857	0.914	0.971	0.103
医疗技术	0.971	0.971	1.000	0.971	0.942	0.685	0.036
信息技术管理	0.942	0.914	0.914	0.942	0.971	1.000	0.054
环境科学	0.600	0.771	0.714	1.000	1.000	0.400	0.120

2019 年复杂度排名前 5 的技术领域,在过去的数十年中排名基本维持在一个很高的水平上,特别是半导体领域及数字通信领域,而除这两个领域之外的其他技术领域,在过去的十数年中也基本稳定在前 5 的范围之内,没有发生太大变动。这意味着这些拥有较高复杂度的技术领域,可能比其他领域更依赖于难以习得的复杂知识。因此,掌握这些具备高复杂度的技术领域的经济体,复杂知识不容易产生外溢性;并且在这些已经习得这类复杂知识的经济体内发生,这类复杂知识持续处于不断更新迭代的过程中,其他并未习得这类复杂知识的经济体则很难从中获益。这也导致了这类技术领域在过去很长一段时间内仍能保持较高的复杂度。这类技术领域在过去的 30 年内排名发生波动的原因,可能与新一轮复杂知识产出的快慢有关,这可能受到国家政策、全球科研环境及领域发展环境等有关。而信息管理技术及医疗技术领域的状况则大有不同。这些技术领域可能由于全球范围内的强劲需求,以及劳动力价格及区位优势等各种原因,这类技术领域的研究或发展重心由发达国家转移到了发展中国家;随着发展中国家在这类技术领域的复杂知识的外溢中不断参与学习,导致了这类技术领域的复杂度排名最终维持在了较低的水平上。

2. 国家节点的复杂度分析

表 5-8 展示了 2019 年复杂度(GPYC)指标排名前 10 位的国家及其对应的专利总量。

表 5-8　2019 年国家复杂度及专利总量

国　　家	复杂度	专利总量	国　　家	复杂度	专利总量
中国	1.000	376 819	印度	0.570	33 808
新加坡	0.857	13 270	俄罗斯	0.545	22 389
马来西亚	0.834	4 376	沙特阿拉伯	0.520	4 148
以色列	0.730	42 187	波兰	0.491	5 736
白俄罗斯	0.590	483	捷克	0.490	4 060

注:复杂度指标已进行最大-最小值标准化。

　　计算结果显示,2019 年复杂度排名第 1 的国家为中国,这与中国收益于一直以来坚持以关键核心技术重大突破和跻身创新型国家前列为目标,科技创新能力快速提升,并且逐步建立起了全球几乎仅有的全产业链规模优势;在电子设备、计算机技术等复杂度较高的领域,中国也在过去的十数年间逐步累积产业优势,建立起较高的产业壁垒。以色列比重最大的两个领域是医疗技术以及特种设备。虽然这两个设备并不算复杂度较高的领域,但是根据前文中对于参与技术领域的专业化程度的描述,由于以色列在这两个领域中高度集中的参与,导致了以色列的复杂度水平并不低;并且以色列在计算机技术和信息技术管理领域这两个复杂度较高的领域中同样有相当的产出,因此以色列的复杂度排名是相对靠前的。印度的科学技术水平在全球范围内也算得上处于公认的领先地位,但印度在各技术领域的参与状况同样较为"分散"。众所周知,印度得益于发达国家的产业链转移,在生物科技和医疗技术以及相关的领域内是位于全球前列;印度在这两个领域内的专利产出体量较为庞大。印度虽然在数字通信及计算机技术等知识复杂度较高的领域也有相当的产出,但是整体而言,印度不论是在复杂度较高的技术领域,或是在知识复杂度较低领域中的参与集中程度是偏低的,这也导致了印度的复杂度排名并不高。

　　表 5-9 显示,"一带一路"沿线参与国家复杂度明显提升。在这些国家中,部分国家持续处于排名上升阶段,也有部分国家在某些年份突飞猛进;虽然在复杂度的排名上部分国家波动幅度较大,但总体均处在上升趋势之中。事实上,即使在"一带一路"合作倡议正式提出之前,中国也已经与"一带一路"合作倡议参与国家中的部分国家建立起了战略合作关系;并且在"一带一路"合作倡议的基本内涵中,也提到了该倡议是基于中国与有关国家既有的双多边机制,借助既有的、行之有效的区域合作平台,积极发展与沿线国家的经济合作伙伴关系。计算结果中显示的部分"一带一路"参与国家在知识复杂度排名上的提升,既受益于"一带一路"合作倡议的正式提出,也得益于国家与国家之间的双边合作机制,特别是与中国之间战略合作关系的建立。因为作为科技发展水平和经济实力快速提升的国家,中国在过去数十年的发展中对于"一带一路"沿线国家的帮助,在很大程度上促进了这些国家技术水平的提升,如对外直接投资、技术领域合作、价值链上的分工协作等等。

表 5 - 9 2000—2019 年部分国家复杂度排名变动情况

	2000	2005	2010	2015	2019	AVERAGE	SHIFT
捷克	0.49	0.49	0.37	0.31	0.36	0.432	0.031
希腊	0.44	0.43	0.50	0.54	0.53	0.349	0.040
以色列	0.05	0.05	0.10	0.10	0.10	0.071	0.012
波兰	0.52	0.50	0.42	0.37	0.35	0.450	0.030
斯洛伐克	0.72	0.65	0.51	0.46	0.49	0.607	0.036
中国	0.29	0.11	0.06	0.02	0.01	0.191	0.025
克罗地亚	0.67	0.84	0.78	0.79	0.79	0.711	0.055
埃及	0.03	0.48	0.66	0.56	0.55	0.445	0.090
印度	0.27	0.32	0.26	0.26	0.24	0.255	0.027
马来西亚	0.18	0.09	0.04	0.06	0.06	0.145	0.021
巴基斯坦	0.24	0.12	0.17	0.13	0.12	0.418	0.065
菲律宾	0.84	0.45	0.27	0.40	0.39	0.508	0.054
罗马尼亚	0.58	0.56	0.38	0.29	0.27	0.394	0.035
俄罗斯	0.32	0.33	0.30	0.27	0.28	0.320	0.023
沙特阿拉伯	0.04	0.24	0.24	0.28	0.30	0.313	0.041
泰国	0.37	0.51	0.35	0.33	0.33	0.344	0.030
乌克兰	0.45	0.55	0.46	0.44	0.54	0.452	0.033

本节进一步用地图的方式展示了国家复杂度变化情况(见图 5 - 5)。可以看出,在上文中重点介绍的几个国家仍是变化最为显著的,高技术复杂度的重心逐渐从中东欧迁往东亚、南亚,而低技术复杂度的重心则逐渐从东亚迁往中东欧,西亚、北非和东南亚一直保持较低的技术复杂度。这说明,政策推动技术发展,将以中国为代表的东亚快速推向了技术复杂度高地,各国都在变迁中逐渐把准自我定位,更有针对性地发展技术。

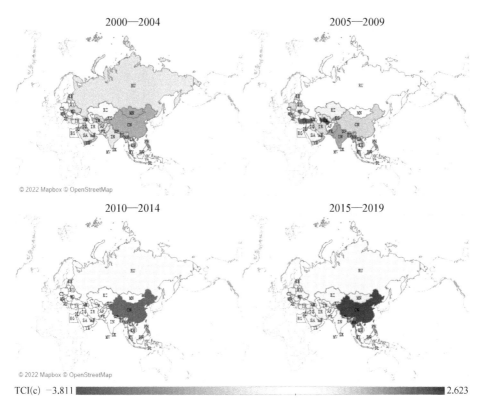

图 5-5　复杂度的空间演进情况

图 5-6 展示了"一带一路"沿线各重点国家在技术领域的迁移,其中 A、B、C、D 分别代表上文所述的 4 个年段共 20 年,连线的宽度是当年段中各国家的技术复杂度。结果表明,中国从最初的家具等传统产业,迁移至光学、试听等新兴产业,其创新性、科技性和产业安全性逐步增强;捷克更偏好保持生产机器设备等技术;印度则是有向生物、计算机等新兴产业发展的趋势;哈萨克斯坦曾短暂向化学方向靠拢,但最终稳定在发动机这类传统技术上;蒙古国的涉猎技术领域较广,如土木工程、纳米技术等;俄罗斯在生物化工方面的技术有较好的适应性;新加坡则多年来始终保持在电信、沟通等较高的技术层次上;土耳其则始终徘徊在机械、家具等传统领域。

图 5-7 展示了 4 个年段里"一带一路"沿线各重点技术领域在空间上的迁移路径。由图可见,电信等新兴技术多在东南亚国家发展;医疗技术则经历了由中东欧迁移到南亚的过程;纳米技术更多在西亚北非发展,但也与东南亚和东亚国家相匹配;家具领域则从东亚大国逐渐向西亚和中东欧靠拢。

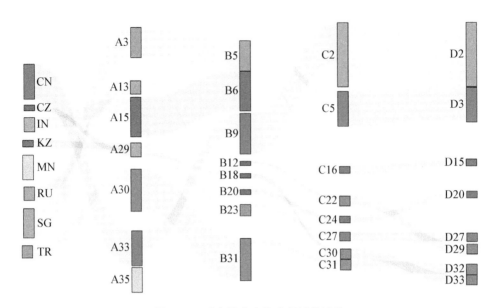

图 5-6　重点国家在技术领域的迁移

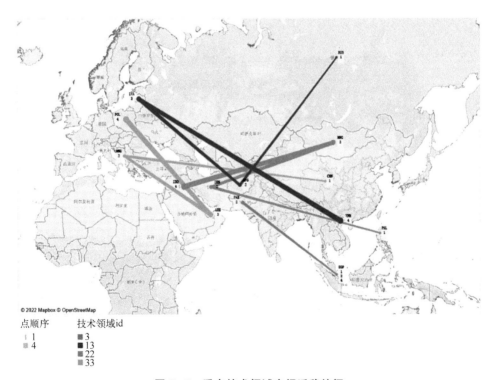

图 5-7　重点技术领域空间迁移特征

5.4　本章小结

　　自"一带一路"倡议提出以来,中国与"一带一路"沿线国家专利合作的"国家-技术"双模网络的节点数、连接密度和节点大小都有显著提升,表明越来越多的"一带一路"沿线国家在越来越多的技术领域上开展了跨国专利合作活动。通过网络整体的平均最短距离和网络密度指标可知,虽然国家与技术领域、国家与国家之间的连通性越来越强,但网络整体的密度仍然较低,跨国专利合作仍存在很大的发展空间。具体到网络中每个节点的不同中心度,由度数中心度可知,目前印度、新加坡和中国是合作技术领域最广泛的前三个国家;针对具体合作技术领域,在制药技术领域上开展跨国合作的国家最多;由接近中心度可知,目前印度、新加坡和中国是开展跨国专利合作效率最高的三个国家;由中间中心度可知,制药、半导体和有机化学是开展跨国专利合作最为关键的三个中介技术领域,只有掌握这些方面的相关技术,才能拓展与其他国家在更多技术领域的合作。

　　综合考虑"国家-技术"双模网络中节点的直接可达性、相对可达性和其在网络中衔接功能后,利用熵权 TOPSIS 法识别出了"一带一路"跨国专利合作网络中的关键节点。制药、半导体和有机化学是"一带一路"沿线国家跨国专利合作网络中最为关键的技术领域节点,在合作网络中的资源控制能力较强。为了高效利用"一带一路"倡议带来的潜在合作机会,建议"一带一路"沿线国家重视自身在核心技术领域,特别是制药、半导体、有机化学等领域的发展,建立海外科研中心,分析相关领域的技术类型,重视培养和相关技术优势国进行专利合作的潜力,逐步掌握重要技术使专利合作从外延化向内涵式推进,扩大技术合作时国家间资源信息共享的广度和深度,从而进一步推动本国的跨国专利合作,争取使得本国在"一带一路"跨国专利合作网中占据有利地位,从而方便自身获取更多的关键资源信息,成为网络中的核心成员。"一带一路"跨国专利合作网络中最为关键的国家节点分别是印度、新加坡和中国。这些国家在"一带一路"联盟中具有一定的地位,联盟中的其他国家考虑到自身的发展,会主动寻求与这些国家进行专利合作的机会,由此会使核心国家进一步获取更多的异质性创新资源,优势地位更加显著。同时,这些国家在继续发挥其核心地位和技术优势,进一步积累并扩大跨国专利合作范围的同时,对于合作网络中排名较低的国家,应发挥关键国家在专利合作网络中的核心地位,依靠自身经验,挖掘与这些国家的合作机会,制定技术合作相关的政策,促进技术的融合创新,从而达到"一带一路"沿线国家相互进步、共同发展的目的。

此外,本章还利用节点复杂度描述技术节点和国家节点,复杂知识产出的"密集程度"。若一个国家或技术的复杂度越高,则说明在专利产出总量相同的情况下,该国家或技术领域所包含的复杂知识越多、所包含的知识复杂程度越高,或者说所包含的复杂知识能够带来的经济价值更高;反之亦然。就国家节点的复杂度而言,"一带一路"倡议下的科技创新合作政策推动技术发展,将以中国为代表的东亚快速推向了技术复杂度高地,各国都在变迁中逐渐把准自我定位,更有针对性地发展复杂程度更高的技术,提升科技创新竞争力水平。

第 **6** 章

中国与"一带一路"沿线国家科技创新合作的影响因素研究

在系统呈现中国与"一带一路"沿线国家科技创新合作宏观、中观和微观特征的基础上,本章将进一步讨论"一带一路"跨国专利合作网络生成和演进的宏、微观驱动因素。首先,基于计数模型讨论中国与"一带一路"沿线国家科技创新合作关系的影响要素;其次,基于生存分析模型讨论中国与"一带一路"沿线国家科技创新合作关系持续性的影响要素;最后,基于社会网络随机图模型,讨论中国与"一带一路"沿线国家科技创新合作网络生成及演进的影响因素。

6.1 中国与"一带一路"沿线国家科技创新合作关系的影响因素识别

对于整体网络而言,个体构建连接关系的驱动因素不同,最终形成的网络在空间分布上会出现较大差异。因此,只有明确个体间的连接倾向,继而识别网络连接规则,才能对"一带一路"跨国专利合作网络"核心-边缘结构"的形成与演化规律做出合理解释。

6.1.1 实证模型设计

因变量 Patent_{ijt}(第 t 年国家 i 与国家 j 之间的跨国专利合作项数)为计数数据,通常采用泊松分布拟合此类数据,Patent_{ijt} 的条件期望函数可写为:

$$E(\text{Patent}_{ijt} \mid \boldsymbol{X}_{ijt}, \boldsymbol{\beta}) = \exp(\boldsymbol{\beta}\boldsymbol{X}_{ijt}) \qquad (6.1)$$

其中,$\boldsymbol{\beta}$ 为待估参数向量,$\boldsymbol{X}_{ijt}$ 为驱动因素向量,泊松分布要求条件期望等于条件方差,而 Patent_{ijt} 往往存在过度离散现象,此时负二项分布模型更为有效。引入一个不随时间改变且影响跨国专利合作的未观测效应 ϵ_{ijt}，式(6.1)拓展为负二项分布模型：

$$E(\text{Patent}_{ijt} \mid \boldsymbol{X}_{ijt}, \boldsymbol{\beta}) = \exp(\boldsymbol{\beta X}_{ijt} + \epsilon_{ijt}) \tag{6.2}$$

式(6.2)中，$\exp(\epsilon_{ijt}) \sim \text{Gamma}(1, \alpha)$，$\alpha$ 为负二项分布的过离散系数。两边同时取自然对数得到 Patent_{ijt} 的条件期望与驱动因素向量 $\boldsymbol{X}_{ijt}$ 的线性关系式：

$$\ln[E(\text{Patent}_{ijt} \mid \boldsymbol{X}_{ijt}, \boldsymbol{\beta})] = \boldsymbol{\beta X}_{ijt} + \epsilon_{ijt} \tag{6.3}$$

模型的另一个潜在问题是"零膨胀"现象，"一带一路"跨国专利合作网络密度指标低于0.2，表明该区域许多国家间并不存在专利合作关系，提示 Patent_{ijt} 存在大量零值，所以考虑零膨胀模型，即引入一个零计数过程来解释零膨胀现象。为了验证零膨胀负二项回归模型的适用性，本节将报告负二项分布的扩散系数 α 及 $\alpha = 0$ 检验的显著性，并利用 Voung 检验比较零膨胀负二项模型和负二项模型。

6.1.2　模型关键变量的选择与度量

随着"接近性"概念不断延伸及扩展，专利合作驱动因素的研究已不再仅依靠单一维度解释现实，多维接近性变量被整体引入专利合作驱动因素的讨论①。

地理接近性：跨国专利合作具有远距离的特点，地理距离会削弱有利于知识流动的本地化因素，阻碍知识流动。然而，伴随创新模式的网络化发展，"地理分散而连接紧密"的跨国专利合作越来越常见，尤其是远距离知识交互手段促使大量相对封闭的地方知识体系变得更为开放，因此应该重新审视地理接近性的作用。本节采用两国首都地理距离的倒数测度地理接近性(GeogA)，并讨论地理接近性对跨国专利合作的影响。

社会接近性：社会接近性是对主体间嵌入性关系相似度的刻画，作为一个开放的经济合作区域，"一带一路"沿线国家经济发展水平差异巨大，文化宗教和意识形态迥异，再加上全球和区域大国在该地区的竞争与博弈，使该区域的宗教、种族和利益集团矛盾错综复杂②，"一带一路"跨国专利合作网络"镶嵌"于该区域相互交织的宗教、文化和贸易往来网络之中。本节根据节点国家是否信仰

---

① 王黎萤,池仁勇.专利合作网络研究前沿探析与展望[J/OL].科学学研究,2015,33(1)：55－61＋145. DOI：10.16192/j.cnki.1003－2053.2015.01.008.
② 许和连,孙天阳,成丽红."一带一路"高端制造业贸易格局及影响因素研究：基于复杂网络的指数随机图分析[J/OL].财贸经济,2015(12)：74－88.DOI：10.19795/j.cnki.cn11－1166/f.2015.12.013.

相同的宗教、是否使用相同的官方语言,以及是否签署区域贸易协定来分别测度宗教接近性(ReliA)、语言接近性(LangA)和贸易接近性(TradA),并挖掘社会接近性对跨国专利合作的影响。

技术接近性:共同的技术语言和行为规范,利于隐性知识扩散[①]。本节定义一国在不同技术领域专利的规模分布为该国的技术结构向量,并利用两国技术结构向量的夹角余弦反映两国的技术接近性(TechA),进而讨论技术接近性对"一带一路"沿线国家专利合作的影响。

网络接近性:网络接近性反映节点国家从网络关系中获取资源的便利程度,网络内节点国家路径长度越短,网络关系越密切,两个国家的专利发明者更易于接触到彼此,获取更新且丰富的信息和知识,从而形成更多的合作创新产出[②]。本节将网络接近性(NetA)定义为两个节点国家最短网络距离的倒数,并规定不存在专利合作关系的国家网络接近性为0。

控制变量从整体网络特征和节点国家属性两个方面选取[③]。

首先,网络密度(NetD)是重要的整体网络特征,反映网络中所有节点国家交互往来的密集程度,决定网络中信息扩散的速率和范围。高密度网络内的信息和资源可以快速流动[④],更容易产生相互信任关系、共享准则及共同的行为模式[⑤]。本节选择网络密度指标作为控制变量,以反映整体网络特征对网络内节点国家建立专利合作关系的影响程度。

其次,"一带一路"沿线各国的创新能力和对外部知识的吸收能力是影响跨国专利合作关系的国家属性。本节采用节点国家样本前专利数作为反映节点国家属性的控制变量[⑥],具体指节点国家进入第 t 年跨国专利合作网络前的三年专利申请总和,该指标既反映了节点国家创新实力,又反映了其对外部知识

① GUELLEC D, VAN POTTELSBERGHE DE LA POTTERIE B. The impact of public R&D expenditure on business R&D[J/OL]. Economics of Innovation and New Technology, 2003, 12(3): 225 - 243. DOI: 10.1080/10438590290004555.
② 曹洁琼,其格其,高霞.合作网络"小世界性"对企业创新绩效的影响:基于中国 ICT 产业产学研合作网络的实证分析[J].中国管理科学,2015,23(S1):657 - 661.
③ FRITSCH M. Cooperation and the efficiency of regional R&D activities[J/OL]. Cambridge Journal of Economics, 2004, 28(6): 829 - 846. DOI: 10.1093/cje/beh039.
④ COLEMAN J S. Social capital in the creation of human capital[J/OL]. The American Journal of Sociology, 1988, 94(1988): S95 - S120. DOI: 10.1086/228943.
⑤ AHUJA G. Collaboration networks, structural holes, and innovation: A longitudinal study[J/OL]. Administrative Science Quarterly, 2000, 45(3): 425 - 455. DOI: 10.2307/2667105.
⑥ 赵炎,王琦,郑向杰.网络邻近性、地理邻近性对知识转移绩效的影响[J/OL].科研管理,2016,37(1): 128 - 136.DOI: 10.19571/j.cnki.1000 - 2995.2016.01.015.

的吸收能力。为了消除指标量纲和高波动性对模型估计的影响,本节对样本前专利指标进行了对数变换。国家 i 和国家 j 的样本前专利分别记为 $\mathrm{LPP}(i)$ 和 $\mathrm{LPP}(j)$。

在对模型关键变量选择和定义的基础上,参照式(6.3)得到负二项回归模型:

$$
\begin{aligned}
\ln\left[E(\mathrm{Patent}_{ijt} \mid \boldsymbol{X}_{ijt}, \boldsymbol{\beta})\right] =& \boldsymbol{\beta}_0 + \boldsymbol{\beta}_1 \mathrm{GeogA}_{ijt-2} + \boldsymbol{\beta}_2 \mathrm{LangA}_{ijt-2} + \boldsymbol{\beta}_3 \mathrm{ReliA}_{ijt-2} \\
& + \boldsymbol{\beta}_4 \mathrm{TradA}_{ijt-2} + \boldsymbol{\beta}_5 \mathrm{TechA}_{ijt-2} \\
& + \boldsymbol{\beta}_6 \mathrm{NetA}_{ijt-2} + \boldsymbol{\beta}_7 \mathrm{NetD}_{ijt-2} \\
& + \boldsymbol{\beta}_8 \mathrm{LPP}(i)_{ijt} + \boldsymbol{\beta}_9 \mathrm{LPP}(j)_{ijt} + \varepsilon_{ijt}
\end{aligned} \tag{6.4}
$$

为解决内生性对估计结果的影响,对式(6-4)进行了如下设定:① 模型中除了样本前专利,其他解释变量均采用滞后变量,由于专利申请时滞通常为 18 个月,模型解释变量滞后期为 2 年,以此修正可能存在的内生性对模型的影响;② "一带一路"沿线国家受资源禀赋、地理环境、技术水平、制度等因素的影响,专利合作活动及其影响因素存在显著的个体差异,采用固定效应模型,能更有效地控制不可观测且不随时间改变的个体因素的影响,从而修正省略变量引起的内生性。

6.1.3 模型变量的描述性统计

表 6-1 给出了数据的描述性统计分析结果,因变量 Patent_{ijt} 的方差远远大于均值,这表明 Patent_{ijt} 存在过度分散的问题,而且均值仅为 0.79,最大值为 757,提示 Patent_{ijt} 存在大量零值,支持零膨胀模型的设定。

表 6-1 模型变量的描述性统计结果

	样本量	均值	方差	最大值	最小值
Patent_{ijt}	8 320	0.79	155.60	757.0	0.0
GeogA_{ijt-2}	8 320	0.47	0.50	13.7	0.1
LangA_{ijt-2}	8 320	0.06	0.06	1.0	0.0
RelgA_{ijt-2}	8 320	0.14	0.12	1.0	0.0

（续表）

	样本量	均　值	方　差	最大值	最小值
$TradA_{ijt-2}$	8 320	0.22	0.17	1.0	0.0
$TechA_{ijt-2}$	8 320	0.13	0.07	1.0	−1.0
$NetA_{ijt-2}$	8 320	0.26	0.09	1.0	0.0
$NetD_{ijt-2}$	8 320	7.68	12.50	11.1	2.7
$LPP(i)_t$	8 320	3.10	4.99	9.2	0.0
$LPP(j)_t$	8 320	3.79	6.95	10.6	0.0

数据来源：专利数据来源于 PATSTAT，地理、宗教和语言数据来源于 CEPII 数据库，贸易协定数据来源于 WTO 官方网站 RTA 数据库。

6.1.4　模型估计及结果解释

如表 6-2 所示，模型 1～8 关于负二项分布过离散系数 α 的检验均显著地拒绝了 $\alpha=0$ 的原假设，表明负二项回归模型优于泊松模型，Voung 检验表明零膨胀负二项回归模型优于负二项回归模型。

模型 1～8 中，样本前专利均对跨国专利合作存在显著正效应，表明跨国合作研发活动更倾向于研发基础雄厚的国家，因此提升科技创新实力，是通过国际合作方式获取创新资源的重要前提。"一带一路"跨国专利合作网络密度对跨国专利合作的影响与前文观点相悖[①]，表现出显著地负向影响，一种可能的解释是尽管"一带一路"沿线国家技术交流合作日益频繁，但由于该区域所辖国家在知识产权制度、知识产权运用及管理水平差距明显，该区域各国仍然怀有防备心理，担心自身的核心技术由于过度紧密地联系而导致外溢或泄露[②]。因此，加深共识、增加信任，优化知识产权环境，推动知识产权相关法律法规的一体化进程，仍将是推进"一带一路"科技领域合作的重要前提。

---

① COLEMAN J S. Social capital in the creation of human capital[J/OL]. The American Journal of Sociology, 1988, 94(1988): S95 - S120. DOI: 10.1086/228943; AHUJA G. Collaboration networks, structural holes, and innovation: A longitudinal study[J/OL]. Administrative Science Quarterly, 2000, 45(3): 425 - 455. DOI: 10.2307/2667105.
② 高太山,柳卸林.企业国际研发联盟是否有助于突破性创新？[J/OL].科研管理,2016,37(1): 48 - 57. DOI: 10.19571/j.cnki.1000 - 2995.2016.01.006.

表6-2 固定效应零膨胀负二项回归模型估计结果

变量	模型 1	模型 2	模型 3	模型 4	模型 5	模型 6	模型 7	模型 8
Constant	−5.165***	−5.001***	−5.459***	−5.363***	−5.316***	−5.364***	−5.945***	−5.301***
$LPP(i)_t$	0.780***	0.446***	0.770***	0.777***	0.765***	0.763***	0.702***	0.465***
$LPP(j)_t$	0.732***	0.515***	0.745***	0.742***	0.757***	0.706***	0.691***	0.507***
$NetD_{t-2}$	−0.098***	−0.085***	−0.102***	−0.099***	−0.109***	−0.083***	−0.093***	−0.139***
$GeogA_{ijt-2}$		0.095*	0.383*					
$LangA_{ijt-2}$		0.794***		1.397**				
$RelgA_{ijt-2}$		0.393**			0.520*			
$TradA_{ijt-2}$		0.953***				1.356**		
$TechA_{ijt-2}$		0.778***					1.063*	
$NetA_{ijt-2}$		2.990***						3.018***
$NetD_t * GeogA_{ijt-2}$			0.011					
$NetD_t * LangA_{ijt-2}$				0.126*				
$NetD_t * RelgA_{ijt-2}$					0.145			

（续表）

变　量	模型 1	模型 2	模型 3	模型 4	模型 5	模型 6	模型 7	模型 8
$NetD_{t-2}$ * $TradA_{ijt-2}$						0.207**		
$NetD_{t-2}$ * $TechA_{ijt-2}$							0.028	
$NetD_{t-2}$ * $NetA_{ijt-2}$								0.173*
过离散系数 α	0.240***	0.548***	0.255***	0.272***	0.260***	0.277***	0.257***	0.415***
零膨胀比例参数 ϕ	0.632	0.344	0.623	0.608	0.609	0.560	0.614	0.375
对数似然值	−3 146.2	−2 871.3	−3 116.0	−3 094.0	−3 117.7	−3 099.6	−3 125.9	−2 954.9
AIC	6 304.3	5 766.7	6 248.0	6 203.8	6 251.4	6 215.2	6 268.0	5 925.9
Voung 检验	4.64***	3.46***	4.41***	4.69***	4.25***	5.15***	4.83***	2.86**
样本容量	8 320	8 320	8 320	8 320	8 320	8 320	8 320	8 320

注："***""**""*"分别表示在 0.1%、1% 和 5% 水平上显著。

模型2将接近性变量整体引入分析,接近性变量均对跨国专利合作具有显著的正向影响。其中,地理接近性无论是系数大小还是显著性水平,均低于其他接近性变量,这也与目前以空间分散为特征的跨国知识交流现象相吻合;社会接近性变量对跨国专利合作活动具有显著的积极作用,影响程度依次为贸易接近性、语言接近性和宗教接近性,日益频繁的贸易往来对科技领域的合作具有积极的推动作用,"语言互通"也是"一带一路"加强科技领域合作的重要支撑;两国间的技术接近性对跨国专利合作具有显著的正向推动作用;模型2还显示跨国专利合作网络中节点国家间的邻近性有助于两国专利合作活动继续展开,在专利合作网络中距离越近意味着两个国家之间技术领域的合作越密切,合作活动展开本身有助于国家间增加信任和了解,而互信对于专利合作活动具有显著的积极影响。

为了进一步考察各种接近性在"一带一路"跨国专利合作网络密度与跨国专利合作关系中发挥的调节作用,本节还对5个接近性指标与网络密度指标的交叉项进行了建模(模型3～8)。结果显示,语言接近性(模型4)、贸易接近性(模型6)、网络接近性(模型8)与网络密度交互项系数为正且具有显著性,而地理接近性(模型3)、宗教接近性(模型5)、技术接近性(模型7)与网络密度交互项系数并不显著,表明网络密度对"一带一路"跨国专利合作的影响受语言接近性、贸易接近性和网络接近性的正向调节作用。图6-1～图6-3直观地反映了语言接近性、贸易接近性、网络接近性对网络密度与跨国专利合作关系的调节作用。当两个国家使用相同的语言时,它们建立专利合作关系的可能性及合作项数显著增加,而且由于不信任而导致的网络密度对专利合作项数的负项影响也得到了调整(见图6-1)。贸易接近性对网络密度与专利合作项数的关系起到了正向的调节作用,网络密度较高的跨国专利合作网络中,存在贸易协定的国家间更易于建立专利合作关系(见图6-2)。以专利合作形式展开的知识交流具有较强的惯性,

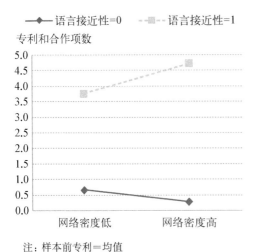

注:样本前专利=均值

图6-1 语言接近性对网络密度影响跨国专利合作的调解作用

存在专利合作关系的国家间在未来也更易于展开专利合作活动,而且已经存在的专利合作关系也对网络密度与未来专利合作的负向影响有正向的调节作用(见图 6-3)。

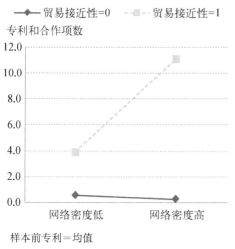

样本前专利=均值

图 6-2　贸易接近性对网络密度影响跨国专利合作的调节作用

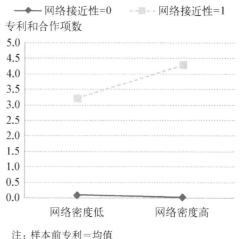

注:样本前专利=均值

图 6-3　网络接近性对网络密度影响跨国专利合作的调节作用

对"一带一路"跨国专利合作驱动因素的讨论发现,地理接近性已不再是影响跨国专利合作的重要原因。与此相对,贸易和语言文化等社会接近性更能影响专利合作关系的建立,同时跨国专利合作行为表现出强烈的惯性,跨国专利合作行为本身有助于双方建立认同感,从而有效地促进专利合作活动的继续展开。"一带一路"沿线国家在经济发展水平、宗教文化信仰等诸多方面的较大差异,决定了"一带一路"建设的艰巨性、复杂性与多元性。本节发现,尽管"一带一路"沿线国家在技术领域已展开了有效的合作,但是互信、互惠仍未成为该区域科技合作活动被广为认同的主题词,"一带一路"沿线国家彼此间仍然怀有防备心理,担心自身的核心技术由于过度紧密联系而导致外溢或泄露。因此,加深共识、增加互信和理解,优化知识产权环境,推动知识产权相关法律法规的一体化进程,仍将是推进"一带一路"沿线科技领域合作活动开展的重要基础。而且,语言、文化、经贸等多领域的互通与融合在突破科技合作领域信任壁垒方面存在不容忽视的积极作用。

6.2 中国与"一带一路"沿线国家科技创新合作持续性的影响因素识别

伴随着科技创新合作规模的上升,中国与"一带一路"沿线国家科技创新合作的稳定性更值得关注,因为长期稳定的科技创新合作关系既可以通过减少合作双方盲目寻找合作伙伴的行为降低科技创新合作成本,也能通过持续知识转移提高创新合作主体的创新能力,成就核心竞争力[①]。

6.2.1 实证模型的设定

多数文献采用连续时间 Cox 比例风险模型和离散时间风险模型来挖掘风险事件发生的影响因素[②]。相较于 Cox 比例风险模型,离散时间的风险模型放松了比例风险的假定,而且还有效避免了打结数据(tied data)导致的有偏估计,并能对不可观测的异质性进行控制[③]。因此,本节将采用离散时间风险模型挖掘中国与"一带一路"沿线国家专利合作存续期的影响因素。

令 $T_i(i=1, 2, \cdots, n)$ 表示第 i 项专利合作的持续时间,定义第 i 项专利合作在第 t 年的风险率为

$$h_{it}=P(T_i=t \mid T_i \geqslant t) \tag{6.5}$$

从第 1 年到第 t 年,专利合作存续的时间可以是完整的($c_i=1$,第 t 年合作终止),也可以是右删失的($c_i=0$,实际生存时间大于 t)。 对于生存时间右删失的专利合作($c_i=0$),其生存函数由风险率表示为

① 蒋樟生,胡珑瑛,田也壮.基于知识转移价值的产业技术创新联盟稳定性研究[J/OL].科学学研究,2008,26(S2):506-511.DOI:10.16192/j.cnki.1003-2053.2008.s2.034;林伟连.面向持续创新的产学研合作共同体构建研究[D/OL].浙江大学,2017[2023-11-04].https://kns.cnki.net/kcms2/article/abstract?v=3uoqIhG8C447WN1SO36whFuPQ0yKi4pXSQlJ_W8wBD9Diyj0LAGhZcSA1PeLDfcwZ4A9mUAQvKkda-ruH00CRPRHr2DrUKA4&uniplatform=NZKPT.
② 马荣康,金鹤,刘凤朝.基于生存分析的中国技术领域比较优势持续时间研究:国际专利分类大类(IPC Class)层面的证据[J/OL].研究与发展管理,2018,30(4):128-138.DOI:10.13581/j.cnki.rdm.20180210.004;陈勇兵,钱意,张相文.中国进口持续时间及其决定因素[J/OL].统计研究,2013,30(2):49-57.DOI:10.19343/j.cnki.11-1302/c.2013.02.007.
③ SCHEIKE T H, SUN Y. Maximum likelihood estimation for tied survival data under Cox regression model via EM-algorithm[J/OL]. Lifetime Data Analysis, 2007, 13(3)[2023-11-22]. https://pubmed.ncbi.nlm.nih.gov/17682942/. DOI:10.1007/s10985-007-9043-3.

$$P(T_i > t) = S_i(t) = \prod_{k=1}^{t} (1 - h_{ik}) \tag{6.6}$$

若专利合作在观察期内是完整的（$c_i = 1$），该专利合作的生存函数为

$$P(T_i = t) = f_i(t) = \frac{h_{it}}{1 - h_{it}} \prod_{k=1}^{t} (1 - h_{ik}) \tag{6.7}$$

根据式（6.6）和式（6.7）两种情况，可得到整体观测样本的对数似然函数：

$$
\begin{aligned}
\log L &= \log \left\{ \prod_{i=1}^{n} \left[P(T_i = t) \right]^{c_i} \left[P(T_i > t) \right]^{1-c_i} \right\} \\
&= \log \left\{ \prod_{i=1}^{n} \left[\left(\frac{h_{it}}{1 - h_{it}} \right)^{c_i} \prod_{k=1}^{t} (1 - h_{ik}) \right] \right\} \\
&= \sum_{i=1}^{n} c_i \log \left(\frac{h_{it}}{1 - h_{it}} \right) + \sum_{i=1}^{n} \sum_{k=1}^{t} \log (1 - h_{ik}) \tag{6.8}
\end{aligned}
$$

引入二元变量 y_{ik}，当专利合作 i 在第 k 年发生风险事件时，记 $y_{ik} = 1$，否则 y_{ik} 取值为 0。则式（6.8）被写成如下形式：

$$\log L = \sum_{i=1}^{n} \sum_{k=1}^{t} \left[y_{ik} \log h_{ik} + (1 - y_{ik}) \log (1 - h_{ik}) \right] \tag{6.9}$$

此时，离散时间风险模型可以引入时间依存协变量，用二元变量的方法进行估计[1]。为了得到模型对数似然函数的具体形式，需要设定风险率 h_{ik} 的具体形式。通常假定 h_{ik} 服从正态分布、logistic 分布或者极值分布，对应 Probit 模型、Logit 模型和 Cloglog 模型。鉴于离散时间的 Cloglog 模型相当于连续时间的比例风险模型，且能避免连续时间的生存模型所存在的缺陷，故在此假定 h_{ik} 为 Cloglog 函数分布[2]，得到：

$$h(x_{ik}) = 1 - \exp \left[- \exp (\beta_0 + \beta x_{ik}' + \gamma_k) \right] \tag{6.10}$$

式（6.10）假设没有遗漏影响个体风险率的变量，而实际建模往往存在不可观测的异质性问题，比如合作模式、合作的组织以及专利合作得到的政策支持等，尽管这些因素在观测期内可能保持不变，但与风险事件息息相关。若不对个体异质性加以控制，则会导致估计结果存在误偏。

因此，本节使用随机效应模型对个体异质性进行控制，引入异质性的随机效

① 陈勇兵,李燕,周世民.中国企业出口持续时间及其决定因素[J].经济研究,2012,47(7)：48-61.

② JENKINS S P. Easy estimation methods for discrete-time duration models[J/OL]. Oxford Bulletin of Economics and Statistics，1995，57(1)：129-136. DOI：10.1111/j.1468-0084.1995.tb00031.x.

应 Cloglog 模型如下：

$$h_v(\boldsymbol{x}_{ik}) = 1 - \exp[-\exp(\beta_0 + \beta \boldsymbol{x}'_{ik} + \gamma_k + \mu)] \tag{6.11}$$

取对数后模型变换为

$$\mathrm{cloglog}[1 - h_v(\boldsymbol{x}_{ik})] = \beta_0 + \beta \boldsymbol{x}'_{ik} + \gamma_k + \mu \tag{6.12}$$

其中，x_{ik} 为时间依存变量向量，$h_v(\boldsymbol{x}_{ik})$ 是在 k 时刻的风险率，β 为解释变量的系数，而 γ_k 为随时间变化的基准风险函数，μ 为服从正态分布的误差项，包括了技术领域-合作对象国家组合中不可观测的异质性 v。

6.2.2　模型关键变量选取

模型被解释变量为二分类变量，当中国与"一带一路"沿线国家在特定技术领域的专利合作中止，则该持续时间段的最后 1 年取值为 1，其余年份的值设定为 0；如果专利合作在整个观测期内一直未发生风险事件（即右删失数据），那么该专利合作在整个观测期均设定为 0。

跨国专利合作是跨区域知识交流方式，随着"接近性"概念的不断延伸及扩展，尤其是法国多维接近性学派的兴起，大量实证研究讨论了多维接近性变量对跨国（区域）专利合作的驱动作用[①]。本节将基于多维接近性理论[②]进一步讨论地理、社会和技术"接近性"对跨国专利合作存续的影响。

地理接近性概念源于经济地理学及区域经济学，表示合作双方的空间距离。地理邻近的研发主体会在知识外溢和本地化劳动力市场等作用的影响下增加专利合作的可能性。然而现代信息和通信技术的发展使得基于地理空间上的本地性优势逐渐弱化，地理接近性的作用开始受到质疑[③]。本节将采用中国与合作对象国的首都地理距离（A_distcap）和是否接壤（A_border）两个指标测度地理

---

① 王黎萤,池仁勇.专利合作网络研究前沿探析与展望[J/OL].科学学研究,2015,33(1)：55－61＋145. DOI：10.16192/j.cnki.1003－2053.2015.01.008;向希尧,裴云龙.基于情境的多维接近性与知识流动[J].管理学报,2017,14(4)：554－560;张明倩,柯莉."一带一路"跨国专利合作网络及影响因素研究[J/OL].软科学,2018,32(6)：21－25＋29.DOI：10.13956/j.ss.1001－8409.2018.06.05.

② 向希尧,裴云龙.基于情境的多维接近性与知识流动[J].管理学报,2017,14(4)：554－560;张明倩,柯莉."一带一路"跨国专利合作网络及影响因素研究[J/OL].软科学,2018,32(6)：21－25＋29.DOI：10.13956/j.ss.1001－8409.2018.06.05;周磊,张玉峰,吴金红.专利视角下企业合作竞争中三种接近性的作用[J].情报学报,2013,32(7)：676－685;王巍,崔文田,孙笑明,等.多维接近性对关键研发者知识搜索的影响研究[J].科学学与科学技术管理,2017,38(10)：107－119.

③ 向希尧,裴云龙.地理接近性对跨国专利合作的影响：社会接近性的中介作用研究[J].科学学与科学技术管理,2016,37(4)：17－24.

接近性,探讨其是否会对跨国专利合作的存续产生影响。

社会接近性是指主体间形成的不同于市场关系的社会嵌入关系[①],刻画合作双方社会关系密切程度。社会接近性越高,则更易于不同研发主体间建立信任,从而促进知识的渗透与转移。"一带一路"跨度广,覆盖国家众多,这些国家具有复杂的政治经济背景及多元的社会文化环境。本节将使用合作对象国和中国的GDP差距(A_gdpgap)测度经济接近性、使用是否信仰相同的宗教(A_reli)和是否使用相同官方语言(A_lang)测度宗教接近性和语言接近性,并从以上三个方面探讨社会接近性对跨国专利合作存续的影响。

技术接近性描述研发主体之间知识结构和技术基础的相似性[②],这一指标关注个体在技术群体的嵌入程度,强调个体理解和吸收知识的能力差异。技术接近性会降低知识的传递成本和黏滞性,从而促进个体间的合作。本节将定义一国在不同技术领域(采用国际专利分类标准IPC)的专利规模分布为该国的技术结构向量,并利用不同国家技术结构向量的夹角余弦反映两国的技术接近性(A_tech),挖掘技术接近性对中国与"一带一路"沿线国家专利合作存续的影响。

除接近性变量外,本节还考虑了其他变量对跨国专利合作存续存在的影响。

合作双方的专利合作经验。生存曲线显示中国与"一带一路"沿线国家专利合作存续具有负时间依赖性,即随着合作的不断深入,地理、文化及技术基础差异带来的专利合作阻力将会被不断累积的合作经验削弱,合作成本也将不断降低,从而增加继续合作的可能性。本节将观察期内中国与专利合作对象国第 t 年某一技术领域持续的合作时间长度(年)作为第 t 年在该技术领域的合作经验指标(Acc_Expe),反映合作经验累积对跨国专利合作稳定性的影响。

合作双方的创新实力。专利合作国自身的创新能力和对外部知识的吸收能力也会影响跨国专利合作的稳定性。本节参考赵炎(2016)测度企业自身知识积累的方法[③],选取国家观测期前三年专利数量总和(PIC)作为第 t 年该国家创新实力的衡量指标。该指标既反映了专利合作国创新实力和研发经验的积累,同时也在一定程度上反映了专利合作国对外部知识的吸收能力。

① BOSCHMA R. Proximity and innovation:A critical assessment[J/OL]. Regional Studies,2005,39 (1):61-74. DOI:10.1080/0034340052000320887.
② 向希尧,裴云龙.跨国专利合作网络中技术接近性的调节作用研究[J].管理科学,2015,28(1):111-121.
③ 赵炎,王琦,郑向杰.网络邻近性、地理邻近性对知识转移绩效的影响[J/OL].科研管理,2016,37(1): 128-136.DOI:10.19571/j.cnki.1000-2995.2016.01.015.

鉴于专利合作存续期在不同的技术领域与区域存在显著的差异,本节将专利合作国所在区域(Area)和合作专利所属技术领域(Tech_field)作为控制变量引入模型。

此外,由于专利从申请到授权的时间间隔为 18 个月,为避免时滞的影响,上述中与时间相关的解释变量除 PIC 和 Acc_Expe 外均取滞后 2 年的数值。同时,为了消除指标量纲和高波动性对模型估计的影响,模型中 A_distcap、PIC、PIC_cn 和 A_gdpgap 指标均采取对数变换处理。

对上述模型自变量的描述性统计分析如表 6-3 所示。

表 6-3　模型关键变量的描述性统计结果

变　　量	定　　义	N	Var	Min	Mean	Max
A_border	是否接壤	4 459	0.188	0.000	0.250	1.000
A_gdpgap	GDP 差距	4 459	0.204	20.903	22.264	22.910
A_reli	宗教接近性	4 459	0.106	0.000	0.120	1.000
A_language	语言接近性	4 459	0.138	0.000	0.166	1.000
A_distcap	地理距离	4 459	0.109	7.067	8.546	8.952
A_tech	技术接近性	4 459	0.602	−0.979	−0.114	0.854
PIC	合作对象国的创新实力	4 459	3.291	0.000	7.767	10.818
PIC_cn	中国创新实力	4 459	0.626	8.732	11.296	12.255
Acc_Expe	合作经验	4 459	15.539	1.000	5.166	17.000

注:以上变量专利相关数据来自 PATSTAT 数据库;GDP 数据来源于世界银行数据库;地理文化等数据来源于 CEPII 数据库。

根据描述性统计的结果中可以看出,变量不存在数量缺失现象,各变量的观察值之间存在一定的变差,这确保了计量模型估计结果的准确性和真实性。

6.2.3　计量结果分析

本节基于 Cloglog 随机效应模型估计上述变量对中国与"一带一路"沿线国家专利合作存续的影响。估计结果如表 6-4 所示。

表6-4 中国与"一带一路"沿线国家专利合作存续期影响因素估计

	模型1		模型2		模型3		模型4		模型5		模型6		模型7	
	xtcloglog		xtcloglog		xtcloglog		xtcloglog		xtcloglog		xtcloglog		xtcloglog	
	$coef$	风险率	$coef$	风险率	$coef$	风险率	$coef$	风险率	$coef$	风险率	$coef$	风险率	$coef$	风险率
Acc_Expe	-0.145***	0.865	-0.270	0.764	-0.132***	0.877	-0.139***	0.870	-0.136***	0.873	-3.983***	0.019	-0.154***	0.857
PIC	-0.116***	0.890	-0.115***	0.891	-0.110***	0.896	-0.119***	0.887	-0.119***	0.887	-0.107***	0.899	-0.130***	0.878
PIC_cn	-0.644***	0.525	-0.639***	0.528	-0.651***	0.521	-0.606***	0.546	-0.602***	0.548	-0.251	0.778	-0.570***	0.565
A_distap	0.008	1.008	-0.029	0.972	0.051	1.053	-0.015	0.985	-0.008	0.992	-0.097	0.907	0.005	1.005
A_border	-0.408***	0.665	-0.407***	0.665	-0.203	0.816	-0.403***	0.668	-0.409***	0.664	-0.392***	0.675	-0.383***	0.682
A_reli	-0.470***	0.625	-0.422**	0.656	-0.445**	0.641	-0.204	0.816	-0.388**	0.678	-0.353**	0.703	-0.370**	0.691
A_lang	-0.421**	0.656	-0.467**	0.627	-0.491***	0.612	-0.448**	0.639	-0.232	0.793	-0.387**	0.679	-0.452**	0.636
A_gdpgap	1.306***	3.691	1.295***	3.651	1.315***	3.725	1.242***	3.461	1.236***	3.441	0.272	1.312	1.190***	3.287
A_tech	-0.187*	0.829	-0.190*	0.827	-0.191*	0.826	-0.182*	0.833	-0.189*	0.828	-0.170**	0.844	0.019	1.019
Acc_Expe*A_distcap			0.015	1.015										
Acc_Expe*A_border					-0.066**	0.936								

（续表）

	模型 1 xtcloglog coef	模型 1 风险率	模型 2 xtcloglog coef	模型 2 风险率	模型 3 xtcloglog coef	模型 3 风险率	模型 4 xtcloglog coef	模型 4 风险率	模型 5 xtcloglog coef	模型 5 风险率	模型 6 xtcloglog coef	模型 6 风险率	模型 7 xtcloglog coef	模型 7 风险率
Acc_Expe * A_reli							−0.055	0.947						
Acc_Expe * A_lang									−0.057	0.944				
Acc_Expe * A_gdpgap											0.169***	1.185		
Acc_Expe * A_tech													−0.056***	0.946
Constant	−20.49***		−20.00***		−21.07***		−19.26***		−19.26***		−0.94		−18.53***	
Tech_field	YES		YES		YES		YES		YES		YES		YES	
Area	YES		YES		YES		YES		YES		YES		YES	
ρ	0.175***		0.176***		0.175***		0.176***		0.177***		0.114***		0.178***	
Likelihood	−2 251.722		−2 251.647		−2 249.395		−2 250.833		−2 250.351		−2 242.683		−2 245.902	

注：风险率 ＝ exp($coef$)，表明解释变量每增加一个单位，风险估计改变 100[exp($coef$) − 1]%。"***""**""*"分别表示参数的估计值在 1%、5%、10% 的统计水平上显著。
"YES"表示对此类变量进行了控制。ρ 表示不可观测的异质性的方差占总误差方差的比例。

模型 1 是对跨国专利合作经验、国家专利创新能力及各接近性指标进行回归,研究各个解释变量对风险事件发生概率的影响情况。模型 2 至模型 7 则在模型 1 的基础上分别引入了合作经验与 6 个"接近性"指标的交叉变量,进一步考察合作经验是否对接近性变量的影响存在调节作用。整体而言,各模型的似然比检验结果 p 值均小于 0.01,拒绝了合作活动中不存在不可观测异质性的原假设。

模型 1 的估计结果与理论预期基本一致:除首都地理距离(A_distcap)外,其余解释变量均以不同的显著性水平影响风险概率。

是否接壤(A_border)对风险概率的影响具体表现为当合作对象国与中国接壤(A_border=1)时,两国之间合作终止的风险概率会降低 33.5%,持续合作的可能性显著提升。各社会接近性变量的回归结果均一致表现出对风险概率的显著影响:共同的宗教信仰(A_reli)或官方语言(A_lang)会使得两国之间合作终止的风险概率分别降低 37.5% 和 34.5%;跨国专利合作对象国与中国之间的经济状况差异(A_gdpgap)对合作可持续性的影响尤为突出,差异每增加一个单位,合作失败的概率增加 2.691 倍。此外,模型的回归结果还表明当两国在不同技术领域专利规模分布相似时(A_tech 接近于 1),会对维持跨国专利合作活动产生积极的影响,相似性每增加一个单位,专利合作中断的可能性减少 17.7%。

正如上文所述,在"一带一路"沿线区域,空间距离的知识溢出作用日益减弱,而与中国接壤的国家在获取信息、人员流动,以及创新交流等方面仍具有无可替代的低成本和便利性优势,使得它们能够和中国保持更稳定的跨国专利合作;社会环境越相似的两国之间的社会认同感越强烈,越有助于克服跨国科技合作之间的不确定性,延长专利合作活动的持续时间;技术接近性通过减少国家间识别、检索和整合相关科技知识的成本与障碍,提升两国之间专利合作的成功率。

无论是合作对象国家的专利创新能力(PIC)还是中国的专利创新能力(PIC_cn),都对加强跨国科技合作有着显著的促进作用。中国专利创新能力的提高对跨国合作的影响更为深刻,PIC_cn 每增加一单位,风险概率降低 47.5%,远大于一单位 PIC 的增加引起的风险概率减少量(11.0%)。这一估计结果表明中国在与"一带一路"区域国家的专利合作中处于主导地位。增加一单位的跨国专利合作经验(Acc_Expe)会提高 13.5% 的专利合作持续概率,反映出中国在"一带一路"沿线区域开展的跨国专利合作活动存在明显的路径依赖,这一方面有助于与"经验"国家的科技合作升级,一方面也体现了中国与"非经验"国家突破科技合作壁垒的难度。

由模型 2 至模型 7 的估计结果可知,合作经验在地理接近性(A_distcap)、宗教接近性(A_reli)和语言接近性(A_lang)对持续合作产生影响的过程中未发挥明显的调节作用(模型 2、4、5)。而是否接壤(A_border)、经济状况差异(A_gdpgap)和技术接近性(A_tech)与合作经验的交互项系数显著,且正负性与模型 1 中各独立变量系数的正负性一致,表明它们对"一带一路"区域跨国专利合作产生的影响受到了合作经验显著的正向调节作用。其中,合作经验对经济水平接近性的调节作用最显著(模型 6),经济水平相差较大的国家之间缺乏合作经验,导致当前合作风险率增加 18.5%;对于与中国接壤的合作对象国(模型 3),在有合作经验的情况下,双方合作中断的概率降低 6.4%;同样,合作经验强化了技术接近性对持续合作的影响(模型 7),由于技术水平接近的国家更容易累积合作经验,从而进一步提升了合作的稳定性(风险率降低 5.4%)。

6.2.4 稳健性检验

为了检验 Cloglog 随机效应模型(模型 2)估计结果的稳健性,另设定服从 logistic 分布和正态分布的风险率 h_{ik},建立离散时间随机效应的 Logit 模型(模型 9)和 Probit 模型(模型 8),并将估计结果进行对比。表 6-5 显示了估计结果,不同模型估计结果中解释变量的系数符号方向都一致,除了技术接近性变量的显著性在三个模型中略有出入,其他结果的估计基本一致。由此可知,接近性变量、合作经验,以及国家创新能力对中国与"一带一路"沿线国家进行跨国专利合作活动持续时间影响的 Cloglog 模型估计结果是稳健的。

表 6-5 中国与"一带一路"沿线国家专利合作存续期影响因素估计的稳健性检验

	模型 1		模型 8		模型 9	
	xtcloglog		xtlogit		xtprobit	
	$coef$	风险率	$coef$	风险率	$coef$	风险率
Acc_Expe	−0.145***	0.865	−0.182***	0.834	−0.104***	0.901
PIC	−0.116***	0.890	−0.163***	0.850	−0.099***	0.906
PIC_cn	−0.644***	0.525	−0.928***	0.395	−0.551***	0.576
$A\_distcap$	0.008	1.008	0.021	1.021	0.014	1.014

	模型 1		模型 8		模型 9	
	xtcloglog		xtlogit		xtprobit	
	coef	风险率	*coef*	风险率	*coef*	风险率
A_border	−0.408***	0.665	−0.572***	0.564	−0.334***	0.716
A_reli	−0.470***	0.625	−0.577***	0.562	−0.33***	0.719
A_lang	−0.421***	0.656	−0.623***	0.536	−0.367***	0.693
A_gdpgap	1.306***	3.691	1.956***	7.071	1.169***	3.219
A_tech	−0.187*	0.829	−0.226	0.798	−0.128	0.880
Constant	−20.488***		−30.584***		−18.355***	
Tech_field	YES		YES		YES	
Area	YES		YES		YES	
ρ	0.175***		0.138***		0.152***	
Likelihood	−2 251.722		−2 238.251		−2 233.645	

技术接近性变量对跨国合作关系持续时间影响显著性的变化可能是由不可观测的异质性决定的。同时应当注意到在 Cloglog 随机效应模型中,尽管技术接近性变量对科技合作有显著影响,但显著性水平比较低,而且在模型 8 和模型 9 中回归结果的 p 值变化并不大。据此,可以认为技术接近性变量会对延长跨国合作时间产生影响,而综合考虑中国专利创新能力在"一带一路"沿线国家的专利合作中的显著的影响力,技术接近性与其他因素相比造成的影响是有限的。

中国与"一带一路"沿线国家专利合作持续期及其影响因素的实证研究结果显示:① 中国与"一带一路"沿线国家跨国专利合作存在巨大发展潜力。近年来该区域跨国科技合作的发展集中体现在数量和规模上,但目前暂未形成成熟的合作体系,合作的持续期短、稳定性差,合作深度有待提高。② 地理接近性赋予的本地优势在信息化、全球化的国际环境下已经逐渐减弱,地理距离已不再是"一带一路"沿线区域跨国专利持续合作的主要阻碍。③ 社会接近性作为影响知识流动的重要因素,在"一带一路"沿线区域科技创新持续性合作中依然举足轻重。相似的社会环境可降低合作终止的风险率,提高创新合作的稳定性。④ 技术接近性影响跨国专利合作的可持续性,而中国作为科技全球化进程的支持者、参与者和引领者所实施的一系列促进技术转移的举措,减弱了这一影响效果。⑤ 跨国专利合作经验的累积和国家专利创新能力的提升均可以降低合作的终止风险,有助于维持跨国专利合作状态。其中,跨国专利合作经验作为跨国合作国家之间的重要财富,还对"是否接壤""经济状况差异"和"技术水平差异"与合作稳定性的影响效果起到正面调节作用。

基于上述结论,为了更好地融入"一带一路"沿线国家乃至全球科技合作网络,中国首先需要进一步加强与"一带一路"沿线国家的交流与互通,坚持"五通",加强各部门的政策协调,通过政策支持及导向将沟通从国家层面推广到民间的学术交流和企业间的技术研发与转让,完善可持续性的科技对外开放与国际合作体制,从而进一步增进中国与合作对象国家彼此的理解与信任,达成互利互惠的共识,减少双方由于差距引起的合作阻力,促进全面认可的知识产权制度环境和创新服务体系的形成。其次,要充分发挥中国作为"一带一路"沿线区域科技合作的"引领者"的作用,不断优化科技合作途径和模式,积累合作经验,借助先进的传播工具形成共同的技术轨迹,为其他国家充分发挥自身优势和潜能带来机遇,同时也为加速实现科技合作的溢出效应夯实基础。最后,中国要加强自身创新能力,建设科技强国和现代化强国。通过合理配置资源,推动产学研合作,提升合作专利水平和质量,进而以更多的技术红利吸引全球高端创新资源的参与。既有利于突破技术壁垒,又能促进双方共赢,进而实现合作的持久性、广泛性和深入性,形成跨领域、全方位、多层次的全球科技创新合作格局。

6.3 中国与"一带一路"沿线国家科技创新合作网络的影响因素识别

本节将使用 ERGM 指数随机图模型,从内生结构效应、节点属性效应,以及外部网络效应探讨中国与"一带一路"沿线国家科技创新合作网络形成的主要影响因素。

6.3.1 ERGM 模型介绍

指数随机图模型(Exponential Random Graph Models,ERGM)是以关系为

基础的统计模型①,可以解释网络关系是如何出现的及为什么会出现。指数随机图模型与传统计量回归模型最主要的区别在于传统计量回归模型是基于关系的独立性假设,而指数随机图模型则是基于关系的依赖性假设,即其他关系的出现对于网络中一条关系出现的概率是否有影响,因此,指数随机图模型的目的并不是预测网络中某一条关系出现的概率,而是预测当网络中其他关系存在的情况下这一条关系出现的条件概率;并且指数随机图模型并不局限在单一网络的结构研究,而是能够同时综合考虑多个不同层面的网络结构变量来研究网络结构以及网络中关系形成过程。目前指数随机图模型已经应用到了经济学、政治学、社会学等多个领域,被认为是对复杂网络进行建模最为有效的工具之一。多尺度复杂网络理论指出导致关系形成的复杂性主要分为三种情况,分别是内生结构影响、节点属性影响与外部环境影响。指数随机图模型所包括的网络结构统计量也同样有三类:第一类是网络的自组织特征,也称作纯结构效应或者内生结构效应,是网络微观尺度下的结构统计量,包括网络边数、度数、传递性等;第二类是与节点属性相关的结构特征,是网络中观尺度下的结构统计量,如强者越强的马太效应及偏好连接的同配性等;第三类是外部网络效应,是网络宏观尺度下的结构统计量,指的是除观测网络以外的其他能够影响观测网络的相关网络,比如贸易网络和投资网络等外部网络关系对专利合作网络的影响。同时考虑这三类不同尺度的网络结构变量可以使得指数随机图模型综合全面地检验各类不同的研究假设,从而可以清楚了解观测网络内部是否存在自组织的活动,即网络中某些关系的生成是否会取决于网络中其他关系连接的影响,或者网络节点的自身属性特征是否也会影响网络中节点之间发生连接关系的程度,以及在其他外部环境中发生连接关系的情况是否会影响观测网络中关系的连接程度,在网络关系的形成和发展中是否同时受到多种不同类别的网络统计量的影响等诸多问题。

给定一个拥有 N 个节点的网络,其节点集合 $V=\{1, \cdots, n\}$,其中 $i \in V$ 表示节点属于集合 V。以集合 J 表示节点集 V 中所有节点之间出现可能关系的集合,即 $J=\{(i, j): i, j \in V, i \neq j\}$。对于任何一实际网络 $G=(V, E)$,网络中出现的所有关系集 E 其实都仅是集合 J 的一个子集。据此,可针对集合 J

---

① LUSHER D, ACKLAND R. A relational hyperlink analysis of an online social movement[J/OL]. Journal of Social Structure, 2020, 12(1): 1 - 49. DOI: 10.21307/joss - 2019 - 034.

中的元素 (i,j) 来建立一个随机变量 Y_{ij}，如果 $(i,j)\in E$ 则 $Y_{ij}=1$，相反，如果 $(i,j)\notin E$ 则 $Y_{ij}=0$。这些变量可以被称为关系变量(tie-variables)，都可以按照一定的规则输入邻接矩阵 $\boldsymbol{Y}=[Y_{ij}]$ 中，节点 i 与节点 j 的连接关系可以通过邻接矩阵中第 i 行第 j 列的数字来进行相应表示。Y 集合囊括了所有出现各种可能性的邻接矩阵，而包含在内的被研究的观测网络邻接矩阵的实现可以表示为 $y=[y_{ij}]$，此时可以使用 $P(Y=y\mid\theta)$ 来表示在 θ 条件下网络 y 在总集合 Y 中出现的概率。因此，在固定相同节点集合的网络的概率分布的情况下，假设观测网络的概率取决于模型中所包含的各类网络结构统计，指数随机图模型的通用概率分布可以由下式定义：

$$P\{Y=y \mid \boldsymbol{\theta}\}=\frac{\exp\left[\sum_k \boldsymbol{\theta}_k^T s_k(y)\right]}{\kappa(\boldsymbol{\theta})} \tag{6.13}$$

其中，$s_k(y)$ 是网络的统计，$\boldsymbol{\theta}$ 是统计参数的向量，$\kappa(\boldsymbol{\theta})$ 是归一化因子，作为一个分布的标准化常量主要用于确保概率和为 1，即确保模型具有适当的概率分布。ERGM 公式非常普遍，因为 $s(y)$ 可以根据研究内容进行调整扩展。在这种一般形式下，公式可以用来表示网络的任何概率分布。在实践中，$s(y)$ 将包含网络内生结构因素 α，网络中的节点属性 β 以及外部网络协变量效应 γ 的影响，这些效应表示网络中联系存在的依赖性。因而 ERGM 公式可以进一步扩展为：

$$P\{Y=y \mid \theta\}=\frac{\exp[\boldsymbol{\theta}_\alpha^T s_\alpha(y)+\boldsymbol{\theta}_\beta^T s_\beta(y,x)+\boldsymbol{\theta}_\gamma^T s_\gamma(y,\bar{s})]}{\kappa(\boldsymbol{\theta})} \tag{6.14}$$

其中，$s_\alpha(y)$ 表示各种可能影响网络中关系形成及组织构建的纯网络结构统计量，$s_\beta(y,x)$ 表示各种与节点属性特征有关的网络结构统计量，$s_\gamma(y,\bar{s})$ 表示各种与其他外部关系网络相关的网络结构统计量。与此相对应的情况下，θ_α、θ_β 和 θ_γ 分别表示内生网络结构统计量、节点属性相关网络结构统计量，以及与其他外部关系网络相关的网络结构统计量的估计参数向量，通过显著性检验的估计参数代表了此类网络结构统计量，能够明显影响观测网络关系的形成和发展。参数估计值为正的情况说明在控制了其他条件的情况下，此网络结构统计量能够促进观测网络中关系的形成，反之，若参数估计值为负，则说明此网络结构统计量能够在一定程度上抑制观测网络中关系的形成。

指数随机图模型作为一个仿真模拟模型首先需要确定好合适的网络统计量,然后经过估计、诊断、仿真、比较和改进等多个步骤,直至模型的最终仿真网络结果的各种结构特征能够与观测网络保持很好的一致性,这样就能够合理地检验到底哪些影响因素能够更加显著地影响观测网络中的关系形成情况。早期的指数随机图模型通常都采用实现性更强的极大伪似然估计(Maximum Pseudo-likelihood Estimation,MPLE),但是,后来研究发现极大伪似然估计基于关系的独立性假设,与网络数据结构的关系依赖性假设相悖,这会导致使用极大伪似然估计的估计结果出现有偏的情况。因此,后来的研究者开始将马尔科夫链蒙特卡罗(Markov Chain Monte Carlo,MCMC)模拟过程引入到参数估计与检验当中,指数随机图模型使用马尔科夫链蒙特卡罗极大似然估计法(Markov Chain Monte Carlo Maximum Likelihood Estimation,MCMC MLE)进行模型估计检验,MCMC MLE 的运行步骤首先是根据给定的参数来仿真出一个随机网络,接着对比观测网络,以及仿真网络的网络统计量来修改更新不同的参数值,如果无法收敛就继续重复迭代对比修正过程,直到呈现收敛的稳定状态。

ERGM 估计完成后需要通过 MCMC 诊断来检验模型是否稳定收敛,进一步,还需要评价模型是否有效地解释原有网络的结构特征,一般通过赤池信息量(Akaike Information Criterion,AIC)和贝叶斯信息量(Bayesian Information Criterion,BIC)来简明评估仿真网络与观测网络的拟合度,进而可以选择最合适的模型,其中,赤池信息量 $AIC = 2k - 2\ln(L)$,而贝叶斯信息量 $BIC = \ln(n) * k - 2\ln(L)$,$L$ 为模型的对数似然值,n 为样本量,k 为模型的变量个数。如果模型的仿真网络与观测网络在各种维度上能够较好地保持一定的一致性,那么 AIC 与 BIC 的数值就会越小。更清晰具体的评价方法是采用拟合优度分析(Goodness Of Fit,GOF)来对比最优的模拟仿真网络和被研究的观测网络之间的拟合情况。模型参数的显著性检验通过 t 统计量来进行,并且显著情况下 p 值会小于 0.1。本节中的指数随机图模型估计和诊断在技术上是通过统计工具软件 R 语言 statnet 中的 ergm 程辑包来实现。

6.3.2   ERGM 变量说明

1. 内生结构效应的变量

内生结构效应来源于网络内部中的自组织过程,中国与"一带一路"沿线国家的跨国专利合作网络结构可以通过自我的组织形成特定的合作模式,因为跨国专利合作网络中某些国家间发生了专利合作的关系,可以进一步导致其他国家也发生专利合作的关系。例如,中国与印度都和新加坡发生过专利合作行为,那么基于关系的传递性,中国和印度之间也会更加容易发生专利合作行为,这种关系行为模式就是网络中的内生结构效应,它只跟网络系统中内部关系的存在过程有关,并不会涉及国家之间的经济、文化、政治等属性或者其他外部网络环境的影响。

如表 6-6 所示,考虑到 ERGM 模型的内生结构变量主要是二元组(Dyad)和三元组结构(Triangle),无向网络的二元结构指的是两节点之间边的联系,三元结构指的是三角形的闭合联系,此三角形的结构就对应于专利合作网络微观尺度下的 3-2 模体(△),但是一般来说,三角形的三元组数量和模式会受到网络规模和边数的限制,这种极端约束的情况会导致估计 ERGM 模型的 MCMC 算法表现不佳,从而出现模型退化的情况,因此通常有更为有效的高阶网络参量选择可以进行替代,即 Hunter 等(2008)提出的几何加权边共享伙伴(GWESP)[1],它能够捕获网络中的传递性模式及代表聚合效应,GWESP 能够很好地估计网络中三角形结构形成的趋势,同时使得仿真更易收敛,参数结果更加可信从而能够抵御模型出现退化的问题[2],可以用以下公式来进行相应的测度:

$$v(y;\alpha)=e^{\alpha}\sum_{i=1}^{n-2}\{1-(1-e^{-\alpha})^{i}ESP_{i}(y)\} \quad (6.15)$$

其中,$v(y;\alpha)$ 定义为几何加权边共享伙伴,α 是被估计加权边数的衰减参数,乘数项 $1-(1-e^{-\alpha})^{i}$ 是用来权衡边数的,$ESP_{i}(y)$ 代表有 i 个共享伙伴的边的数量[3],其中边共享伙伴 ESP 的定义为两个节点 i 和 j,如果它们之间相互连接并且每个节还连接到第三个节点 k,则它们具有一个边共享伙伴,换句话说,如果两个节点之间的关系能够闭合一个三角形,则两个节点具有 ESP。

因此,本节的 ERGM 模型主要选取了边数(Edges)和几何加权边共享伙伴

① HUNTER D R, GOODREAU S M, HANDCOCK M S. Goodness of fit of social network model[J/OL]. Journal of the American Statistical Association, 2008, 103(481): 248-258. DOI: 10.1198/016214507000000446.

② 杨冠灿,刘彤,陈亮,等.基于 ERG 模型的专利引用关系形成影响因素研究[J/OL].科研管理,2018,39(11): 122-131.DOI: 10.19571/j.cnki.1000-2995.2018.11.014.

③ HUNTER D R, HANDCOCK M S, BUTTS C T, et al. Ergm: A package to fit, simulate and diagnose exponential-family models for networks[J/OL]. Journal of Statistical Software, 2008, 24(3): nihpa54860-nihpa54860. DOI: 10.18637/jss.v024.i03.

(GWESP)这两种网络内生结构效应变量。其中边数类似于传统回归模型中的截距项,用来确保所有模拟网络具有相同的网络密度,代表了网络中关系形成的基准效应,仅考虑边数的 ERGM 模型也被称为基准空模型(null model)。GWESP 显著的正系数表示在拟合其他模型约束的随机图中比预期出现更多的闭合三角结构,而显著的负系数表示比预期更少的闭合三角结构,GWESP 通过对边缘共享伙伴关系进行加权的方式,不仅考虑了闭合三角结构的数量,还考虑了它们在节点之间的分布方式。几何加权边共享伙伴(GWESP)代表专利合作关系的传递闭合效应类似于"朋友的朋友也是朋友",正面的传递闭合性效应使得网络中趋向于出现更多的传递闭合三角结构,并且这些三角结构可以拥有相同的节点对[1]。

表 6 - 6　ERGM 回归变量及其假设检验

影响过程	统计量	名　称	示 意 图	机　制	解　释
内生结构	Edges	边数	○—○	边	关系形成的基准倾向,类似常数项。
	Gwesp	几何加权边共享伙伴		传递性	沿线国家是否倾向于形成传递的专利合作集团
节点属性	Nodematch	节点同配	●—●	同配性	相同属性的节点是否倾向于发生专利合作关系。
	Nodecov	点协变量	●—●（+）	马太效应	某种属性水平越高的节点是否倾向于发生专利合作
外部网络	Edgecov	网络协变量	○→○	网络效应	其他网络中存在关系的国家之间是否会更倾向于发生专利合作关系

---

[1] 段庆锋,马丹丹.基于指数随机图模型的专利技术扩散机制实证研究[J].科技进步与对策,2018,35(22):23-29.

2.节点属性效应的变量

网络中节点个体的一些特征或属性对于网络关系的形成有重要影响。在跨国专利网络中,国家的合作开放度水平、政治、经济、法律等不同制度或其他特性对专利合作关系的形成或维持也具有一定影响,通过"节点属性"变量来测量这些特性,在 ERGM 模型中也被称为"行动者-关系"效应,指特定的国家属性对跨国专利合作关系产生的影响。本节中的节点属性变量效应包括同配性和马太效应。

同配性(Nodematch)描述的是具有相同属性的国家之间形成专利合作关系的可能性,正的同配效应说明具有相同属性的国家之间更易形成或维持专利合作关系,负的同配效应则说明具有相同属性的国家之间更不易形成或维持专利合作关系。为了检验中观尺度中具有相似合作广度(CB)和合作深度(CD)的国家是否更容易发生专利合作关系,本节将各国的合作广度(CB)和合作深度(CD)指标排名分为高、低两类,将 66 个国家中 CB 和 CD 指标大于平均阈值归为高 CB 和高 CD,小于平均阈值归为低 CB 和低 CD。高 CB 和高 CD 国家赋值为 1,低 CB 和低 CD 国家赋值为 0。

节点协变量(Nodecov)的马太效应描述的是某种属性越强的国家越倾向于与其他国家建立专利合作关系,即偏好链接(见表 6-7)。正的马太效应反映了节点国家的某种属性越强越能促进专利合作关系的产生,负的马太效应反映了节点国家的某种属性越强会对专利合作关系的发生产生一定的抑制作用。目前的研究发现,制度越完善的国家,其区域创新能力越高,制度质量水平影响专利合作水平的影响机制主要是通过提高交易效率,促进分工深化,从而提高创新能力,因此,良好的制度水平能够对创新活动或者专利合作程度有重要促进作用。关于制度质量的度量可以分为三个方面,分别是政治制度、经济制度及法律制度。政治制度变量包括公民话语权(VA)、政府效能(GE)及政府管治质量(RQ);经济制度变量包括商业自由度(IF)和货币自由度(MF);法律制度变量,选取的是司法有效性(JE)及知识产权保护程度(IP)。这些指标都是正面的指标,也就是说,国家相关制度质量越好则指标中的数字越大,政治制度的度量数据过往文献多数是使用世界银行的全球治理指数(Worldwide Governance Indicators,WGI),而经济制度和法律制度则使用全球遗产基金会(Global Heritage Fund,GHF)中的相关指标。

表 6-7　节点协变量数据描述

指 标 英 文	指标中文	描　　述
Voice Accountability	话语权与问责	公民在多大程度上能够参与选择对政府的看法以及言论自由
Government Effectiveness	政府效能	人们对政策制定执行的质量以及政府对这些政策的承诺的可信度的看法
Regulatory Quality	管制质量	政府制定和实施相关允许和促进私营部门发展政策的能力
Business Freedom	商业自由度	国家的商业自由度指数
Monetary Freedom	货币自由度	国家的货币自由度指数
Judicial Effectiveness	司法有效性	国家的司法有效性程度
Protection of Intellectual Property	知识产权保护	国家对知识产权保护的程度

3. 外部网络效应的变量

"一带一路"跨国专利合作网络中关系的形成除了内生结构效应和国家节点属性特征效应的影响之外,还会受到其他的外部网络等外在环境因素的多重交互影响。跨国专利合作网络不是独立于其他网络生成的,不同国家之间除了专利合作关系还会存在其他不同类别的网络关系,而跨国专利合作网络关系与其他外部网络关系之间的协同影响程度则可以通过外部网络效应来进行相应检验。网络协变量(Edgecov)方面,为了检验中国与"一带一路"沿线国家的贸易、文化和地理距离对于跨国专利合作网络的影响,ERGM 模型对地理接壤网络、语言临近网络、贸易网络和签订双方投资协议的 BIT 网络进行了回归估计,检验跨国专利合作所"嵌入"贸易、文化和地理距离网络对专利合作网络的影响。若两国国土接壤,则国家间矩阵元素设为 1,未接壤的国家间矩阵元素设为 0;若两国使用共同语言,则国家间矩阵元素设为 1,无共同语言的国家,则国家间矩阵元素设为 0;若两国间的贸易金额大于 20 000 美元,则国家间矩阵元素设为 1,小于该金额的国家间矩阵元素设为 0;若两国签订了双边投资协议,则国家间矩阵元素设为 1,未签订双边投资协议的国家间矩阵元素设为 0。相关数据来源于

CEPII 数据库,以及联合国贸易与发展会议(UNCTND)的投资政策中心。

6.3.3　ERGM 估计结果

一般来说,可以使用逐步批量添加变量的方式来检验不同变量组合下 ERGM 模型能够得出的最优估计值。首先考察只包括网络内生结构变量的模型 1,通过表 6-8 的 ERGM 回归估计结果可以发现边结构的系数为负,这表明不形成关系的可能性比形成关系的可能性更大,专利合作网络密度较低(低于 0.5),现实世界中的多数观测网络都是密度低于 0.5 的偏稀疏网络[①]。内生结构变量的几何加权边分布(GWESP)在 0.1% 的水平显著为正,且估计系数值为 5.714,说明中国与"一带一路"沿线国家的跨国专利合作网络具有强烈的传递性,各国的专利合作倾向于形成闭合三角拓扑结构,也验证了微观尺度下 3-2 模体(△)的高频存在,即跨国合作网络倾向于嵌入闭合三角结构,反映了"一带一路"跨国专利合作网络有通过集群结构来进行合作的倾向,专利合作网络内部的自组织网络过程否定了"一带一路"跨国专利合作网络是一个随机形成的网络,并且跨国专利合作网络结构中关系和关系之间具有相当的依赖倾向,拥有共同合作伙伴的国家之间更有可能倾向发生合作关系。

下一步,将国家节点的属性引入到模型中,同配性机制通过合作广度(CB)和合作深度(CD)变量加以刻画,模型 2 显示合作广度(CB)在 0.1% 的水平下显著为正,意味着具有相似合作广度的国家间发生专利合作的倾向较大,存在强烈的同配倾向。而合作深度(CD)在 1% 的水平下显著为负,说明合作深度高的国家之间并不存在强烈的同配倾向,对于合作深度高的国家来说,合作关系的达成并不是选择同类型的国家强强联手,更多可能是以技术供需或者合作便利性作为首要考虑的依据。

再下一步,批量添加不同类别的制度影响因素,检验"一带一路"沿线国家专利合作网络中的惯性形成受到不同类别制度质量的影响。制度因素的马太效应可以通过节点协变量(Nodecov)加以刻画。模型 3 的估计结果显示,在政治制度中,政府效能(GE)和管制质量(RQ)(管制质量)在 0.1% 的水平显著为正,且政府效能的估计系数更大,话语权与问责(VA)在 5% 的水平显著为负,但系数

① 罗泰晔,马翠嫦.基于指数随机图模型的协同创新网络形成机理研究[J/OL].情报理论与实践,2018,41
(10):143-146+72.DOI:10.16353/j.cnki.1000-7490.2018.10.023.

较小,综合来看,政府效能是影响"一带一路"沿线国家进行专利合作的最重要政治制度因素;模型 4 显示经济制度中的商业自由度(BF)与货币自由度(MF)出现负显著和不显著的情况,说明经济制度对跨国专利合作不存在正向促进作用;模型 5 则体现了将法律制度因素考虑在内以后,模型的 AIC 和 BIC 值开始大幅度降低,表明法律制度对"一带一路"沿线国家跨国专利合作的影响最强,其中司法效能(JE)及知识产权保护(IP)在 0.1% 水平显著为正,表明这两种制度对跨国专利合作具有显著的正向影响,且知识产权保护的估计系数高达 0.375,是国家间发生专利合作行为最重要的制度影响因素。模型 6 综合了所有的制度影响变量,与前面的模型估计结果相比,发现 AIC 和 BIC 数值的下降趋势更加明显,说明模型得出的仿真网络与观测网络的拟合程度得到了更大的优化,网络的内生结构变量和国家节点属性特征变量的参数估计情况与之前模型的结果保持了基本一致的情况。

最后,在模型 6 的基础上将内生结构属性和节点属性作为控制变量分别加入地理接壤、共同语言、双边投资和贸易合作等协变量网络,考察"一带一路"沿线各国所"嵌入"的经贸和临近关系对于跨国专利合作的影响(见表 6-9)。通过模型 7 和模型 8 的回归估计结果可以发现,地理接壤网络与共同语言网络的估计结果都在 0.1% 的显著性水平下为正,AIC 与 BIC 结果也十分相近,这意味着各国的国土接壤关系与语言临近关系的影响有重叠效应。BIT 网络在 0.1% 的水平显著为正,AIC 和 BIC 的值也较之前的模型下降明显,表明双边投资网络能够明显影响中国与"一带一路"沿线国家专利合作网络中的合作关系,存在双边投资协定关系的两个国家也倾向于发生专利合作关系。贸易网络不仅 AIC 与 BIC 的值最小,而且估计系数也最大(高达 1.923),说明贸易网络是外部网络中影响"一带一路"沿线国家专利合作最重要的因素,即存在贸易合作关系的国家可以显著促进专利合作关系发生的概率。

模型 11 是汇总了所有变量的最终模型(见表 6-9)。整体而言,AIC 和 BIC 数值比之前的回归估计结果都低,说明模型得出的仿真网络与观测网络之间的拟合程度得到了进一步提高,内生结构变量和国家节点属性特征与之前的估计结果保持了很好的一致性,证明了模型的稳健性;外部网络中贸易合作网络对于跨国专利合作网络中关系形成的影响程度最强;制度因素中,知识产权保护(IP)程度越高,越能够促进"一带一路"跨国专利合作网络中关系的形成,政府效能(GE)对专利合作网络中关系形成的正向影响次之。

表 6-8 考虑同配性和制度因素的 ERGM 回归结果

	变量	模型 1	模型 2	模型 3	模型 4	模型 5	模型 6
内生结构属性	edges	−9.168*** (0.894)	−7.864*** (0.815)	−7.757*** (0.618)	−8.956*** (1.088)	7.763*** (0.640)	−3.373* (1.443)
	gwesp	5.714*** (0.708)	4.310*** (0.667)	2.753*** (0.515)	3.865*** (0.687)	2.475*** (0.511)	2.090*** (0.484)
同配性	CB		1.604*** (0.140)	1.751*** (0.152)	1.665*** (0.147)	1.886*** (0.158)	1.850*** (0.163)
	CD		−0.825*** (0.137)	−0.583*** (0.132)	−0.797*** (0.140)	−0.410** (0.143)	−0.333* (0.145)
节点属性 马太效应	VA			0.005* (0.002)			0.07* (0.003)
	GE			0.080*** (0.005)			0.021*** (0.006)
	RQ			0.027*** (0.005)			0.019*** (0.006)
	BF				−0.015*** (0.04)		−0.005 (0.005)
	MF				−0.003 (0.005)		−0.030*** (0.009)
	JE					0.015*** (0.003)	0.019*** (0.005)
	IP					0.375*** (0.054)	0.385*** (0.060)
	AIC	1 737	1 558	1 461	1 539	1 425	1 383
	BIC	1 748	1 581	1 501	1 573	1 459	1 445

注：括号内为标准差；"***""**""*"和"."分别表示在 0.1%、1%、5%和 10%水平上显著。

表 6-9 考虑外部网络的 ERGM 回归结果

	变量	模型 7	模型 8	模型 9	模型 10	模型 11
内生结构属性	edges	−3.661* (1.483)	−4.034** (1.414)	−5.696*** (1.493)	−5.235*** (1.573)	−6.735*** (1.692)
	gwesp	2.114*** (0.463)	2.507 9*** (0.436)	1.981*** (0.441)	1.790*** (0.423)	1.792*** (0.421)
节点属性	CB	1.851*** (0.173)	1.880*** (0.165)	1.750*** (0.166)	1.470*** (0.177)	1.592*** (0.179)
	CD	−0.324* (0.146)	−0.381** (0.147)	−0.213 (0.148)	−0.094 (0.159)	−0.138 (0.160)
	VA	0.007* (0.003)	0.011*** (0.003)	0.007* (0.003)	0.007* (0.003)	0.010** (0.003)
	GE	0.021*** (0.006)	0.010*** (0.006)	0.023*** (0.006)	0.014* (0.007)	0.020** (0.07)
	RQ	0.019*** (0.006)	0.022*** (0.006)	0.023*** (0.006)	0.017** (0.006)	0.023*** (0.007)
	BF	−0.005 (0.006)	−0.001 (0.006)	−0.001 (0.006)	0.003 (0.006)	0.007 (0.006)
	MF	−0.029** (0.009)	−0.030*** (0.009)	−0.016 (0.010)	−0.019 (0.010).	−0.015 (0.010)
	JE	0.019*** (0.005)	0.020*** (0.005)	0.013* (0.005)	0.009 (0.005).	0.008 (0.006)
	IP	0.363*** (0.063)	0.388*** (0.059)	0.353*** (0.064)	0.381*** (0.068)	0.361*** (0.070)
外部网络属性	Border	1.657*** (0.363)				1.277*** (0.353)
	Language		1.588*** (0.308)			1.481*** (0.307)
	BIT			1.132*** (0.143)		0.632*** (0.161)
	Trade				1.923*** (0.194)	1.563*** (0.201)
	AIC	1 364	1 361	1 318	1 250	1 209
	BIC	1 432	1 429	1 386	1 318	1 294

注：括号内为标准差；"***""**""*"和"."分别表示在 0.1%、1%、5%和 10%水平上显著。

此外,分别对 2010 年、2013 年及 2016 年的数据采用 ERGM 模型进行估计,并且与 2019 年的回归结果进行对比分析发现,内生结构效应中边(edges)的回归系数及内生结构变量的几何加权边分布(GWESP)的系数都在变大,说明随着时间的推移,"一带一路"跨国专利合作网络从稀疏状态变得越来越稠密,专利合作行为逐年增加,并且网络中的传递性效应也在不断增强,各方的集聚程度上升,合作紧密性进一步提高。政治制度因素中政府效能的影响越来越大,其他因素保持稳定的影响状态;经济制度因素对专利合作网络的影响不大;法律制度中的知识产权保护是最重要的制度因素,并且对专利合作网络中合作关系的影响在逐年提升;外部网络影响中地理接壤和共同语言网络对专利合作网络的影响逐年衰减,而投资网络和贸易网络对专利合作网络的影响不断上升,说明"一带一路"跨国专利合作网络正在突破地域和语言的限制,不断地朝着更加专业的方向发展。

6.3.4 模型诊断检验

模型诊断(model diagnostics)能够帮助判断估计算法是否已经收敛还是存在近似退化的问题,模型是否还需要进行相应的修改调整。模型中主要部分的网络结构统计量在最后一次迭代期间所表现出的情况可以通过图 6-4 来观察,图 6-4(a)所示的是 MCMC 的轨迹图,它利用马尔可夫蒙特卡洛链(MCMC)来展示模型的网络结构统计量在不同迭代次数下随时间变化的状态,这是模拟过程中样本统计数据和事实网络之间的差异图。图 6-4(b)所示的是 MCMC 的密度图,也是马尔可夫蒙特卡洛链(MCMC)相对应的分布图。样本统计数据的值应该呈现钟形分布的状态,并且以 0 为中心,这里 0 代表观测网络中对应网络结构统计量的值,因此以 0 为中心则代表与事实网络没有差别,模型中每一个网络结构统计量的图表表现出以 0 为中心的白噪声状态,说明模型达到了稳定收敛的结果。在最终汇总的模型 11 中,可以发现模型中主要部分的网络结构统计量都是以 0 为中心的白噪声状态,因此,MCMC 模型诊断的结果表明模型 11 是一个稳定收敛的模型。

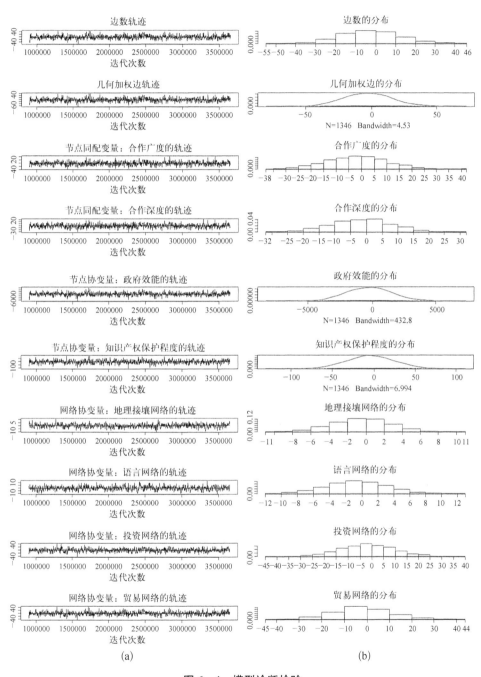

(a) (b)

图 6-4 模型诊断检验

6.3.5 拟合优度分析

为了判断最终模型模拟出来的仿真网络能否解释观测网络的网络统计结构特征,拟合优度分析(goodness-of-fit diagnostics)的操作必不可少。拟合优度分析是基于模型估计得出的指数随机图结果仿真模拟网络的随机图分布,然后对比各项网络结构统计特征是否较好地概况了原始观测网络的结构统计特征,如果网络结构指标分布接近,则说明估计模型较好地解释了原有网络,模型拟合优度高,否则说明拟合优度低。选择 4 个典型的统计量作为比较指标,包括度中心性 D(i)、边共享伙伴 ESP(i)、最短捷径距离 MGD(i)以及模型统计量 MS(i)。图 6-5 展现了最终模型拟合优度分析的情况,其中灰曲线表示 10% 和 90% 分位数,也就是仿真网络在 95% 的置信水平下的测量结果,方框代表来自所研究的观测网络的网络结构统计特征,黑实线代表根据模型结果仿真出来的模拟仿真网络的网络结构统计特征,箱型图代表由拟合模型模拟得到的采样网络特征,当黑实线落在灰曲线之间时,就说明仿真网络能够较好地代表观测网络的结构统计特征[1]。由图 6-5 的展示可以看出,通过综合 4 个指标比较分析,逐渐趋于

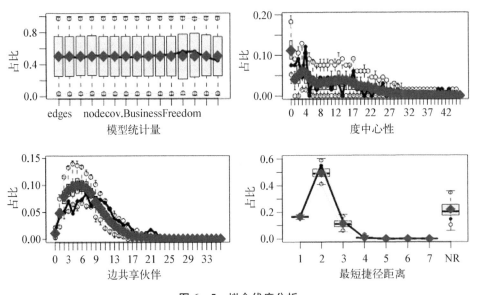

图 6-5 拟合优度分析

---

① 詹宁·K.哈瑞斯.指数随机图模型导论[M].杨冠灿,译.上海:格致出版社、上海人民出版社,2016.

收敛稳定状态,说明模型拟合程度较高,能够较好地还原观测网络统计结果特征,能够进一步发现中国与"一带一路"沿线国家跨国专利合作网络中关系生成的主要影响因素。

6.4　本章小结

从合作数量和稳定性层面看,近年来"一带一路"沿线国家跨国科技合作的发展集中体现在数量和规模上,但目前暂未形成成熟的合作体系,合作的持续期短、稳定性差,合作深度有待提高。地理接近性赋予的本地优势在信息化、全球化的国际环境下已经逐渐减弱,地理距离已不再是是否产生合作的主要因素,但会影响合作的持续性;社会接近性作为影响知识流动的重要因素,在"一带一路"沿线国家科技创新持续性合作中依然举足轻重,相似的社会环境或多或少可增加合作的机会,降低合作终止的风险率,提高创新合作的稳定性;技术结构相似为国家的专利合作带来契机,而跨国专利合作经验的累积和国家专利创新能力的提升均可以降低合作的终止风险;在"一带一路"沿线国家的科技合作中,中国始终作为科技全球化进程的支持者、参与者和引领者,积极实施并推动促进技术转移的举措。对"一带一路"跨国专利合作网络进行影响因素分析发现拥有共同合作伙伴的国家之间更有可能发生合作关系,表明"一带一路"跨国专利合作网络具有传递性;相似合作广度水平的国家间发生专利合作的倾向较大,而对于合作深度高的国家来说并不存在同配倾向,合作关系的达成更多可能是以技术供需或者合作便利性作为首要考虑的依据;政府效能是影响"一带一路"沿线国家进行专利合作的最重要的政治制度因素,经济制度中的商业自由度与货币自由度对跨国专利合作并不具有正向促进作用,影响较小,而法律制度中的知识产权保护是发生专利合作行为最重要的影响因素;地理接壤及使用共同语言的国家会更容易发生专利合作,但影响较小,签订双边投资协定及发生贸易往来的国家之间更容易发生专利合作关系,且对专利合作网络具有明显的正向促进作用。

中国作为"一带一路"跨国专利合作网络中核心主导者,有责任承担起"一带一路"区域制度建设的领导角色。政治制度方面,明确服务型政府的职能方向,提高政策执行质量,激励创新主体创造发明,引导创新活动良性竞争。法律制度方面,需要进一步健全国内的知识产权保护水平,并且统一完善与"一带一路"沿线国家在知识产权保护领域的合作机制及争端解决机制,以此来推动"一带一路"沿线国家专利合作稳健发展。当前世界保护主义趋势上升,为了应对此类局面,中国应当积极发挥引导作用,维护贸易规则,可以进一步降低关税、贸易成本及非关税壁垒等限制国家间贸易往来的因素,增强"一带一路"沿线国家间的贸易合作关系。另外,中国也应当保持良好的外交关系,减少本国经贸的不确定性,提高外资在华企业投资的积极性,加强投资与贸易合作,提升沟通频率,进而促进中国与"一带一路"沿线国家的技术转移与外溢。

第 7 章

中国与"一带一路"沿线国家科技
创新合作的效应分析

  中国与"一带一路"沿线国家科技创新合作网络是一个多层面、多主体与外部环境相互作用和共同进化的复杂系统,主体行为和状态的改变会影响系统整体的特征。系统中不同组织相互作用形成的科技创新合作网络就像一个"知识池",各类信息和知识资源通过技术合作网络在网络成员之间传递,每个网络成员都有机会通过"知识池"获取异质性信息、学习新技术并应用到自身的创新活动[①]。而且随着整体科技创新合作网络的规模扩大,网络内资源和信息的流通效率会不断提升,最终使得整个网络的创新效率提升[②]。当然,由于网络结构的差异,信息和资源在网络成员中的传播途径不同,其传播效率也不同。即便处于同一网络中,具有优势网络位置的成员能够更容易地利用网络中最具价值的信息资源,因而获得更好的创新表现[③]。而且网络国家节点的技术复杂度也会通过国际[④]或是国内[⑤]的市场竞争、"干中学"效应[⑥]、反

[①] 杨毅,党兴华,成泷.技术创新网络分裂断层与知识共享:网络位置和知识权力的调节作用[J/OL].科研管理,2018,39(9):59-67.DOI:10.19571/j.cnki.1000-2995.2018.09.007.

[②] 郑蔚,李溪铭,陈越.跨城市合作创新网络的空间结构及其发展演进:基于福厦泉816组合作专利申请数据的分析[J/OL].华侨大学学报(哲学社会科学版),2019(6):67-76.DOI:10.16067/j.cnki.35-1049/c.2019.06.007.

[③] LIAO Y C, PHAN P H. Internal capabilities, external structural holes network positions, and knowledge creation[J/OL]. The Journal of Technology Transfer, 2016, 41(5): 1148-1167. DOI: 10.1007/s10961-015-9415-x;谢其军,冯楚建,宋伟.合作网络、知识产权能力与区域自主创新程度:一个有调节的中介模型[J/OL].科研管理,2019,40(11):85-94.DOI:10.19571/j.cnki.1000-2995.2019.11.009.

[④] 陈维涛,王永进,毛劲松.出口技术复杂度、劳动力市场分割与中国的人力资本投资[J/OL].管理世界,2014(2):6-20.DOI:10.19744/j.cnki.11-1235/f.2014.02.003.

[⑤] 郭娟娟,李平.出口技术复杂度、偏向型技术进步与经济增长[J/OL].亚太经济,2016(4):116-123.DOI:10.16407/j.cnki.1000-6052.2016.04.018.

[⑥] 陆云航.出口技术复杂度对全要素生产率的影响:跨国经验研究[J/OL].经济学家,2017(4):51-58.DOI:10.16158/j.cnki.51-1312/f.2017.04.008.

向技术溢出[①]及产业关联[②]等机制促进技术创新,进而影响系统整体的经济增长。本章主要关注中国与"一带一路"沿线国家科技创新合作的创新产出和经济增长效应。

7.1 中国与"一带一路"沿线国家科技创新合作的创新产出效应

7.1.1 空间效应的检验

为了验证中国与"一带一路"沿线国家科技创新合作活动在网络层面上的空间相关性,首先引入空间权重矩阵 $W=(w_{ij})_{n \times n}$,该矩阵可以表达 n 个研究对象在空间上的邻近关系,具体形式如下:

$$W = \begin{bmatrix} 0 & w_{12} & \cdots & w_{1n} \\ w_{21} & 0 & \cdots & w_{2n} \\ \vdots & \vdots & \ddots & \vdots \\ w_{n1} & w_{n2} & \cdots & 0 \end{bmatrix} \tag{7.1}$$

式(7.1)中,第 i 行第 j 列元素 w_{ij} 代表研究对象 i 与对象 j 之间的邻近关系,即代表对象 i 与对象 j 在空间上的紧密程度,矩阵中主对角线上的元素都被设定为 0。参考 Huang 等(2020)的做法,从社会网络视角构建和定义空间权重矩阵[③]。对于中国与"一带一路"沿线国家的科技创新合作网络而言,国家节点间的专利合作项数越多,那么两个国家节点间的相互联系强度就越大。于是,得到中国与"一带一路"沿线国家科技创新合作网络的空间权重矩阵 W:

$$w_{ij} = \begin{cases} \dfrac{1}{Y_{ij}} & i \neq j \\ 0 & i = j \end{cases} \tag{7.2}$$

① 王子先.服务贸易新角色:经济增长、技术进步和产业升级的综合性引擎[J/OL].国际贸易,2012(6):47-53.DOI:10.14114/j.cnki.itrade.2012.06.002;ARI VAN ASSCHE, GANGNES B. Electronics Production Upgrading:Is China Exceptional? [J]. IDEAS Working Paper Series from RePEc,2007.
② 原小能,郑洁,王宇宙.生产性服务出口技术复杂度、知识密度与经济增长:基于贸易新动能培育视角[J/OL].云南财经大学学报,2022,38(4):1-15.DOI:10.16537/j.cnki.jynufe.000774.
③ HUANG D, WANG F, ZHU X, et al. Two-mode network autoregressive model for large-scale networks[J/OL]. Journal of Econometrics,2020,216(1):203-219. DOI:10.1016/j.jeconom.2020.01.014.

其中，$\overline{Y_{ij}} = \dfrac{\sum\limits_{t=t_0}^{t_1} Y_{ijt}}{t_1 - t_0 + 1}$ 反映样本期内国家 i 与国家 j 的专利合作产出项数。

在构建空间计量模型之前，需要对数据进行空间相关性检验，本节使用 Moran's I 检验，计算表达式为：

$$\text{Moran's I} = \frac{\sum\limits_{i=1}^{n} \sum\limits_{j=1}^{n} w_{ij}(Y_i - \overline{Y})(Y_j - \overline{Y})}{S^2 \sum\limits_{i=1}^{n} \sum\limits_{j=1}^{n} w_{ij}} \tag{7.3}$$

其中，$S^2 = \dfrac{1}{n} \sum\limits_{i=1}^{n} (Y_i - \overline{Y})^2$，$\overline{Y} = \dfrac{1}{n} \sum\limits_{i=1}^{n} Y_i$，$Y_i$ 是国家 i 的跨国专利合作数量，n 为国家数，w_{ij} 是权重矩阵 W 第 i 行第 j 列的元素。

本节基于中国与"一带一路"沿线国家 2002—2020 年的跨国专利合作数量，计算 Moran's I 指标（见表 7 - 1）。从表中可以看出，所有年份的专利合作数量都通过了 1% 的显著性水平检验，拒绝了没有空间相关性的原假设，表明中国与"一带一路"沿线国家的跨国专利合作具有网络层面的空间相关性。除此之外，所有年份的 Moran's I 检验值都大于 0，意味着国家间的跨国专利合作数量存在正相关关系。

表 7 - 1　中国与"一带一路"沿线国家跨国专利合作的空间相关性

年　份	Moran's I	P-value	年　份	Moran's I	P-value
2002	0.383	0.000	2011	0.115	0.005
2002	0.317	0.000	2012	0.106	0.010
2003	0.315	0.000	2013	0.121	0.003
2004	0.235	0.000	2014	0.096	0.010
2005	0.262	0.000	2015	0.133	0.002
2006	0.150	0.001	2016	0.114	0.007
2007	0.138	0.001	2017	0.127	0.003
2008	0.103	0.004	2018	0.187	0.000
2009	0.122	0.002	2020	0.148	0.002
2010	0.128	0.002			

7.1.2　计量模型的设定与估计

鉴于中国与"一带一路"沿线国家的跨国专利合作项数存在网络层面的空间关联性。同时为了考虑跨国专利合作项数在时间维度上的关联性,本节选择构建空间面板杜宾模型(SDM)。空间面板杜宾模型是空间面板滞后模型和空间面板误差模型的组合扩展形式,同时考虑了解释变量和被解释变量的空间相关性,其设定为:

$$y_{it} = \rho \sum_{j=1}^{N} w_{ij} y_{jt} + x_{it}\beta + \sum_{j=1}^{N} w_{ij} x_{it}\gamma + \mu_i + \varepsilon_{it} \tag{7.4}$$

其中,$\boldsymbol{W} = (w_{ij})$ 是空间权重矩阵,同时反映解释变量和被解释变量的空间相关关系;γ 是空间滞后解释变量的系数列向量。令 $Z = [X, \boldsymbol{W}\bar{X}]$ 和 $\delta = [\beta, \boldsymbol{\gamma}]$,可将式(7.4)转化为空间滞后模型:

$$\begin{aligned} y_{it} &= \rho \sum_{j=1}^{N} w_{ij} y_{jt} + x_{it}\beta + \sum_{j=1}^{N} w_{ij} x_{it}\gamma + \mu_i + \varepsilon_{it} \\ &= \rho Wy + X\beta + \boldsymbol{W}\bar{X}\gamma + \varepsilon \\ &= \rho Wy + Z\boldsymbol{\delta} + \varepsilon \\ &= (I_n - \rho\boldsymbol{W})^{-1}Z\eta + (I_n - \rho\boldsymbol{W})^{-1}\varepsilon, \ \varepsilon \sim N(0, \sigma^2 I_n) \end{aligned} \tag{7.5}$$

假设参数 $\rho = \rho^*$,则可将式(7.5)中数向量 $\boldsymbol{\delta}$ 和误差项方差系数 σ^2 写成 ρ^* 的表达式:

$$\hat{\boldsymbol{\delta}} = (Z'Z)^{-1}Z'(1 - \rho^* W)y \tag{7.6}$$

$$\hat{\sigma}^2 = n^{-1} e(\rho^*)' e(\rho^*), \ e(\rho^*) = y - \rho^* Wy - Z\hat{\boldsymbol{\delta}} \tag{7.7}$$

式(7.5)的对数似然函数为

$$\ln L = -\frac{n}{2}\ln(\pi\sigma^2) + \ln | I_n - \rho\boldsymbol{W} | - \frac{e'e}{2\sigma^2} \tag{7.8}$$

$$e = y - \rho Wy - Z\boldsymbol{\delta}$$

根据式(7.6)和式(7.7),对数似然函数(7.8)可改写为 ρ 的函数:

$$\ln L(\rho) = -\frac{n}{2}\ln[S(\rho)] + \ln | I_n - \rho\boldsymbol{W} | + \kappa \tag{7.9}$$

$$\begin{aligned} S(\rho) &= e(\rho)'e(\rho) = e_0'e_0 - 2\rho e_0'e_d + \rho^2 e_d'e_d \\ e(\rho) &= e_0 - \rho e_d, \ e_0 = y - Z\delta_0, \ e_d = Wy - Z\delta_d \\ \delta_0 &= (Z'Z)^{-1}Z'y, \ \delta_d = (Z'Z)^{-1}Z'Wy \end{aligned} \tag{7.10}$$

其中，κ 是与 ρ 无关的常数项。为了将对数似然函数进行进一步简化，可以使用 ρ 的 $q \times 1$ 阶向量 $\rho_1, \cdots, \rho_q$ 来估计对数似然值，则式(7.9)可进一步化简为：

$$
\begin{pmatrix} \ln L(\boldsymbol{\rho}_1) \\ \ln L(\boldsymbol{\rho}_2) \\ \vdots \\ \ln L(\boldsymbol{\rho}_q) \end{pmatrix} = -\frac{n}{2} \begin{pmatrix} \ln[S(\boldsymbol{\rho}_1)] \\ \ln[S(\boldsymbol{\rho}_2)] \\ \vdots \\ \ln[S(\boldsymbol{\rho}_q)] \end{pmatrix} + \begin{pmatrix} \ln|I_n - \boldsymbol{\rho}_1\boldsymbol{W}| \\ \ln|I_n - \boldsymbol{\rho}_2\boldsymbol{W}| \\ \vdots \\ \ln|I_n - \boldsymbol{\rho}_q\boldsymbol{W}| \end{pmatrix} + \kappa \quad (7.11)
$$

由此确定了极大似然估计值 $\hat{\rho}$ 之后，结合式(7.6)、式(7.7)和式(7.10)就可得到系数向量 $\boldsymbol{\delta}$ 和误差项方差系数 σ^2 的极大似然估计值：

$$
\hat{\boldsymbol{\delta}} = \delta_0 - \hat{\rho}\delta_d \quad (7.12)
$$

$$
\hat{\sigma}^2 = n^{-1}S(\hat{\rho}) \quad (7.13)
$$

7.1.3　变量说明及模型选择

1. 变量说明

为挖掘中国与"一带一路"沿线国家科技创新合作的创新产出效应，本节在构造模型时选择中国与"一带一路"沿线国家的跨国专利合作数量作为被解释变量。Muller 和 Peres(2020)认为，创新网络的结构特征是影响创新增长的关键因素，且节点在网络中的位置会影响其创新产出效应[1]。因此，本节沿用第 5 章的测度结果，选择"国家-技术"双模网络中的度数中心度 degree、接近中心度 closeness 和中间中心度 betweenness 作为核心解释变量。

除了创新网络的结构特征，其他关于创新产出影响因素的研究通常会将创新的外部环境因素作为重要考察因素，具体包括金融环境、市场环境、教育环境等[2]。基于此，本节选择以下与创新外部环境因素相关的变量作为控制变量：

---

[1] MULLER E, PERES R. The effect of social networks structure on innovation performance: A review and directions for research[J/OL]. International Journal of Research in Marketing, 2019, 36(1): 3-19. DOI: 10.1016/j.ijresmar.2018.05.003.

[2] 王鹏,曾坤.创新环境因素对区域创新效率影响的空间计量研究[J].贵州财经大学学报,2015(2): 74-83;张帆.长三角城市群创新环境评价及优化路径研究[D/OL].上海师范大学,(2019)[2023-11-06]. https://kns.cnki.net/kcms2/article/abstract? v = 3uoqIhG8C475KOm _ zrgu4lQARvep2SAkOsSu GHvNoCRcTRpJSuXuqf85hOvUlzaLSEEM3nA3aeABUFXihLV8gdJ1zlGuQw69&-uniplatform=NZKPT.

① 基础设施环境变量,基础设施的完善有助于提升和创新效率[①],本节选用百人中使用互联网的人数(inte)来衡量;② 市场需求环境变量,市场需求可以显著提升创新产出绩效[②],本节选用高新技术产品出口额(expo)来衡量;③ 政治环境变量,考虑到"一带一路"沿线国家之间政治背景及国家稳定性不同,本节选用国家政治稳定程度指标(stab)衡量不同国家的政治环境;④ 要素投入环境变量,R&D支出和科研人员的人数都是改善创新的重要因素[③],本节选用每百万人中科研人员数量(rese)和研发支出占GDP百分比(rnd)来衡量;⑤ 创新技术环境变量,考虑到各国的技术创新能力不同,本节选择中高新技术产业产值(indu)来衡量。控制变量的描述性统计如表7-2所示。

表7-2 控制变量的描述性统计

变量	定 义	Obs	Mean	Std	Min	Max
inte	百人中使用互联网的人数	936	35.302	27.557	0.020	99.653
expo	中高新技术产品占制造业产品出口的比重	936	34.275	21.630	0.010	87.413
stab	国家政治稳定指数	936	−0.282	0.936	−3.181	1.615
rese	百万人中科研人员数量	936	780.820	1 219.082	12.155	7 006.630
rnd	研发支出占GDP的比重	936	14.070	21.279	0.015	66.305
indu	中高新技术产业产值	936	25.458	16.994	0.260	88.037

2. 模型选择

本节首先进行OLS回归,然后基于OLS加回归模型的残差构造LM统计量进行检验,得到的结果如表7-3所示。

---

① TAKMASHEVA I V, ZELINSKAYA A B, BOGOMOLOVA L L. The improvement of the business system of the northern region of russia on the basis of innovative infrastructure development[J/OL]. The Turkish Online Journal of Design, Art and Communication, 2018, MARCH(2018): 428-433. DOI: 10.7456/1080MSE/150.
② 张永安,关永娟.市场需求、创新政策组合与企业创新绩效:企业生命周期视角[J].科技进步与对策,2021,38(1): 87-94.
③ 翁媛媛,高汝熹.科技创新环境的评价指标体系研究:基于上海市创新环境的因子分析[J].中国科技论坛,2009(2): 31-35.

表 7 - 3　LM 检验结果

统　计　量	统　计　值	P-value
Moran's I	3.812***	0.000
LM - Lag	13.273***	0.000
robust LM - Lag	15.142***	0.000
LM - Error	4.285**	0.038
robust LM - Error	6.154***	0.013

　　根据表 7 - 3 结果可知,Moran's I 为 3.812 且通过了 1%水平的显著性检验,说明传统 OLS 回归模型的残差中存在空间相关性,分析时需要进一步考虑数据之间的空间效应,因此需要引入空间计量模型。由于 LM - Lag 和 LM - Error 统计量同样都在 1%的水平下显著,需要进一步比较 robust LM - Lag 和 robust LM - Error 统计量;二者均在 5%的水平下显著,因此本节选择空间面板杜宾模型(SDM)进行分析。

　　空间杜宾模型(SDM)是空间滞后模型和空间误差模型的组合,本节参考 Kelley Pace(2009)做法[1],继续进行 LR 检验,该检验假设空间杜宾模型可以退化成空间滞后模型或空间误差模型。同时为了进一步确定模型是否具有随机效应,又对模型的随机效应和固定效应进行了检验,具体检验结果如表 7 - 4 所示。

表 7 - 4　LR 检验结果

原　假　设	检验方法	统计量值	P-value	检验结果
模型为随机效应模型	Hausman 检验	40.47***	0.001	固定效应模型
空间杜宾模型可以退化为滞后模型	LR 检验	70.85***	0.000	空间杜宾模型
空间杜宾模型可以退化为误差模型	LR 检验	71.36***	0.000	空间杜宾模型

---

① KELLEY PACE R. Performing large spatial regressions and autoregressions[J/OL]. Economics Letters,1997,54(3):283 - 291. DOI:10.1016/S0165 - 1765(97)00026 - 8.

从表 7-4 可以发现,Hausman 检验结果在 1% 的水平下显著,因此模型为固定效应模型。对于空间杜宾模型可以退化为空间滞后模型或空间误差模型的原假设,二者的检验统计量均在 1% 的显著性水平上显著,因此本节选择空间面板杜宾模型,具体形式为:

$$y_{it} = \rho W y_{it} + \beta_1 \text{degree} + \beta_2 \text{betweenness} + \beta_3 \text{closeness} + \beta_4 \text{control}$$
$$+ \gamma_1 W \text{deg} + \gamma_2 W \text{bet} + \gamma_3 W \text{clo} + \gamma_4 W \text{control} + \varepsilon_{it} \qquad (7.14)$$

其中,y_{it} 是中国与"一带一路"沿线国家的跨国专利合作项数,degree 表示度数中心度,betweeness 表示中间中心度,closeness 表示接近中心度,control 表示一系列控制变量,包括百人中使用互联网的人数(inte)、中高新技术产品占制造业产品出口的比重(expo)、百万人中科研人员数量(rese)、研发支出占 GDP 的比重(rnd)、中高新技术产业产值(indu)和国家政治稳定指数(stab),W 为空间权重矩阵。

7.1.4　模型估计及结果解释

1. 网络特征的创新产出效应

表 7-5 给出了针对所有国家构建空间面板杜宾模型后的极大似然估计结果。其中模型 1 基于网络特征变量和创新外部环境变量,模型 2 至模型 11 在模型 1 的基础之上,通过引入显著影响跨国专利合作产出的网络特征变量和创新外部环境变量的交叉变量,来考察网络特征变量对创新外部环境变量的调节作用。表格中的直接影响列反映解释变量对本国创新产出的直接影响;空间滞后项列反映解释变量的空间溢出效应,即解释变量对其邻国被解释变量的影响。

从模型 1 的回归结果可知,在直接影响上,度数中心度和中高新技术产业产值对跨国专利产出的影响并不显著,而中间中心度,接近中心度,创新外部环境变量中的高新技术出口比重、使用互联网的人数、政治稳定指数、研发支出比重和科研人员占比均在不同的显著性水平下影响着跨国专利产出数。对于空间溢出项,只有创新外部环境变量中的政治稳定指数、中高新技术产业产值、研发支出比重和科研人员占比会对跨国专利产出产生显著影响。

核心解释变量,即网络特征变量中,中间中心度(betweenness)和接近中心度(closeness)都在 1% 的水平上显著,且都与国家跨国专利合作产出呈正相关关系。中间中心度衡量了一国在跨国专利合作上的中介作用,未曾产生过联系的国家节点之间、国家节点与技术节点之间需要通过中介国家才能产生合作。

表 7 - 5　空间面板杜宾模型参数估计结果（模型 1 至模型 11）

变量	模型 1 直接影响	模型 1 空间滞后项	模型 2 直接影响	模型 2 空间滞后项	模型 3 直接影响	模型 3 空间滞后项	模型 4 直接影响	模型 4 空间滞后项	模型 5 直接影响	模型 5 空间滞后项	模型 6 直接影响	模型 6 空间滞后项
degree	0.08	0.17	0.09*	0.21	0.07	0.19	0.08	0.18	0.07	0.16	0.12**	0.17
betweenness	0.26***	−0.03	0.09	−0.06	0.14	0.31	0.34***	−0.11	0.10	−0.12	−0.03	0.36
closeness	0.47***	0.11	0.48***	0.16	0.47***	0.12	0.47***	0.11	0.46***	0.09	0.52***	0.09
betweenness×expo			0.33**	0.14								
betweenness×inte					0.14	−0.39						
betweenness×stab							−0.16	0.19				
betweenness×rnd									0.15	0.07		
betweenness×rese											0.44***	−0.40
expo	0.03**	−0.03	0.02	−0.02	0.03**	−0.03	0.03**	−0.02	0.03**	−0.02	0.03**	−0.04
inte	0.10***	0.03	0.09***	0.03	0.09***	0.03	0.10***	0.03	0.10***	0.03	0.09***	0.03
stab	0.05***	0.21***	0.05**	0.21***	0.05***	0.20***	0.05***	0.20***	0.05***	0.21***	0.05***	0.19***
indu	0.03	0.40***	0.04*	0.40***	0.03	0.39***	0.03	0.39***	0.03	0.40***	0.03	0.37***
rnd	0.03***	−0.08***	0.03***	−0.08***	0.03***	−0.08***	0.03***	−0.08***	0.03***	−0.08***	0.02**	−0.08***
rese	0.11***	0.37***	0.11***	0.38***	0.10***	0.37***	0.10***	0.37***	0.11***	0.37***	0.06	0.39***
rho	−0.09*		−0.10*		−0.09*		−0.09		−0.09*		−0.08	
sigma2_e	0.01***		0.01***		0.01***		0.01***		0.01***		0.01***	

177

（续表）

变 量	模型 7		模型 8		模型 9		模型 10		模型 11	
	直接影响	空间滞后项	直接影响	空间滞后项	直接影响	空间滞后项	直接影响	空间滞后项	直接影响	空间滞后项
degree	0.07	0.19	0.04	0.17	0.08	0.17	0.07	0.19	0.07	0.19
betweenness	0.25***	0.00	0.20***	−0.06	0.23***	−0.09	0.26***	0.09	0.26***	0.01
closeness	0.44***	0.17	0.33***	0.10	0.61***	0.11	0.19***	−0.13	0.39***	0.39
closeness×expo	0.05	−0.10								
closeness×inte			0.16***	0.04						
closeness×stab					0.27***	0.02				
closeness×rnd							0.32***	0.29**		
closeness×rese									0.08	−0.32
expo	0.01	0.02	0.03**	−0.03	0.03**	−0.01	0.02	−0.06	0.03**	−0.04
inte	0.10***	0.03	0.03	−0.00	0.10***	0.02	0.09***	0.04	0.10***	0.02
stab	0.05***	0.20***	0.05**	0.18***	0.15***	0.19***	0.04*	0.20***	0.05**	0.19***
indu	0.03	0.40***	0.03	0.37***	0.05*	0.39***	0.04*	0.37***	0.03	0.38***
rnd	0.03***	−0.08***	0.03**	−0.08***	0.03***	−0.07***	−0.09***	−0.19***	0.03***	−0.08***
rese	0.11***	0.37***	0.09***	0.35***	0.07***	0.37***	0.13***	0.38***	0.05	0.53***
rho	−0.09*		−0.09*		−0.09		−0.13***		−0.08	
sigma2_e	0.01***		0.01***		0.01***		0.01***		0.01***	

该变量的直接效应显著说明了当一个国家节点的中介能力越强,那么该国家可以作为枢纽节点帮助更多的国家开展新的跨国专利合作活动,同时又能在这一过程中提升自己的跨国专利合作产出,实现双赢,即"一带一路"倡议视域下,国家之间相互带动,就能够实现互利共赢。接近中心度衡量了一个国家开展新的跨国专利合作(新的合作对象国或新的技术领域)的难易程度,其对本国跨国专利产出数的直接影响效应显著,证明了一国开展跨国专利合作的难度越低,该国的专利合作产出数越多。上述估计结果表明,中国与"一带一路"沿线国家的跨国专利合作网络特征具有显著的创新产出效应。关于控制变量,即创新外部环境变量,在直接效应上,代表基础设施环境变量的百人中使用互联网的人数、代表市场需求环境变量的高新技术产品占制造业产品出口的比重、代表政治环境变量的国家政治稳定指数、代表要素投入环境变量的百万人中科研人员数量和研发支出占 GDP 的比重,都对本国的跨国专利合作产出数量具有正向促进作用。另外,空间滞后项列的解释变量中,政治稳定指数、中高新技术产业产值、研发支出比重和科研人员占比,都存在空间溢出效应,一国的跨国专利合作产出易受到来自合作邻国的上述因素的影响。

模型 2 至模型 6 围绕中间中心度对创新环境变量的交互作用进行,由回归结果可知,中间中心度在代表基础设施环境、政治环境和要素投入环境变量中的研发支出占比对跨国专利合作产出数产生影响的过程中,其调节作用不显著(模型 3、4、5),而中间中心度对代表市场需求环境、要素投入环境变量中的科研人员比重变量的交互作用均正向显著(模型 2、6),代表良好的市场需求环境和科研人员比重会增加中间中心度对跨国专利合作产出的促进作用,扩大专利合作中介国的对跨国专利合作产出的正面影响。

模型 7 至模型 11 围绕接近中心度对创新环境变量的交互作用进行,由回归结果可知,接近中心度在代表市场需求环境和要素投入环境变量中的科研人员比重对跨国专利合作产出数量产生影响的过程中,其调节作用不显著(模型 7、11),而中间中心度对代表基础设施环境和要素投入环境变量中的研发支出占比变量的交互作用均正向显著(模型 8、9、10),代表良好的基础设施环境、政治环境和研发支出占比会增加接近中心度对跨国专利合作产出的促进作用,在低难度的跨国专利合作研发基础之上,进一步提高跨国专利合作产出数。

2. 空间效应分解

由于空间杜宾模型包含了解释变量和被解释变量的滞后项,为了准确体现变量回归系数的解释性作用,还需要分解出变量的直接效应、间接效应和总效应。根据 Kelley Pace(2009)的做法[1]，对空间面板杜宾模型进行偏微分分析，即可得出模型中变量的直接效应、间接效应和总效应。其中直接效应代表某国解释变量对该国被解释变量的平均影响，该影响中包括反馈效应，即某国解释变量对其他国家被解释变量的影响又会反过来影响该国的被解释变量；间接效应代表某国解释变量对其他国家被解释变量的平均影响；总效应是直接效应和间接效应之和，代表某国解释变量对所有国家被解释变量的平均影响。本节模型的空间效应分解结果如表 7-6 所示。

表 7-6　空间面板杜宾模型空间效应分解结果

变　　量	直接影响	空间滞后项	LR_Direct	LR_Indirect	LR_Total
degree	0.08	0.17	0.08	0.16	0.23*
betweenness	0.26***	−0.03	0.26***	−0.05	0.21
closeness	0.47***	0.11	0.47***	0.06	0.54***
expo	0.03**	−0.03	0.03**	−0.03	0.00
inte	0.10***	0.03	0.10***	0.02	0.11**
stab	0.05***	0.21***	0.05***	0.19***	0.23***
indu	0.03	0.40***	0.02	0.36***	0.39***
rnd	0.03***	−0.08***	0.03***	−0.08***	−0.05*
rese	0.11***	0.37***	0.11***	0.33***	0.44***
rho	−0.09*				
sigma2_e	0.01***				

由表 7-6 可以得出以下结论：

（1）关于核心解释变量，即网络特征变量中，中间中心度（betweenness）的直接效应显著，表明一国的中间中心度会给该国的跨国专利合作产出数量带来正向影响。当其他国家想要与新的对象进行跨国专利合作活动时，会考虑选择曾经进行过相关合作的一国作为合作中介，由此提升了该国的专利合作产出数

① KELLEY PACE R. Performing large spatial regressions and autoregressions[J/OL]. Economics Letters, 1997, 54(3): 283-291. DOI: 10.1016/S0165-1765(97)00026-8.

量;接近中心度(closeness)的直接效应同样显著,表明一国的接近中心度对本国在跨国专利合作产出数量的具有促进作用,当一国开展跨国专利合作活动的难度越低,该国进行跨国专利合作的意愿就会越高,由此使得跨国专利合作活动越来越活跃,该国的跨国专利合作产出数量越来越大。

(2) 关于控制变量,即创新外部环境变量中,高新技术产品占制造业产品出口的比重(expo)存在直接效应。一国高新技术产品出口的比重越高,该国的跨国专利合作产出数量越大。高新技术产品更新换代速度很快,为了维持并提高高新技术产品的出口比重,就对产品相关专利存在源源不断的需求,从而推动国内专利产出数量增加;百人中使用互联网的人数(inte)的直接效应显著,该变量在一定程度上代表了一国的基础设施环境,而基础设施环境对开展创新活动有正向影响作用,因此百人中使用互联网的人数越多,该国国内的专利产出数量越大;国家政治稳定指数(stab)的直接效应与间接效应均显著,代表当一国及其经济邻近国的政治稳定指数越高,该国的跨国专利合作产出数量越大,只有当一国的国内政治环境稳定时,跨国专利合作研发才能顺利进行,跨国专利合作国双方的政治越稳定,跨国专利合作产出数量越大;中高新技术产业产值(indu)的间接效应显著,代表一国的中高新技术产业产值会给合作邻国的跨国专利合作产出数量带来正向影响,当前"一带一路"沿线国家中,较多国家为发展中国家,由于中高新技术产业仍然处于发展初期,自身创新能力不强,中高新技术产业发展较好的国家与其进行技术创新合作,可以显著增加其跨国专利合作产出数量;研发支出占 GDP 的比重(rnd)和百万人中科研人员数量(rese)的直接效应与间接效应均显著,代表当一国及其邻国的研发支出占比和科研人员越多,该国的跨国专利合作产出数量越大,对专利合作产出数的促进作用越明显,因此,当跨国专利合作国双方的研发支出占比和科研人员越多,跨国专利合作产出数量越大。

3. 关键国家与非关键国家的对比

表 7-7 给出了分别针对关键国家和非关键国家构建空间面板杜宾模型后的极大似然估计结果。其中模型 12 是基于网络特征变量和创新外部环境变量,模型 13 至模型 17 是在模型 12 的基础之上引入针对所有国家分析时,交叉效应显著的相关交叉项分别针对关键国家与非关键国家来考察这些网络特征变量对创新外部环境变量的调节作用。表格中的直接影响列反映解释变量对创新产出的直接影响。空间滞后项列反映解释变量的空间溢出效应,即解释变量对其邻国被解释变量的影响。

表7-7 关键国家与非关键国家空间杜宾模型参数估计结果(模型12至模型17)

变量	模型12 关键国家 直接影响	模型12 关键国家 空间滞后项	模型12 非关键国家 直接影响	模型12 非关键国家 空间滞后项	模型13 关键国家 直接影响	模型13 关键国家 空间滞后项	模型13 非关键国家 直接影响	模型13 非关键国家 空间滞后项	模型14 关键国家 直接影响	模型14 关键国家 空间滞后项	模型14 非关键国家 直接影响	模型14 非关键国家 空间滞后项
degree	0.59***	0.39	−0.60***	−0.04	0.63***	0.50	−0.60***	−0.04	0.59***	0.38	−0.60***	−0.04
betweenness	−0.08	0.56**	−0.02	0.02	−0.18	0.30	0.04	−0.05	−0.01	0.83	−0.00	−0.08
closeness	1.44***	0.28	0.01	0.12	1.49***	0.35	0.01	0.12	1.44***	0.27	0.01	0.12
betweenness×expo					0.22	1.06	−0.09	0.10				
betweenness×rese									−0.10	−0.31	−0.02	0.11
expo	0.36***	0.43***	−0.02	−0.13**	0.32***	0.35**	−0.02	−0.13**	0.36**	0.43**	−0.02	−0.13**
inte	0.61***	0.47***	0.07***	−0.15***	0.63***	0.48***	0.07***	−0.15***	0.61***	0.46**	0.07***	−0.15***
stab	0.28***	−0.09	−0.02	−0.11**	0.28***	−0.04	−0.02	−0.11**	0.28***	−0.08	−0.02	−0.11**
indu	0.35***	0.24	0.03	−0.17***	0.37***	0.28	0.02	−0.16***	0.35***	0.25	0.02	−0.17***
rnd	0.08*	−0.10	−0.02***	0.01	0.08*	−0.10	−0.02***	0.01	0.08*	−0.09	−0.02**	0.01
rese	0.27***	0.48***	0.05**	0.01	0.28***	−0.41***	0.05**	0.01	0.29***	−0.42**	0.05**	0.00
rho	−0.30***		−0.19***		−0.30***		−0.19***		−0.30***		−0.19***	
sigma2_e	0.01***		0.00***		0.01***		0.00***		0.01***		0.00***	

（续表）

变 量	模型 15 关键国家 直接影响	模型 15 关键国家 空间滞后项	模型 15 非关键国家 直接影响	模型 15 非关键国家 空间滞后项	模型 16 关键国家 直接影响	模型 16 关键国家 空间滞后项	模型 16 非关键国家 直接影响	模型 16 非关键国家 空间滞后项	模型 17 关键国家 直接影响	模型 17 关键国家 空间滞后项	模型 17 非关键国家 直接影响	模型 17 非关键国家 空间滞后项
degree	0.81***	0.37	−0.62***	−0.07	0.55***	0.54*	−0.58***	−0.09	0.63***	0.40	−0.61***	−0.09
betweenness	−0.10	0.75***	−0.04	−0.01	−0.00	1.04***	−0.00	−0.08	−0.06	0.56**	−0.04	−0.07
closeness	1.37***	0.28	−0.10	0.05	1.76***	0.36	0.23**	0.07	1.38***	0.91	0.16**	0.09
closeness×inte	0.49***	−0.11	0.14*	0.07								
closeness×stab					0.95***	0.01	0.35***	0.04				
closeness×rnd									0.13	−0.63	−0.22***	−0.02
expo	0.37**	0.35***	−0.02*	−0.13***	0.30***	0.21*	−0.02	−0.12**	0.35***	0.49***	−0.02	−0.10*
inte	0.21	0.59**	0.01	−0.19***	0.67***	0.46***	0.08**	−0.14***	0.63***	0.57***	0.07***	−0.16***
stab	0.26***	−0.06	−0.02	−0.13***	0.96***	0.00	0.13***	−0.13	0.29***	−0.02	−0.01	−0.12**
indu	0.39***	0.28	0.02	−0.17***	0.48***	0.10	0.03	−0.16***	0.36**	0.22	0.03	−0.15**
rnd	0.09**	−0.09	−0.02***	0.01	0.06	−0.08	−0.02**	0.02	−0.02	0.29	0.07**	0.01
rese	0.26***	−0.39**	0.04**	−0.01	0.23***	−0.42**	0.03	0.02	0.28***	−0.53***	0.05**	−0.02
rho	−0.30***		−0.20***		−0.30***		−0.19**		−0.30***		−0.19***	
sigma2_e	0.01***		0.00***		0.01***		0.00***		0.01***		0.00***	

从模型 12 的回归结果中可以看出,对于网络特征变量,关键国家与非关键国家的主要区别在于:在直接效应上,关键国家的度数中心度对跨国专利合作产出数的正向促进作用显著,而非关键国家的度数中心度对其跨国专利合作产出数存在抑制作用。度数中心度反映了跨国专利合作涉及的技术领域数量,其直接效应的正向促进效应显著说明对于关键国家,曾合作过的技术领域数量能够增加最终的跨国专利产出数,关键国家可以基于在各个领域上广泛开展的跨国合作,进一步提升自身的跨国专利产出数量;而对于非关键国家,在过多技术领域上开展跨国合作可能会分散国家的创新能力,最终减弱自己的跨国专利产出数量。此外,在空间滞后项上,关键国家中间中心度的正向促进作用显著,由于未曾产生过联系的国家间、国家与技术领域之间需要通过中介国家才能相连,说明关键国家作为跨国技术合作中的中介国,能够帮助其他国家开展新的跨国专利合作,提升其他国家的跨国专利合作产出规模,带动"一带一路"沿线其他国家创新发展。对于创新外部环境变量,关键国家与非关键国家的区别主要在于:在空间滞后项上,关键国家的市场需求环境、基础设施环境变量和要素投入环境变量中的科研人员比重变量均能够带动合作国的跨国专利合作产出数,而非关键国家的相关显著变量系数均小于零。从模型 13 到模型 17 的回归结果可以看出,关键国家与非关键国家的主要区别在于:接近中心度和研发投入占比的交叉项在非关键国家的跨国专利合作产出上出现显著抑制作用,原因可能是:当非关键国家提高研发投入时,主要选择投入本国独立研发的相关专利,由此抑制了跨国专利合作产出数。通过上述实证结果表明,中国与"一带一路"沿线国家的跨国专利合作网络中,关键国家比非关键国家在带动合作邻国提升跨国专利合作产出的能力上更突出,即处于网络中心位置的国家比起非中心位置的国家,创新溢出效应更为显著。

7.2 中国与"一带一路"沿线国家科技创新合作的经济增长效应

知识的产出及传播差异是经济增长和发展不平衡的关键因素之一,这样的观点已经司空见惯[①]。知识是生产投入环节中的关键,特别是随着全球化的推

---

① ROMER P M. Endogenous technological change[J/OL]. The Journal of Political Economy, 1990, 98 (5): S71 - S102. DOI: 10.1086/261725; CORRADO C A, HULTEN C R. How do you measure a "Technological Revolution"? [J/OL]. The American Economic Review, 2010, 100(2): 99 - 104. DOI: 10.1257/aer.100.2.99; RICHARD R N. Modern Evolutionary Economics: An Overview[M/OL]. Cambridge: University Press, 2018[2023 - 11 - 07]. https://doi.org/10.1017/9781108661928.

进,知识投入在全球市场竞争中的重要性日益显著[①]。虽然在经济增长理论的发展过程中,众多经济学家早已发现了"知识"这一要素对于经济增长有着不可或缺的重要性,特别是内生增长理论着重于研究知识积累所带来的技术进步对于经济增长的内生影响,而受经济增长理论影响而兴起的区域经济发展理论,则在经济增长问题中引入了对空间效应的研究,更加强调"空间"对于经济发展的解释。事实上,不少地理经济学家已经着手于探索"知识"与"空间"之间的关系。已有观点认为,若某些复杂知识的学习或研究的难度越高,则进入这些领域需要付出更大的经济代价,这通常阻碍了此类知识在经济主体之间的传播[②]。因此,若知识的复杂性越高,则该知识更具有排他性,从而具有更多的经济价值。这意味着,具有较高复杂性的知识由于具有"空间黏性",难以在其原始产出区域之外的区域进行产出或转移,而变得更加重要[③]。知识的复杂性问题自被提出以来,有不少学者将其用于经济增长的实证研究之中,试图阐明其与经济运行模式、经济发展机制之间的关联[④]。而"知识"这一要素对于当前时代背景下的中国而言,无疑是重要的。事实上,在 2008 年金融危机的巨大冲击之后,各国之间发展分化明显,全球经济陷入长期停滞;而中国经济在长达几十年的高速发展期中积累的各种问题也日益凸显,中国发展面临着新形势、新要求、新挑战。为此,2013年 9 月和 10 月,建设"新丝绸之路经济带"和"21 世纪海上丝绸之路"合作倡议被相继提出。此后,"一带一路"倡议在推动沿线各国经济增长,构建平等互惠的新型国际关系的同时,也为高价值、复杂且隐性的知识产出提供了良好的外部支撑。"一带一路"倡议在为沿线各国的科技创新提供源源不断动力的同时,推动了"知识"要素在沿线国家的自由流动和重新组合,使得各国可以充分利用比较

[①] DUNNING J H. Regions, Globalization, and the Knowledge-based Economy [M/OL]. Oxford: University Press, 2002[2023 - 11 - 07]. http://dx.doi.org/10.1093/0199250014.001.0001; DICKEN P. Global Shift Mapping the Changing Contours of the World Economy[M/OL]. 6th ed. New York: Guilford Press, 2011[2023 - 11 - 07]. http://lib.myilibrary.com? id=301813.

[②] SORENSON O, RIVKIN J W, FLEMING L. Complexity, networks and knowledge flow[J/OL]. Research Policy, 2006, 35(7): 994 - 1017. DOI: 10.1016/j.respol.2006.05.002; KOGUT B, ZANDER U. Knowledge of the firm, combinative capabilities, and the replication of technology[J/OL]. Studi Organizzativi, 2009(2). DOI: 10.3280/SO2008 - 002005.

[③] BALLAND P A, RIGBY D. The geography of complex knowledge[J/OL]. Economic Geography, 2017, 93(1): 1 - 23. DOI: 10.1080/00130095.2016.1205947.

[④] ARTHUR W B. Complexity and the economy [J/OL]. Science (American Association for the Advancement of Science), 1999, 284(5411): 107 - 109. DOI: 10.1126/science.284.5411.107; HELBING D, KIRMAN A. Rethinking economics using complexity Theory[J/OL]. SSRN Electronic Journal. DOI: 10.2139/ssrn.2292370.

优势开展技术研发活动,用创新驱动经济发展。本书第 5 章基于中国与"一带一路"科技创新合作的"国家-技术"双模网络,测算了"一带一路"国家节点的"知识"复杂度,本节进一步讨论中国与"一带一路"科技创新合作网络中国家节点的知识复杂度与经济增长之间的关系。

7.2.1　模型设定

1. 基础模型

静态面板数据模型的参数估计形式主要有混合 OLS、固定效应和随机效应三种,本节建立固定效应模型,用于表现未被包括在回归模型中但却与地区变化有关的难以观测的因素,计量模型为:

$$Y_{it} = \alpha + \beta X1_{it} + \gamma X2_{it} + \mu_i + \varepsilon_{it} \qquad (7.15)$$

其中,i 表示国家,t 表示年份,β 为解释变量的回归系数,γ 为各控制变量的回归系数,μ_i 为地区固定效应,ε_{it} 为随机扰动项。

2. 分位数模型

考虑到均值模型在被解释变量 Y 分布的上、下尾处可能出现较大的估计偏差[1]。为了全面反映被解释变量的相关信息,更好地分析国家节点的复杂度特征与经济发展间的关系,本节建立如下模型:

$$Q_\tau(Y_{it}) = \alpha_\tau + \beta_\tau X1_{it} + \gamma_\tau X2_{it} + \mu_i + \varepsilon_{it} \qquad (7.16)$$

其中,$Q_\tau(Y_{it})$ 为被解释变量的 τ 分位数,β_τ 为解释变量的 τ 分位数回归系数,γ_τ 为各控制变量的 τ 分位数回归系数,其余解释同式(7.15)。

7.2.2　数据说明及描述统计

本节的被解释变量和其他控制变量数据来源于世界银行世界发展指标(WDI)数据集和 CSMAR 数据库中的"一带一路"数据库,核心解释变量为第 5 章计算出的国家节点的复杂度指标(GPYC)。

本节将各国人均 GDP 作为被解释变量,并取对数衡量经济发展水平;控

---

① 王娜著.面板数据分位数回归及其经济应用[M].北京:中国社会科学出版社,2021.

制变量则参考相关研究[①],选取森林覆盖率(FAR)、劳动参与率(LFPR)、人口密度(PD)、失业率(UR)和城市化率(UPR)分别用于表示国家的环境情况、劳动力情况、规模情况、失业情况和城市发展情况。各变量具体情况如表 7 - 8 所示。

表 7 - 8 变量说明

简 称	变量含义	解释意义	属 性
PGDP	人均 GDP	经济发展水平	被解释变量
GPYC	国家节点的复杂度指数	技术创新能力	核心解释变量
FAR	森林覆盖率	环境情况	控制变量
LFPR	劳动参与率	劳动力情况	控制变量
PD	人口密度	规模情况	控制变量
UR	失业率	失业情况	控制变量
UPR	城市化率	城市发展情况	控制变量

本节针对实证所用数据进行描述统计分析(见表 7 - 9)。根据表中结果,人均 GDP 值取对数后,呈瘦尾分布,国家层面的 GPYC 均值为 0,呈略左偏的厚尾分布;森林覆盖率最高达 75.5%,整体呈现略右偏的瘦尾分布;劳动参与率、人口规模取对数和城市化率也均呈略右偏的瘦尾分布;失业率呈右偏分布。

表 7 - 9 描述统计表

变 量	Min	Max	Avg.	q10	q25	q50	q75	q90	Std.	Skew.	Kurt.
LnPGDP	4.935	11.461	8.316	6.572	7.301	8.332	9.274	10.038	1.315	−0.040	−0.616
GPYC	−6.900	5.693	0.000	−0.934	−0.410	0.000	0.453	0.854	0.928	−0.874	8.537
FAR	0.000	0.755	0.259	0.010	0.051	0.236	0.411	0.588	0.218	0.482	−0.908

[①] 张美云.丝绸之路经济带经济复杂度及其影响因素[J/OL].经济经纬,2017,34(4):81 - 85.DOI:10.15931/j.cnki.1006 - 1096.2017.04.014.;冉征,郑江淮.创新能力与地区经济高质量发展:基于技术差异视角的分析[J/OL].上海经济研究,2021(4):84 - 99.DOI:10.19626/j.cnki.cn31 - 1163/f.2021.04.007.

变　量	Min	Max	Avg.	q10	q25	q50	q75	q90	Std.	Skew.	Kurt.
LFPR	0.363	0.879	0.593	0.445	0.516	0.590	0.665	0.735	0.110	0.294	−0.321
LnPD	0.188	3.906	1.955	1.253	1.698	1.930	2.133	2.615	0.570	0.236	1.976
UR	0.001	0.373	0.081	0.015	0.038	0.066	0.111	0.164	0.063	1.543	3.029
UPR	0.134	1.000	0.567	0.273	0.399	0.562	0.720	0.863	0.213	0.052	−0.749

注：q10，q25，q50，q75，q90 分别为 10，25，50，75，90 分位点。

7.2.3　模型估计及结果解释

1. 基准回归

建立固定效应面板分位数回归模型，以期能够更好地发现在条件分布的不同位置上技术复杂度指数的影响方向、大小及趋势情况。进一步，选择 5 个具有代表性的分位点分别为 10％、25％、50％、75％、90％，为减少极端值的影响，利用马尔科夫链蒙特卡洛方法（MCMC）估计结果，并设置种子数为 1 000（下文同）。基准回归结果如表 7-10 所示。

表 7-10　基准回归结果

变　量	普　通	q10	q25	q50	q75	q90
GPYC	0.009 (0.012)	0.040*** (0.000)	0.007 (0.006)	0.011 (0.007)	0.007*** (0.002)	0.029** (0.012)
FAR	0.761 (0.827)	1.194*** (0.002)	1.145*** (0.040)	1.841*** (0.077)	0.996*** (0.022)	1.300*** (0.085)
LFPR	−4.096*** (0.489)	0.336*** (0.006)	1.006*** (0.075)	−2.456*** (0.518)	0.590*** (0.024)	1.470*** (0.167)
LnPD	1.944*** (0.211)	0.225*** (0.001)	0.081*** (0.007)	−0.011 (0.039)	−0.028*** (0.006)	0.071*** (0.020)
UR	−5.743*** (0.463)	−4.176*** (0.004)	−2.063*** (0.061)	−3.212*** (0.634)	−3.050*** (0.134)	−3.455*** (0.250)

（续表）

变 量	普 通	q10	q25	q50	q75	q90
UPR	9.365*** (0.461)	5.291*** (0.003)	5.046*** (0.049)	4.982*** (0.107)	4.869*** (0.010)	3.848*** (0.028)
_cons	1.899***					
	(0.456)					
R-squared	0.475					

注："*""**""***"分别表示系数在 10%、5%、1%的显著性水平下显著,括号中的数字为估计系数的标准误。

根据普通面板回归结果分析,GPYC 对经济发展水平有正向影响,但显著性不佳,说明了国家节点的技术复杂度在全局对经济影响的线性关系较弱,由于其厚尾分布的特点,在分位数回归中其显著性有了明显改善;从控制变量看,森林面积(FAR)、人口密度(PD)、城市人口(UPR)对经济发展呈正向影响,而劳动力参与率(LFPR)、失业人口(UR)对经济发展呈负向影响。

根据面板分位数回归结果分析,系数大多都是显著的,且随着人均 GDP 的增长在条件分布的不同位置而发生变动,技术复杂度的弹性系数表现出一定的变化规律。从回归系数的正负和大小来看,面板分位数回归与固定效应普通面板回归的结果基本一致。但仔细比较两种模型的系数,也略有不同:在中位数模型中,GPYC 的系数值略高于条件均值模型中的系数,这意味着对于总体中的多数人来说,GPYC 对人均 GDP 的贡献或许更高。以相似的视角看控制变量,环境对经济的影响比普通面板显示的效应更大;劳动参与率对经济仍呈现负向影响,但并未显示出如普通面板一般的高数值;人口规模对经济发展有轻微的负向作用,但由于其不显著,参考价值不大;失业率的表现与劳动参与率的表现基本一致;城市化水平也对经济发展呈显著正向影响,但数值较普通面板回归模型低。不难发现,在本节数据中,条件中位数的效应与条件均值的效应有不一致之处,其系数表现更为温和。接下来,则继续关注其他分位点上的系数情况,以展现条件分布模型的整体行为。

技术复杂度指数(GPYC)在各个分位点的走势呈现两边高、中间低的"W型",最高点出现在 10 分位点,次高点出现在 90 分位点,25 分位点和 75 分位点则在较低水平,但仍对经济发展起到正向作用,这说明在经济发展水平较低的国家,技术创新、技术进步能够为国家经济带来较大的改善,当经济水平达到一定位置时,技术发展对经济的影响便不再那么显著,但适当的技术创新仍能够促进其经济发展;而经济发展水平较高的国家,其自身技术完备发达,若能借此产生质的突破,则能助力国家经济水平更上一层楼。

森林覆盖率(FAR)在各分位点上的趋势呈中间高、两边低的"W型",但与GPYC不同,它是在50分位点时达到峰值,最低值出现在75分位点,但系数也接近1,这说明环境因素是经济发展过程中至关重要的一个外在因素,每增加一个单位的森林覆盖率,就能贡献多于1个单位的人均GDP增长,尤其对于经济水平中等层次的国家而言,这一指标显得更加突出。劳动参与率(LFPR)在各分位点上呈现"升-降-升"的三折态,最高点出现在90分位点,而最低点出现在50分位点,且呈负值,这说明处在中下游经济水平的国家,需要更多的劳动力来创造国家经济,而处在中游经济水平的国家则易遇到瓶颈期,劳动甚至带来经济负增长,但随着经济水平不断上升后,劳动对经济的影响又逐渐增大。人口密度(PD)在各分位点上呈现"偏U型",除在10分位点上对经济的影响单位影响超过2以外,其他分位点系数值均低于1,甚至在50和75分位点上呈负值,这说明低收入国家更需要扩大规模来增长经济,而当经济达到中高水平时,国家规模就对经济发展产生了负向效应,因此国家应当根据自身经济发展水平,合理制定生育政策,控制人口规模。失业率(UR)在各分位点上呈现"偏M型",且均为显著负相关,这一结果表明,在经济欠发达和经济较发达的地区,经济情况更易受失业率的影响,各系数的最大绝对值超过4这一高值,最小的绝对值也超过2,可见失业率提升将对国家发展造成严重影响,因此,国家应当重视就业形势,为国民提供更多的就业机会。城市化率(UPR)的系数值则是随分位点升高而不断下降,在经济发展水平较低位的10分位点,通常其城市化率也较低,因此,提高城市化水平有助于大幅提高国家经济水平(系数值达到5.3),而随着人均GDP的分位点上升,经济较发达地区对城市化水平不再像低分位点那样敏感,尤其在90分位点时,系数值从4.9骤降到3.8,故经济欠发达国家更应着力提高城市化率,保障国家人才生活满意度。

由于"一带一路"倡议是在2013年提出的,在上文的介绍中也不难看出,自该倡议提出后,各国在技术复杂度上的确产生了变化。故本节以2013年为界,进一步引入时间虚拟变量TIME,2013年及以前的年份为0,2014年及以后的年份为 1,来控制 2013 年政策提出之后的时间效应,观测倡议提出前后的技术对经济发展影响的变化情况,结果如表 7－11 所示。根据数据结果,TIME 大多为显著,加入 TIME 后的其他变量也都呈现出了较好的显著性。主要变化是:GPYC 和 LnPD 在 50 分位点由不显著变为显著,且 GPYC 系数为负值,这说明,在 2013 年政策提出后,虽然技术、环境、人口等因素都对经济有着明显的影响效果,在中低分位点上,技术复杂度反而对经济发展呈负向影响,这说明政策提出后,获利最大的仍是经济发展水平较好的国家,发展水平中下的国家对将技术创新转换为经济活力的能力仍有所欠缺。

表 7－11　控制时间效应的回归结果

变　量	普　通	q10	q25	q50	q75	q90
GPYC	0.008 (0.012)	0.001 (0.004)	−0.001 (0.001)	−0.018*** (0.001)	−0.005 (0.003)	0.016** (0.007)
FAR	0.919 (0.817)	0.819*** (0.044)	0.909*** (0.011)	1.030*** (0.009)	1.323*** (0.028)	1.023*** (0.043)
LFPR	−4.074*** (0.482)	1.148*** (0.110)	0.930*** (0.024)	−0.325*** (0.031)	0.358*** (0.050)	2.362*** (0.082)
LnPD	1.588*** (0.217)	0.378*** (0.013)	0.194*** (0.002)	0.065*** (0.002)	−0.167*** (0.006)	0.122*** (0.005)
UR	−5.004*** (0.474)	−2.544*** (0.150)	−1.339*** (0.033)	−2.038*** (0.024)	−2.292*** (0.058)	−2.574*** (0.060)
UPR	8.100*** (0.502)	4.815*** (0.023)	5.046*** (0.006)	5.394*** (0.005)	4.964*** (0.020)	3.537*** (0.035)
TIME	0.170*** (0.029)	0.593*** (0.035)	0.611*** (0.006)	0.408*** (0.005)	0.184*** (0.009)	0.109*** (0.009)
_cons	3.142*** (0.497)					
R-squared	0.489					

注:"＊""＊＊""＊＊＊"分别表示系数在 10％、5％、1％的显著性水平下显著,括号中的数字为估计系数的标准误。

2. 稳健性检验

为了防止国家间差距较大造成分布不均衡问题,本节参照李明等(2018)[①]的研究,选取子样本的方法进行稳健性检验。将各国按照其三位代码简称升序排列,自1号开始,每隔13个国家则剔除掉一个国家,最终剔除掉排序号为1、14、27、40、53这5个国家,分别是阿富汗(AFG)、捷克(CZE)、吉尔吉斯斯坦(KGZ)、蒙古(MNG)、塞尔维亚(RSB)。然后再对该子样本进行固定效应普通面板回归和面板分位数回归,如表7-12所示。

表 7 - 12　稳健性检验

变　量	普　通	q10	q25	q50	q75	q90
GPYC	0.004 (0.012)	0.011 (0.012)	−0.003* (0.002)	−0.029*** (0.003)	0.009 (0.006)	0.067*** (0.006)
FAR	0.242 (0.840)	1.470*** (0.099)	1.029*** (0.014)	1.059*** (0.017)	0.975*** (0.082)	1.185*** (0.020)
LFPR	−3.735*** (0.503)	0.156 (0.148)	1.165*** (0.025)	−0.671*** (0.064)	0.894*** (0.204)	1.806*** (0.035)
LnPD	1.801*** (0.217)	−0.064** (0.025)	−0.160*** (0.008)	−0.240*** (0.010)	−0.180*** (0.011)	0.113*** (0.004)
UR	−5.997*** (0.482)	−6.939*** (0.588)	−2.018*** (0.041)	−3.324*** (0.080)	−2.551*** (0.098)	−2.677*** (0.056)
UPR	9.206*** (0.470)	5.484*** (0.027)	5.257*** (0.007)	5.087*** (0.017)	4.724*** (0.040)	3.421*** (0.019)
_cons	2.146*** (0.471)					
R-squared	0.469					

注:"*""**""***"分别表示系数在10%、5%、1%的显著性水平下显著,括号中的数字为估计系数的标准误。

根据表7-12中的结果,普通面板回归的系数较全样本数据完全没有差异,系数大小也基本没有过大的变化。分位数回归结果同样表现良好,仅有极个别

---

① 李明,李德刚,冯强.中国减税的经济效应评估:基于所得税分享改革"准自然试验"[J].经济研究,2018,53(07):121-135.

较小的系数值产生了符号上的变化,但因其数值很小,也不对整体造成过多影响。解释变量 GPYC 呈"U 型",变化反应在 50 分位点上;森林覆盖率在各分位点之间的走势实际与全样本相同,只是在 50 分位点上有了明显的缩减;而劳动参与率、人口规模、失业率和城市化率则均完美复现了全样本数据的趋势结果。因此,整体来看,本节选择的模型具有较高的稳健性,也适合继续使用该模型进行下一步分析。

3. 内生性检验

根据内生增长理论中提到的技术内生和复杂经济学理论中提到的因果循环,本节认为该模型中可能存在内生性问题,因此,考虑使用解释变量滞后一期作为工具变量来剔除遗漏解释变量所带来的内生性问题,检验结果如表 7 - 13 所示。可以看出,剔除内生性问题后,解释变量的回归系数显著性较之前明显增强,且在 75 和 90 这两个较高分位点上的系数值有所提高,说明了 GPYC 对经济发展的正向作用尤其是在高分位点国家的正向作用更加凸显。这证明了工具变量是有效的。

表 7 - 13　内生性检验

变　量	q10	q25	q50	q75	q90
GPYC	0.036*** (0.002)	−0.002 (0.009)	0.009*** (0.002)	0.020*** (0.002)	0.034*** (0.004)
FAR	1.148*** (0.002)	1.076*** (0.045)	1.184*** (0.006)	1.215*** (0.018)	1.169*** (0.015)
LFPR	0.382*** (0.017)	1.833*** (0.085)	−0.266*** (0.04)	0.069 (0.078)	1.807*** (0.053)
LnPD	0.212*** (0.001)	0.038** (0.017)	0.046*** (0.004)	−0.018** (0.007)	0.123*** (0.004)
UR	−4.109*** (0.006)	−1.620*** (0.148)	−2.352*** (0.040)	−2.592*** (0.071)	−3.064*** (0.053)
UPR	5.293*** (0.003)	5.211*** (0.046)	5.111*** (0.003)	4.715*** (0.034)	3.821*** (0.024)

注:"*""**""***"分别表示系数在 10%、5%、1%的显著性水平下显著,括号中的数字为估计系数的标准误。

4. 区域异质性讨论

本节根据 CSMAR 数据库中"一带一路"区域划分标准,将 65 个国家分为东亚、东南亚、西亚北非、南亚、中亚和中东欧 6 大区域。对上述 6 个区域的人均 GDP 和 GPYC 值做基本情况分析,由于年份较多,表仅展示了其中 5 年的数据,表 7 - 14 展示了 GPYC 平均排名的完整年份情况。从各区域人均 GDP 总量占"一带一路"全部国家的人均 GDP 总量来看,西亚北非以 46.652% 位居总区域第一,其次是中东欧,这与其区域内国家数量较多有很大关系,东亚和中亚区域内国家较少,区域人均 GDP 总量占比仅在 2% 左右。再看各区域内的国家人均 GDP 占"一带一路"全部国家的人均 GDP 的平均值,东亚各国的平均占比呈上升态,2000 年时其平均占比仅有 0.268%,但在 2020 年已达到 1.019%,这说明东亚 2 国近年来经济水平上不断向好发展;东南亚各国的平均占比比较稳定,一般都在 1.5% 到 1.6% 之间浮动;西亚北非各国的平均占比是各区域内最高的,历年均超过 2%,甚至在 2000 年时达到 2.932%,但近几年比例不断下降,说明其经济形势有一定下滑;南亚各国和中亚各国的平均占比都较低,但有增长的趋势,在 2015 年时占比较高,2020 年又有少量回落;中东欧各国的平均占比与东南亚较相似,整体水平较高且较稳定,大多在 1.5% 左右,说明其经济情况在"一带一路"国家中较为繁荣。对于人均 GDP 的区域平均增速来说,各区域呈现出相同的趋势,即 2005 年、2010 年,人均 GDP 均为正增长,且增长率较高,比如东亚在 2010 年的平均增速达到 25.466%,西亚北非在 2005 年的平均增速达到 19.805%;但 2015 年、2020 年,人均 GDP 则呈现或多或少的负增长,比如东南亚和中东欧在 2015 年的平均增速分别为 -6.988% 和 -15.964%,南亚在 2020 年的平均增速为 -10.169。各区域历年的平均增速均呈正值,均在 5% 以上。GPYC 值和排名在前章节已经做过详尽介绍,这里分区域进行描述。东亚的 GPYC 平均排名呈上升趋势,从最初的倒数几位,经过起起伏伏,到 2020 年上升到了 12 位,其平均值也由负转正,可见东亚的技术发展在这 20 年间是突飞猛进的,但整体的排名仍处于末位。东南亚的 GPYC 值除在 2010 年呈负值且排名在中游外,其余年份均为正值且排名均在 20 位左右,21 年的平均排名也是在 6 大区域首位,处在各区域技术创新发展的前列;西亚北非的 GPYC 平均值在 0 左右,虽大多呈负值,但其平均排名略有上升的趋势;南亚的平均表现有从上游退步到中游的趋势,这在表 7 - 14 中也有比较清晰的展示,其整体平均排名为 33.381,处在倒数第二;中亚的 GPYC 平均值较低,除 2015 年外均为负值,整体的平均值-0.085,仅优于东亚,排在倒数第二,但近几年表现明显进步;中东欧的 GPYC 值仅从展示出的几个年份来看较弱,但实际其历年的平均值和平均排名均是仅次于东南亚,排在 6 大区域第二位,实力强劲。

表 7 - 14　区域基本情况

区域	年份	PGDP 合计占比	PGDP 平均占比	PGDP 平均增速	GPYC 平均值	GPYC 平均排名
东亚 2 国	2000	0.536%	0.268%	/	-1.406	62.000
	2005	0.655%	0.327%	20.986%	-0.227	33.500
	2010	1.133%	0.566%	25.466%	-0.884	37.000
	2015	1.841%	0.921%	-0.010%	0.870	24.000
	2020	2.039%	1.019%	-1.354%	0.251	12.000
	平均	1.190%	0.595%	12.209%	-0.345	37.167
东南亚 11 国	2000	19.216%	1.747%	/	0.398	20.091
	2005	16.166%	1.470%	17.471%	0.405	23.455
	2010	17.192%	1.563%	18.835%	-0.079	37.000
	2015	17.264%	1.569%	-6.988%	0.444	23.636
	2020	17.216%	1.565%	-6.089%	0.261	17.909
	平均	17.053%	1.550%	8.260%	0.105	30.961
西亚 北非 19 国	2000	55.711%	2.932%	/	-0.098	34.789
	2005	49.988%	2.631%	19.805%	-0.094	32.211
	2010	45.275%	2.383%	10.667%	-0.231	40.579
	2015	44.619%	2.348%	-12.040%	-0.023	28.842
	2020	38.631%	2.033%	-8.292%	0.215	18.158
	平均	46.652%	2.455%	5.468%	-0.032	32.862
南亚 8 国	2000	2.380%	0.297%	/	0.605	18.750
	2005	1.977%	0.247%	9.461%	1.231	11.500

（续表）

区域	年份	PGDP 合计占比	PGDP 平均占比	PGDP 平均增速	GPYC 平均值	GPYC 平均排名
南亚 8国	2010	2.574%	0.322%	17.438%	−0.268	39.250
	2015	3.303%	0.413%	3.906%	−0.029	32.750
	2020	2.991%	0.374%	−10.169%	0.046	18.500
	平均	2.602%	0.325%	6.790%	−0.002	33.381
中亚 5国	2000	1.173%	0.235%	/	−0.377	41.000
	2005	1.804%	0.361%	16.739%	−0.642	47.400
	2010	2.622%	0.524%	12.719%	−0.525	37.000
	2015	3.299%	0.660%	−11.209%	0.369	26.400
	2020	3.056%	0.611%	−2.117%	−0.457	33.000
	平均	2.418%	0.484%	9.984%	−0.085	32.914
中东欧 20国	2000	20.984%	1.049%	/	−0.133	35.300
	2005	29.411%	1.471%	16.307%	−0.442	43.200
	2010	31.205%	1.560%	2.150%	0.590	19.550
	2015	29.674%	1.484%	−15.964%	−0.390	44.000
	2020	36.067%	1.803%	−1.538%	−0.277	39.950
	平均	30.086%	1.504%	9.184%	0.029	31.343

综上，各个区域都表现出不同的经济水平和技术水平，且通常 GPYC 表现较好的区域，在经济上也展现出同质的发展路径。因此，进一步探究各区域内技术复杂度对经济的发展，总结其异质性，是非常有必要的。

本节针对上述 6 大区域，分别对其进行固定效应普通面板回归和分位数回归（见表 7-15）。整体来看，GPYC 在普通面板回归中常呈现不显著，但是在分位数回归中却大多显著，这也证明了本节选择该方法的正确性。在 6 大区域中，东亚的回归结果是最不理想的，各区域在 90 分位数上更易出现异常结果，但总体来说，本节的回归结果展现出了区域差异化结果，是具有研究价值的。接下来,本节从横向和纵向两个角度分别展开介绍。横向来看,东亚在普通面板回归中表现良好,拟合优度达 0.972;在分位数回归中,其 75 和 90 分位点上的数据均不显著,也侧面反映出东亚经济水平较弱;GPYC 仅在 25 分位点对人均 GDP 呈显著的负向影响;环境对经济的负向影响系数值很高,这与前文的整体回归结果有较大不同,说明东亚的森林覆盖率越高对经济发展中下游水平的国家来说是越不利的;城市化率是在各个变量中显著性最好的,应大力发展城市化进程。东南亚在普通面板回归中的拟合优度为 0.765;在分位数回归中,GPYC 在 10 和 50 分位点显著,且均为正效应;各变量在 25 分位点上大多不显著,表现不佳;失业率除在 10 分位点对经济发展呈正相关外,其他分位点上均为显著负相关,尤其在 25 分位点的系数值达 −48.741;城市化率对经济的影响力度则随分位点升高而下降,与前文全域的研究结果一致。西亚北非在普通面板回归中的拟合优度一般,但其在各模型中的显著性情况均非常突出,变化趋势也非常明显;GPYC 在 10 和 25 分位点,而在 50 和 90 分位点则验证了本节提出的研究假说 H1b,拒绝了 H1a;GPYC、森林覆盖率和人口规模在各分位点均呈"U 型",而劳动参与率和失业率均呈"倒 U 型",城市化水平则呈"W 型",这说明其区域内经济水平较低的国家应当重视技术、环境和城市发展,降低失业率,在较高水平的国家应当大力提高劳动参与率,同时控制技术、人口和失业情况。南亚在普通面板回归中的拟合优度达为 0.838,在 10 和 90 分位点上的数据大多不显著,不具有分析意义;GPYC 在普通面板和 75 分位点上均对经济呈负向影响;人口、城市化水平均对经济有显著的促进效果;而森林覆盖率和失业率在普通面板回归中均呈显著负向影响,但在各个分位数回归中却呈显著的正向影响,这说明全数据的回归会掩盖区域内各国经济水平不同造成的差异。中亚在普通面板回归中的拟合优度达为 0.786,在各分位点的回归中也均显著,且标准误极低、系数具有明显的规律;GPYC 在各分位点呈"三折态",且均为正效应,且在 10 分位点达到最大值,说明中亚经济水平较低的国家更应发展技术;环境、失业和城市化水平均呈"偏 U 型",在 75 分位点达到最低值,说明经济水平较低的国家更应重视环境发展和城市化,而在经济水平较高的国家更应为国民提供就业机会,减少失业率,这也与劳动参与率呈"偏倒 U 型"相契合;人口规模在普通面板回归中为正效应,但在各分位点上却呈系数逐渐递减的负效应,说明其应合理控制国家人口数量。中东欧在普通面板回归中的拟合优度一般,但分位数回归趋势较佳;GPYC 对经济发展具有显著的正效应,说明中东欧区域的技术创新具有较高的发展潜质;环境、人口、城市化的系数均为递减态,且是正值,说明经济水平较低的国家更应重视这几点的发展情况;劳动参与率和失业率呈波动态,但幅度不大,处在经济发展中等层次的国家,提供更多的就业就会更有助于国家经济发展。纵向比较,在普通面板回归模型中仅南亚和中东欧的 GPYC 是显著的,从符号来看,南亚的技术复杂度对经济发展有负向影响,而中东欧的技术复杂度对经济发展有正向影响。环境对经济影响最大的国家是西亚北非,系数值高达 40.202。东南亚和中亚的各变量系数值都较大,其中东南亚的劳动参与率对经济呈负向影响,而中亚的劳动参与率则呈正向影响,这两个区域的人口规模对经济的影响程度则恰相反。除西亚北非外,其他区域均应着重增加就业机会、降低失业率。城市化水平对经济发展有显著的推动作用,尤其对于整体发展情况较落后的东亚和南亚来说,更应为乡村人口提供更多在城市生活、就业的机会。

表 7 - 15   分区域回归结果

区域	变量	普通	q10	q25	q50	q75	q90
东亚 2 国	GPYC	0.007 (0.016)	0.009 (0.021)	−0.014*** (0.000)	−0.066 (0.061)	19.763 (27.703)	−1.991 (3.372)
	FAR	−34.638*** (9.222)	0.267 (32.767)	−42.127*** (0.031)	−73.401* (39.120)	6 234.504 (8 288.719)	478.598 (611.611)
	LFPR	−6.490 (4.710)	17.006 (21.596)	−10.421*** (0.022)	−26.558 (22.248)	960.136 (1 158.166)	33.469 (274.356)
	LnPD	3.725 (2.363)	0.619 (3.104)	4.600*** (0.003)	7.388** (3.536)	−493.930 (651.064)	−37.701 (46.724)
	UR	−10.486** (4.061)	8.799 (18.088)	−12.798*** (0.029)	−16.844 (11.874)	−626.771 (2062.500)	−554.952 (3 135.403)
	UPR	13.835*** (2.449)	14.670*** (1.885)	13.062*** (0.004)	11.987*** (2.853)	−504.159 (817.504)	−18.515 (77.784)
	_cons	5.649* (3.117)					
	R-squared	0.972					

（续表）

区域	变量	普通	q10	q25	q50	q75	q90
东南亚11国	GPYC	0.018 (0.020)	0.015 *** (0.005)	0.042 (0.033)	0.005 * (0.003)	0.002 (0.002)	−0.009 (0.043)
	FAR	0.639 (1.022)	−3.309 *** (0.243)	9.178 (5.640)	−0.973 *** (0.044)	0.512 *** (0.056)	1.988 *** (0.305)
	LFPR	−7.990 *** (1.197)	6.772 *** (0.285)	−9.495 (7.171)	2.494 *** (0.047)	0.952 *** (0.101)	−6.716 *** (2.560)
	LnPD	9.676 *** (0.846)	−1.565 *** (0.097)	1.851 (1.344)	−0.491 *** (0.013)	−0.386 *** (0.020)	0.032 (0.196)
	UR	−19.988 *** (3.119)	8.038 *** (0.418)	−48.741 * (25.584)	−6.523 *** (0.182)	−3.706 *** (0.138)	−30.403 ** (12.749)
	UPR	2.868 *** (0.909)	8.889 *** (0.184)	7.473 *** (0.394)	6.529 *** (0.019)	6.176 *** (0.033)	5.282 *** (0.463)
	_cons	−8.537 *** (1.871)					
	R-squared	0.765					
西亚北非19国	GPYC	−0.010 (0.022)	0.179 *** (0.013)	0.004 * (0.002)	−0.025 *** (0.001)	−0.004 (0.003)	−0.025 *** (0.010)
	FAR	40.202 *** (8.376)	0.378 *** (0.042)	−0.078 *** (0.017)	−0.156 *** (0.020)	0.025 (0.171)	0.605 *** (0.163)
	LFPR	−2.970 *** (0.849)	−0.269 *** (0.096)	3.742 *** (0.014)	3.308 *** (0.010)	3.076 *** (0.107)	1.710 *** (0.142)
	LnPD	1.811 *** (0.279)	−0.033 *** (0.005)	−0.143 *** (0.004)	−0.421 *** (0.012)	−0.465 *** (0.025)	−0.167 *** (0.028)
	UR	1.823 * (0.991)	−8.482 *** (0.067)	−3.851 *** (0.036)	−3.622 *** (0.050)	−2.413 *** (0.394)	−6.265 *** (0.370)
	UPR	3.472 *** (1.108)	4.843 *** (0.027)	3.750 *** (0.007)	4.341 *** (0.027)	3.778 *** (0.030)	4.093 *** (0.082)
	_cons	1.272 * (0.708)					
	R-squared	0.344					

（续表）

区域	变量	普通	q10	q25	q50	q75	q90
南亚8国	GPYC	−0.035** (0.014)	−0.026 (0.067)	0.005 (0.006)	−0.010 (0.009)	−0.108*** (0.017)	4.792e+15 (5.575e+15)
	FAR	−6.934** (2.680)	3.513* (1.902)	1.565*** (0.220)	2.686*** (0.260)	4.005*** (0.135)	3.053e+16 (3.546e+16)
	LFPR	−4.938*** (0.629)	−2.270 (2.131)	0.764 (0.596)	−0.705 (0.899)	−2.524*** (0.295)	−1.921e+17 (2.234e+17)
	LnPD	4.522*** (0.490)	1.663 (1.152)	0.216*** (0.035)	0.949*** (0.031)	1.599*** (0.027)	−6.649e+15 (7.748e+15)
	UR	−7.035*** (1.368)	11.870 (9.719)	2.237*** (0.522)	8.758*** (1.462)	9.176*** (0.357)	−1.631e+17 (1.898e+17)
	UPR	9.081*** (0.992)	7.460*** (1.729)	9.870*** (0.388)	7.494*** (0.818)	5.306*** (0.186)	−2.358e+17 (2.741e+17)
	_cons	−1.128 (1.203)					
	R-squared	0.838					
中亚5国	GPYC	−0.004 (0.036)	0.109*** (0.000)	0.064*** (0.000)	0.074*** (0.000)	0.085*** (0.000)	0.037*** (0.002)
	FAR	31.689* (18.770)	4.144*** (0.003)	0.282*** (0.008)	−4.200*** (0.003)	−4.900*** (0.000)	−2.059*** (0.160)
	LFPR	8.515** (3.318)	−8.782*** (0.003)	−5.818*** (0.002)	−4.555*** (0.006)	−4.076*** (0.002)	−4.600*** (0.097)
	LnPD	8.007*** (1.901)	−1.637*** (0.000)	−1.632*** (0.001)	−1.537*** (0.000)	−1.363*** (0.000)	−1.312*** (0.006)
	UR	−12.891*** (2.604)	−16.801*** (0.005)	−19.394*** (0.012)	−20.671*** (0.005)	−22.681*** (0.002)	−19.927*** (0.099)
	UPR	3.069 (3.963)	7.231*** (0.002)	5.381*** (0.003)	4.139*** (0.004)	3.890*** (0.002)	4.820*** (0.053)
	_cons	−10.722** (4.601)					
	R-squared	0.786					

（续表）

区域	变量	普通	q10	q25	q50	q75	q90
中东欧 20 国	GPYC	0.068 *** (0.026)	0.210 *** (0.024)	0.242 *** (0.012)	0.214 *** (0.018)	−0.053 (0.036)	0.160 *** (0.051)
	FAR	6.886 *** (1.254)	5.300 *** (0.115)	4.456 *** (0.046)	3.806 *** (0.043)	2.965 *** (0.150)	1.913 *** (0.574)
	LFPR	−4.876 *** (0.892)	−1.148 ** (0.527)	0.002 (0.216)	3.380 *** (0.126)	0.962 ** (0.472)	3.244 *** (1.064)
	LnPD	−13.568 *** (1.245)	1.732 *** (0.143)	1.576 *** (0.060)	0.942 *** (0.016)	0.730 *** (0.059)	0.295 ** (0.138)
	UR	−4.552 *** (0.564)	−3.836 *** (0.438)	−4.200 *** (0.176)	−4.270 *** (0.146)	−3.216 *** (0.242)	−3.351 *** (1.264)
	UPR	3.243 *** (0.997)	2.508 *** (0.358)	1.549 *** (0.104)	1.183 *** (0.112)	0.164 (0.180)	0.370 *** (0.107)
	_cons	32.323 *** (2.603)					
	R-squared	0.578					

注："*""**""***"分别表示系数在 10%、5%、1%的显著性水平下显著,括号中的数字为估计系数的标准误。

在分位数回归模型中,系数的显著性相较于普通回归有了很大改善。在 10 分位点,东亚和南亚的信息没有太大参考价值,说明东亚和南亚区域内经济水平在末端的国家,各项指标不能为经济发展起到较好的促进或抑制作用。在 25 分位点,东南亚和南亚的信息显著性较差,其他区域都表现出良好的显著性,说明在区域内经济水平呈中下游的国家,技术对经济发展起到了显著的推动作用。在 50 分位点,中位数回归与均值回归的结果仍有一些差异,说明区域内的发展分布的确如上文描述统计所述,存在不同程度的偏移,除东亚、南亚回归结果表现一般外,其他区域内中位数回归的结果,更能代表区域内大多数经济发展水平中等的国家的普遍情况,是最值得参考的。在 75 分位点,除东亚的数据外,其他区域常在该分位点产生一些转折性变化,如西亚北非的人口规模、中亚的失业率等。在 90 分位点,东亚和南亚完全不显著,其他区域的数据则较好地展示了区域内经济高水平发展的国家,应如何完善自我的技术创新、环境改革、劳动参与等重要指标。从分位点的变化趋势上来看,各个区域都与全域的数据结果有较大的差异。GPYC 系数虽是波动态,但有随分位点升高而下降的趋势,这说明了 GPYC 是一个复杂的指标,其对经济发展的影响不是一味地正或负、大或小,而是会取决于区域内的整体情况,随着国家经济向好,这种复杂度也会表现出不同的影响形态。其他指标也随分位点的上升有较明显的变化趋势,且呈现区域异质性,如中亚和中东欧的人口规模情况对经济的影响就呈现完全相反的两种形态,一个在负值递增,一个在正值递减。

进一步,引入时间虚拟变量来控制 2013 年政策提出之后的时间效应,结果如表 7 - 16 展示。由表可见,TIME 显著性良好,加入 TIME 后的其他变量也都呈现出了较好的显著性。横向来看,加入时间虚拟变量后产生的主要变化有:东亚的数据仅在 25 分位点有较好的显著性,说明政策仅对东亚区域内经济欠发达地区产生较好的效果;东南亚在 90 分位点上的 GPYC,也由不显著变成了显著,说明对于该区域内经济发达地区,过高的技术水平或许会制约经济发展,应适当将技术传授与他国;西亚北非在 10 和 25 分位点上的 GPYC 系数由正转负;南亚在 25 分位点上的 GPYC 系数转为负显著;中亚在 10 分位点上的 GPYC 系数也是由正转负;而中东欧则仍是保持 GPYC 对经济发展的正向影响。

表 7 - 16　控制时间效应的分区域回归结果

区域	变量	普通	q10	q25	q50	q75	q90
东亚 2 国	GPYC	−0.002 (0.015)	0.737 (2.128)	−0.011*** (0.000)	1.162e+07 (6.741e+07)	4.042e+14 (5.020e+14)	22.728 (38.943)
	FAR	−23.395** (9.490)	−48.991 (193.803)	−43.542*** (0.165)	8.591e+07 (4.986e+08)	4.208e+16 (5.227e+16)	6 917.624 (11 840.034)
	LFPR	−3.634 (4.470)	−21.610 (34.617)	−12.785*** (0.169)	−4.511e+09 (2.618e+10)	1.195e+16 (1.485e+16)	396.444 (683.121)
	LnPD	6.307** (2.384)	7.062 (12.491)	4.833*** (0.013)	1.219e+08 (7.071e+08)	−1.965e+15 (2.440e+15)	−550.881 (945.053)
	UR	−7.924** (3.863)	−162.471 (291.900)	−14.316*** (0.185)	−2.345e+09 (1.361e+10)	2.540e+16 (3.155e+16)	−2 165.851 (3 685.564)
	UPR	13.386*** (2.262)	57.911 (66.700)	13.120*** (0.071)	−1.668e+09 (9.676e+09)	−2.334e+15 (2.899e+15)	−720.521 (1 257.934)

（续表）

区域	变量	普通	q10	q25	q50	q75	q90
东亚 2国	TIME	−0.236 ** (0.089)	−4.201 (5.968)	−0.067 *** (0.004)	1.082e+08 (6.281e+08)	1.408e+15 (1.749e+15)	108.557 (186.231)
	_cons	−0.835 (3.768)					
	R-squared	0.787					
东南亚 11国	GPYC	0.016 (0.019)	−0.001 (0.004)	0.007 *** (0.001)	0.025 *** (0.001)	−0.002 (0.013)	−0.032 * (0.019)
	FAR	0.039 (0.983)	−0.274 *** (0.097)	1.481 *** (0.005)	0.016 (0.045)	0.753 *** (0.201)	3.214 *** (0.199)
	LFPR	−8.616 *** (1.150)	2.459 *** (0.389)	−0.569 *** (0.010)	0.780 *** (0.056)	0.102 (0.493)	−3.236 *** (0.352)
	LnPD	11.568 *** (0.903)	−0.073 (0.057)	0.277 *** (0.002)	−0.185 *** (0.016)	−0.301 *** (0.098)	0.246 ** (0.122)
	UR	−18.922 *** (2.986)	2.526 ** (1.112)	−3.974 *** (0.026)	0.412 *** (0.109)	−2.407 *** (0.824)	−10.843 *** (0.363)
	UPR	4.100 *** (0.907)	5.683 *** (0.133)	5.329 *** (0.002)	5.656 *** (0.025)	5.752 *** (0.216)	5.174 *** (0.242)
	TIME	−0.300 *** (0.064)	0.826 *** (0.026)	0.736 *** (0.001)	0.656 *** (0.003)	0.301 *** (0.061)	0.010 (0.110)
	_cons	−12.426 *** (1.969)					
	R-squared	0.787					
西亚 北非 19国	GPYC	−0.010 (0.022)	−0.026 *** (0.007)	−0.025 *** (0.003)	−0.012 *** (0.002)	−0.033 *** (0.008)	−0.036 *** (0.011)
	FAR	39.696 *** (8.518)	−1.436 *** (0.087)	−0.143 ** (0.058)	−0.361 *** (0.011)	0.486 *** (0.027)	0.233 *** (0.072)
	LFPR	−2.965 *** (0.850)	2.516 *** (0.061)	3.266 *** (0.044)	3.456 *** (0.015)	3.157 *** (0.018)	1.976 *** (0.072)
	LnPD	1.774 *** (0.300)	−0.144 *** (0.008)	−0.159 *** (0.009)	−0.317 *** (0.004)	−0.372 *** (0.004)	−0.115 *** (0.017)

（续表）

区域	变量	普通	q10	q25	q50	q75	q90
西亚 北非 19国	UR	1.788* (0.997)	−4.151*** (0.080)	−5.134*** (0.147)	−3.270*** (0.043)	−3.908*** (0.067)	−6.179*** (0.210)
	UPR	3.376*** (1.145)	5.290*** (0.054)	3.735*** (0.035)	3.975*** (0.016)	4.016*** (0.014)	4.062*** (0.071)
	TIME	0.018 (0.054)	0.395*** (0.027)	0.265*** (0.019)	0.142*** (0.007)	0.074*** (0.012)	0.038 (0.070)
	_cons	1.446* (0.875)					
	R-squared	0.344					
南亚 8国	GPYC	−0.035** (0.014)	0.001 (0.010)	−0.029** (0.012)	−0.012 (0.018)	−0.135*** (0.007)	8.379e+11 (9.641e+11)
	FAR	−7.033** (2.734)	0.884*** (0.107)	2.546*** (0.118)	2.182*** (0.337)	4.370*** (0.097)	−3.288e+11 (3.784e+11)
	LFPR	−4.974*** (0.656)	0.945*** (0.155)	−2.251*** (0.324)	0.561 (0.397)	−3.324*** (0.098)	9.220e+12 (1.061e+13)
	LnPD	4.572*** (0.553)	0.120*** (0.019)	0.409*** (0.018)	0.756*** (0.128)	1.655*** (0.028)	5.156e+12 (5.933e+12)
	UR	−7.092*** (1.401)	−0.024 (0.542)	1.257*** (0.476)	8.423*** (2.163)	10.059*** (0.243)	1.894e+13 (2.179e+13)
	UPR	9.149*** (1.052)	7.406*** (0.201)	4.648*** (0.307)	6.572*** (0.563)	5.414*** (0.072)	−3.956e+13 (4.552e+13)
	TIME	−0.011 (0.054)	0.440*** (0.103)	0.473*** (0.031)	0.133** (0.053)	0.235*** (0.049)	1.260e+13 (1.450e+13)
	_cons	−1.214 (1.282)					
	R-squared	0.838					
中亚 5国	GPYC	−0.015 (0.035)	−0.061*** (0.000)	0.004*** (0.000)	0.054*** (0.000)	0.080*** (0.000)	0.021*** (0.000)
	FAR	28.491 (17.878)	3.575*** (0.008)	2.699*** (0.008)	−4.689*** (0.005)	−4.962*** (0.005)	−2.924*** (0.069)

（续表）

区域	变量	普通	q10	q25	q50	q75	q90
中亚 5国	LFPR	10.077*** (3.191)	−2.761*** (0.009)	−5.507*** (0.014)	−3.942*** (0.004)	−3.860*** (0.002)	−4.616*** (0.045)
	LnPD	13.248*** (2.405)	−1.789*** (0.002)	−1.628*** (0.001)	−1.479*** (0.001)	−1.331*** (0.000)	−1.247*** (0.003)
	UR	−9.463*** (2.685)	−17.891*** (0.019)	−14.207*** (0.015)	−21.308*** (0.010)	−22.040*** (0.004)	−15.726*** (0.097)
	UPR	4.964 (3.812)	2.569*** (0.016)	5.667*** (0.011)	3.975*** (0.006)	3.862*** (0.001)	5.499*** (0.042)
	TIME	−0.387*** (0.117)	0.514*** (0.000)	0.630*** (0.000)	0.027*** (0.000)	0.054*** (0.000)	0.236*** (0.005)
	_cons	−19.611*** (5.136)					
	R-squared	0.808					
中东欧 20国	GPYC	0.067** (0.026)	0.057 (0.053)	0.134*** (0.012)	0.090*** (0.007)	0.090*** (0.005)	0.097*** (0.006)
	FAR	6.893*** (1.255)	5.062*** (0.215)	4.868*** (0.115)	3.735*** (0.044)	2.454*** (0.049)	1.304*** (0.051)
	LFPR	−4.937*** (0.897)	−1.012 (0.687)	−0.733*** (0.274)	3.049*** (0.174)	3.112*** (0.190)	2.881*** (0.297)
	LnPD	−13.230*** (1.335)	2.267*** (0.085)	1.832*** (0.096)	1.161*** (0.018)	0.995*** (0.049)	0.553*** (0.043)
	UR	−4.393*** (0.608)	−3.205*** (0.298)	−2.973*** (0.193)	−3.427*** (0.047)	−3.477*** (0.141)	−4.055*** (0.130)
	UPR	3.056*** (1.033)	2.946*** (0.403)	2.977*** (0.184)	0.900*** (0.059)	1.355*** (0.080)	0.427*** (0.130)
	TIME	0.034 (0.048)	0.633*** (0.130)	0.362*** (0.021)	0.298*** (0.011)	0.009 (0.032)	−0.021 (0.024)
	_cons	31.820*** (2.701)					
	R-squared	0.579					

注："*""**""***"分别表示系数在10%、5%、1%的显著性水平下显著,括号中的数字为估计系数的标准误。

　　而从形态上来说，较引入虚拟变量以前的数据变化较大的是东南亚的GPYC，西亚北非的 GPYC 和森林覆盖率，中亚的城市化率及中东欧的 GPYC。不难发现，相较于加入时间虚拟变量前，政策提出后的数据更容易使得 GPYC 对经济发展呈负向影响，尤其在纵向来看，受到"一带一路"倡议影响较大的是低分位点的数据。这其实也更与 GPYC 本身的含义相呼应：GPYC 值反应综合创新能力，具有双面性，系数变负更加说明了政策提出后很多国家的技术发展都正处于既提高技术创新能力和成熟性，也在不断增强自身产业安全性的阶段。

　　总的来说，"一带一路"沿线国家的技术复杂度对经济发展的影响在各个区域范围大致可以排序为：中东欧、中亚、东南亚、西亚北非、南亚、东亚。因此，区域多样化发展、因地制宜发展技术和经济是未来要长远考虑的话题。

　　通过前文的论述，不难发现"一带一路"沿线国家的技术复杂对经济发展的影响，在不同区域、不同分位点上存在异质性，尤其在分区域对比研究中，发现技术复杂对经济发展的促进作用在中东欧等较发达地区明显优于东亚等欠发达地区。因此，本节在分地理区域研究的基础上，借鉴司玉静等（2022）[①]的做法，将"一带一路"沿线国家的 GPYC 水平按照历年的平均排名排序，以中值为界分成高、低两部分，分别研究两个区域内技术复杂度对经济发展的影响情况，使得其影响情况能够在横向全面铺开展示，以便于观察最优与最劣分位点，从而进一步分析影响效应的多面性。

　　表 7 - 17 展示了基于 GPYC 水平的回归结果。结果表明，"一带一路"沿线国家的技术复杂对经济发展的影响在高 GPYC 区域优于低 GPYC 区域。在低GPYC 区域，影响效应呈"U 型"，在 50 分位点呈现负向影响，这可能是由于在极低水平 GPYC 区域内，技术创新能够为经济发展带来质的飞跃，但是低位 GPYC 区域的人才、资金、资源有限，继续发展很难突破瓶颈，于是出现最低点。越过瓶颈后，则仍可以继续发展，但整体的低位水平易增加技术创新成果的失窃风险，加强 GPYC 的发展进程，会在一定程度上减小技术溢出的扩散效应，提高低 GPYC 国家的产业安全性，促进经济发展。而在高 GPYC 区域，随着分位点的增加，其影响效应呈现"W 型"的波浪态变化，在 50 分位点达到最高点，在 25

---

① 司玉静，曹薇，赵伟.知识产权保护对数字经济发展的影响机制研究：基于分位数回归模型［J］.现代管理科学，2022(3)：154 - 160.

分位点达到最低点,但并未突破低 GPYC 区域内的最低点,这充分说明了 GPYC 对经济发展的影响存在局部最优解,在低 GPYC 区域的 90 分位点和高 GPYC 区域的 10 分位点之间存在一个极大值,在高 GPYC 区域的 50 分位点左右存在另一个极大值,而在低 GPYC 区域的 50 分位点左右存在一个极小值,在高 GPYC 区域的 25 分位点作用存在另一个极小值。

表 7 - 17　基于 GPYC 水平的回归结果

区域	变量	普通	q10	q25	q50	q75	q90
低 GPYC	GPYC	0.003 (0.020)	0.017*** (0.008)	0.016*** (0.003)	−0.045*** (0.007)	0.000** (0.000)	0.028*** (0.010)
	FAR	10.318*** (1.772)	1.264*** (0.146)	1.223*** (0.024)	1.744*** (0.045)	1.739*** (0.001)	1.591*** (0.039)
	LFPR	−3.731*** (0.853)	0.106 (0.114)	−1.761*** (0.081)	−1.908*** (0.235)	−3.695*** (0.005)	−1.467*** (0.078)
	LnPD	3.104*** (0.356)	0.157* (0.089)	0.022** (0.009)	0.072*** (0.024)	0.087*** (0.001)	−0.157*** (0.007)
	UR	−7.864*** (0.663)	−2.722*** (0.456)	−2.634*** (0.111)	−3.037*** (0.185)	−4.67*** (0.003)	−5.325*** (0.116)
	UPR	8.052*** (0.605)	5.061*** (0.033)	4.676*** (0.014)	4.502*** (0.056)	4.776*** (0.001)	3.516*** (0.032)
	_cons	−2.584*** (0.934)					
	R-squared	0.525					
高 GPYC	GPYC	0.004 (0.015)	0.020** (0.008)	−0.024** (0.011)	0.043*** (0.006)	0.001 (0.010)	0.022* (0.013)
	FAR	−1.050 (0.955)	0.595*** (0.099)	0.895*** (0.106)	0.246*** (0.012)	0.962*** (0.071)	0.170*** (0.031)
	LFPR	−4.001*** (0.594)	0.949*** (0.170)	1.754*** (0.243)	1.293*** (0.050)	−0.613*** (0.143)	2.425*** (0.153)
	LnPD	1.391*** (0.268)	0.327*** (0.019)	0.164*** (0.011)	0.010** (0.004)	−0.201*** (0.038)	0.056** (0.027)

（续表）

区域	变量	普通	q10	q25	q50	q75	q90
高 GPYC	UR	−4.359*** (0.622)	−3.799*** (0.221)	−2.680*** (0.200)	−1.517*** (0.050)	−2.059*** (0.096)	−1.998*** (0.289)
	UPR	10.402*** (0.666)	5.411*** (0.045)	4.535*** (0.097)	4.379*** (0.048)	5.515*** (0.064)	4.295*** (0.070)
	_cons	2.435*** (0.516)					
	R-squared	0.480					

注:"*""**""***"分别表示系数在10%、5%、1%的显著性水平下显著,括号中的数字为估计系数的标准误。

同样的分析也可以用于控制变量,环境对经济影响的最优分位点存在于低GPYC区域的50分位点左右;劳动参与率对经济影响的最优分位点存在于高GPYC区域的最高点左右,最劣分位点则存在于低GPYC区域的25分位点左右;人口规模对经济的影响在低GPYC区域与高GPYC区域之间存在明显断点,最优最劣分位点可能都在其之间;失业率对经济影响的最优分位点存在于高GPYC区域的50分位点左右,最劣分位点存在于低GPYC区域的高分位点与高GPYC区域的低分为点之间;城市化率对经济的影响在低GPYC区域与高GPYC区域之间亦存在明显断点,同时在高GPYC区域的75分位点左右也可能存在最优分位点。

以上结果说明,技术复杂度及其控制变量能够在一定范围内发挥对经济的正外部性作用,但若未能严格控制,也易造成市场失衡,抑制经济发展,这便从另一层面说明各国应当根据自身技术与经济发展水平,因地制宜制定发展战略,相互借鉴与学习,实现共赢。

7.3　本章小结

对中国与"一带一路"沿线国家科技创新合作的创新产出效应和经济增长效应的讨论表明,跨国专利合作网络的结构对"一带一路"沿线国家的跨国专利合作产出具有显著的影响,"一带一路"倡议的提出推动了该区域的科技创新合作,

"一带一路"沿线国家通过构建合作网络,达到共享资源信息、实现互利共赢的目的。中国与"一带一路"沿线国家的技术复杂度对经济发展具有显著的影响,而且因为区域经济、文化、环境等因素不同,影响存在异质性、技术复杂度及其控制变量能够在一定分位点范围内发挥对经济的正外部性作用,但若未能严格控制,也易造成市场失衡,抑制经济发展。我国近年来科技发展势头迅猛,有潜力带动周边区域提升其在"一带一路"沿线国家中的战略性地位。技术复杂的特征分析显示,"一带一路"倡议提出后,中国逐渐从生产传统复杂技术转向为生产新型技术,大大增强了技术创新能力,产业安全性也有了新的突破。

第 **8** 章

中国与"一带一路"沿线国家科技创新合作的展望

共建"一带一路"倡议为推动中国式现代化、构建双循环新发展格局搭建了重要平台,不仅向"一带一路"共建国家分享中国方案、中国机遇,更为我国畅通国内国际双循环提供了重要载体。当前,百年未有之大变局加速演进,国际国内宏观形势错综复杂,单边主义、保护主义、逆全球化思潮明显上升,"一带一路"建设面临的外部干扰不断加大。同时,新一轮科技革命和产业变革带来的激烈竞争前所未有,科技实力对国家核心竞争力与国际政治格局的影响不断增强,全球科技发展模式和科技治理体系亟待改善。在此态势下,推进"一带一路"高质量发展进程中面临不少困难和挑战,而科技创新和科技合作是解决这一系列挑战的"金钥匙"。科技合作能为我国共建"一带一路"迈向高质量发展提供支撑,进而为构建新发展格局、与世界各国走向共同繁荣做出积极贡献。

8.1 世界变局中"一带一路"科技创新合作机遇

8.1.1 逆全球化潮流下科技创新合作战略机遇

世界范围内逆全球化浪潮与地区主义交织发展,加剧全球产业链、供应链的脆弱性和不稳定性,随着时代发展,逆全球化趋势已逐渐渗入到经济、贸易、社会、科技、文化和政治等多个层面[1]。中美贸易摩擦背景下美国通过一系列法案加深经济软脱钩程度,未来技术"脱钩"风险加剧[2]。科技发展与国际环境互动

---

① 辜胜阻,吴沁沁,王建润.新型全球化与"一带一路"国际合作研究[J/OL].国际金融研究,2017(8):24-32.DOI:10.16475/j.cnki.1006-1029.2017.08.003.
② 卢江,郭采宜.国际经济格局新变化与中国开放型经济体制构建研究[J].政治经济学评论,2021,12(3):122-143.

出现新动向,大国关系向传统地缘竞争回归,与新兴技术主导的第四次工业革命产生复合共振,"技术权力"的争夺和秩序构建成为国际竞争战略的核心,数字化和绿色化"双转型"也深刻影响国际发展环境。面对俄乌冲突、中美经贸摩擦、新一轮产业革命等新变量,中国科技战略部署需要面向未来世界竞争格局变化和国际发展新环境做出新选择①。与此同时,"一带一路"倡议经过 10 年的稳步发展,已经成为国际社会广泛认可和欢迎的公共产品,成为开放包容、互利互惠、合作共赢的新型国际合作平台。未来,中国应把握科技革命新机遇,坚持科技引领,发挥国际科技组织作用,持续推进"一带一路"科技创新合作,打造全球科技创高地②。

逆全球化浪潮和技术封锁叠加,"一带一路"沿线国家面临着经济多元化和产业升级的迫切需求,科技创新是实现经济多元化和产业升级的关键动力。充分发挥科技合作对"一带一路"建设的引领作用,从科技合作实际出发,围绕关键合作领域和重点方向,通过发展区域性国际合作网络等措施,不断提升技术产品在共建国家的流动能力和国际市场竞争能力,提升全球科技人员在"一带一路"项目的参与度,为中国和共建国家产业结构调整注入产业引领力量。努力打破技术壁垒,为参与国提供了石油化工、冶金、大数据、人工智能等领域共享前沿技术和共同研发的机会。这不仅有助于缩小科技差距,提升共建国家的产业水平,支持这些国家在新兴科技领域中实现创新,也能够推动全球科技治理规则的演进,实现技术的全球共享,促进共同繁荣。在全球环境日益关注数字化和绿色化的当下,"一带一路"科技创新合作战略可以成为推动"双转型"的重要推手。在数字化方面,中国不断增加国际出口带宽及数据直连,帮扶数字基础设施滞后国家,提高相关国家的互联网普及率,推动其跨越"数字鸿沟"、实现互利共赢,帮助更多共建国家抓住数字经济机遇,在绿色化方面,中国的技术优势可以支持共建国家的可持续发展,共同建设清洁能源和环保项目,共同应对气候变化和环境污染等全球性挑战,实现经济增长与环境保护的良性循环。"一带一路"建设也为构建人类命运共同体提供了实践平台。科技合作作为其中的重要组成部分,不仅是推动共建国家经济社会发展的力量,更是促进全球科技治理规则形成的助

① 陈凯华,薛泽华,张超.国际发展环境变化与我国科技战略选择:历史回顾与未来展望[J/OL].中国科学院院刊,2023,38(6):863-874.DOI:10.16418/j.issn.1000-3045.20230125001.
② 白春礼."一带一路"十周年:科技合作的成就与展望[J/OL].智库理论与实践,2023,8(5):2-6.DOI:10.19318/j.cnki.issn.2096-1634.2023.05.01.

推器。通过深度参与全球科技治理,中国可以在国际社会上发挥更为积极的作用,提出科技治理主张,推动全球科技治理规则的形成与完善,构建开放包容、互利共赢的国际科技合作新模式,从而推动构建人类命运共同体的进程。中国强调"一带一路"建设中的开放包容原则,倡导互利共赢的国际合作范式。在科技创新合作中,这一理念尤为重要。通过开放包容的合作方式,中国与"一带一路"沿线国家可以充分发挥各自的优势,实现科技资源的共享和优势互补。同时,这种合作范式有助于构建更加平等和包容的国际科技合作关系,推动全球科技治理向更为开放的方向发展。

在深入实施"一带一路"科技创新行动计划方面,中国积极推进科技人文交流、共建联合实验室、科技园区合作和技术转移中心建设行动,已经分三批启动53家"一带一路"联合实验室建设,支持 3 500 余人次青年科学家来华开展为期半年以上的科研工作,培训超过 1.5 万名国外科技人员,资助专家近 2 000 人次。面向东盟、南亚、阿拉伯国家、中亚、中东欧国家、非洲、上合组织、拉美建设了 8 个跨国技术转移平台,并在联合国南南框架下建立"技术转移南南合作中心",基本形成"一带一路"技术转移网络。中国主导发起的"一带一路"国际科学组织联盟,成员单位已达到 67 家[1]。中国积极对接沿线国家创新发展需求,推动各类创新资源有效融合,为"一带一路"建设打造区域创新高地与发展引擎。"一带一路"科技合作形成了较为稳定的政府间科技创新合作关系,搭建了科研合作、技术转移与资源共享平台,有利于引导先进技术向沿线国家转移,促进区域产业的优化升级。"一带一路"倡议将科技与经贸市场融合,开展务实的项目合作,有利于增强科技成果转化能力,培育新产业新业态、新模式,创造新的就业机会,为促进世界经济增添新动力[2]。

8.1.2 RECP 协定框架下科技创新合作战略机遇

全球科技创新和产业革命正大规模重新塑造经济结构与世界格局,科学技术在促进全球发展过程中作为第一生产力已成为各国共识。为应对贸易保护主义和逆全球化带来的消极影响,实现区域经济一体化协同发展,RECP 应运而

---

① 我国积极推进全球科技交流合作_滚动新闻_中国政府网[EB/OL].(2022 - 11 - 19)[2023 - 12 - 08]. https://www.gov.cn/xinwen/2022 - 11/19/content_5727817.htm.

② 辜胜阻,吴沁沁,王建润.新型全球化与"一带一路"国际合作研究[J/OL].国际金融研究,2017(8):24 - 32.DOI:10.16475/j.cnki.1006 - 1029.2017.08.003.

生。RECP 是由东盟十国发起,包括中国、日本、韩国、澳大利亚、新西兰和东盟十国共 15 方成员国制定的区域全面经济伙伴关系协定,该协定以消除区域内经济贸易的各种壁垒,创造互相促进的自由投资环境,以达成全面、现代、高质量、互惠的经济伙伴关系为目标①。2020 年 11 月 15 日 RECP 的正式签署,标志着当前世界人口占比最多、亚洲乃至全球规模最大、最具发展潜力的自由贸易区形成,由东盟为主导的区域经济一体化合作运行机制正式启动。从国别合作角度来看,东盟十国与日本、韩国是 RCEP 协定和"一带一路"倡议覆盖的叠加区域,也是在新一轮全球化"多峰结构"格局下,我国未来对外投资、贸易、科技等多领域合作的潜在增长点②。基于 RECP 推动国际科技合作的发展,不仅能够高效利用区域内生产资源,提升科技创新水平,还能够对提升中国在国际科技合作中的影响力产生积极影响,巩固并进一步提升国际地位,促进经济增长与可持续发展。

　　RECP 协定为区域内科技合作提供了规则保障,包括电子商务、知识产权、竞争政策、政府采购等方面③。例如,电子商务条款规定了电子签名、电子认证、电子交易的法律效力,以及电子数据的跨境流动和保护等内容,有利于促进数字技术的发展和创新。知识产权条款规定了专利、商标、版权、地理标志等各类知识产权的保护和执法,以及知识产权合作的机制,有利于激发创新活力和保护创新成果。竞争政策章节规定了反垄断、反不正当竞争、国家补贴等方面的原则和规则,有利于维护公平竞争的市场环境和创新秩序。政府采购条款规定了政府采购的透明度、非歧视性、公平性等要求,有利于促进区域内的科技产品和服务的流通和交易。RECP 协定为区域内的科技合作提供了平台支持④。经济技术合作(ECOTECH)细则规定了经济技术合作的目标、原则、领域、机制等内容,旨在通过加强区域内的经济技术合作,提高各成员国的经济发展水平,缩小发展差距,增强协定的实施能力和效果。经济技术合作的领域包括工业、农业、能源、环境、数字经济、中小企业、创新、人力资源开发和教育等多个方面,涵盖了科技创

---

① RCEP 将是一个全面、现代、高质量和互惠的自由贸易协定_解读政策_中国政府网[EB/OL].(2019 - 11 - 06)[2023 - 12 - 09]. https://www.gov.cn/xinwen/2019 - 11/06/content_5449305.htm.

② 王硕,朱春艳.RCEP 框架下中国主导国际科技合作机制研究[J/OL].科学管理研究,2022,40(4):165 - 172.DOI:10.19445/j.cnki.15 - 1103/g3.2022.04.021.

③ 国际专题报告|RCEP 对中国贸易增长的机遇和挑战-专题报告-北大汇丰智库[EB/OL].[2023 - 12 - 05]. https://thinktank.phbs.pku.edu.cn/2022/zhuantibaogao_0121/59.html.

④ 《区域全面经济伙伴关系协定》(RCEP)各章内容概览[EB/OL].[2023 - 12 - 05]. http://www.mofcom.gov.cn/article/zwgk/bnjg/202011/20201103016080.shtml.

新的各个环节和领域。经济技术合作机制包括了经济技术合作委员会、经济技术合作工作组、经济技术合作项目、经济技术合作资金等多个层面,为区域内的科技合作提供了组织、协调、实施、资助等方面的支持。例如,中国与东盟国家在数字经济领域的合作不断深化,2019 年,中国与东盟共同设立了"中国-东盟信息港",并在此基础上推出了"中国-东盟数字经济创新中心"。该中心旨在推动中国与东盟国家在数字经济领域的合作,促进数字经济的发展[①]。RECP 协定的人员往来便利化(MNP)细则为区域内的科技交流提供了重要支持[②]。MNP 细则旨在通过简化和规范区域内的人员往来程序,促进各成员国之间的人员流动,增进相互了解和信任,加强经贸合作和文化交流[③]。MNP 细则包括商务人员、合同服务提供者、自然人投资者、短期商务访问者、入境签证、透明度等方面,涉及科技交流的各类人员和活动。例如,中国与新加坡在共建"一带一路"框架下,通过中新(重庆)战略性互联互通示范项目,加强了双方在科技领域的合作,推动了新加坡企业在中国的发展[④]。

8.1.3　数字全球化背景下科技创新合作战略机遇

数字全球化为创新发展提供了新动力,"连接""融合""一体化"作为数字化的关键词,在引领国际区域合作模式创新的同时,也推动"一带一路"进入新发展阶段[⑤]。"数字丝绸之路"赋予"一带一路"崭新内涵,成为"一带一路"高质量发展的重要引擎。

数字基础设施是数字丝绸之路建设的基石。根据《"一带一路"国家基础设施发展指数报告(2021 年)》,共建国家的基础设施发展指数在 2021 年度呈现回升趋势,沿线国家出台的经济刺激政策为基础设施发展提供了助力。特别是东南亚地区,数字经济成交总额预计将在 2025 年达到 3 300 亿美元,年均增长率

---

① 黄頔.商务部国际司解读《区域全面经济伙伴关系协定》(RCEP)之三_部门政务_中国政府网[EB/OL].(2020 - 11 - 17)[2023 - 12 - 05]. https://www.gov.cn/xinwen/2020 - 11/17/content_5562033.htm.
② 马文华.共建创新之路携手合作发展:首届"一带一路"科技交流大会观察_中国政府网[EB/OL].[2023 - 12 - 05]. https://www.gov.cn/yaowen/liebiao/202311/content_6914194.htm.
③ 把"一带一路"建成创新之路(人民观点)_观点_人民网[EB/OL].(2023 - 09 - 14)[2023 - 12 - 05].http://opinion.people.com.cn/n1/2023/0914/c1003 - 40077200.html.
④ 何宏艳,吴树仙,辛加余,等."一带一路"科技创新合作现状、挑战与发展方向[J/OL].中国科学院院刊,2023,38(9):1315 - 1324.DOI:10.16418/j.issn.1000 - 3045.20230815001.
⑤ 任保平.新发展格局下"数字丝绸之路"推动高水平对外开放的框架与路径[J/OL].陕西师范大学学报(哲学社会科学版),2022,51(6):57 - 66.DOI:10.15983/j.cnki.sxss.2022.1106.

预计为 20％①,为数字丝绸之路的数字基础设施奠定了坚实基础。但根据国际电信联盟数据,2022 年 58 个纳入统计的共建国家的固定宽带普及率平均仅为15.52％,固定电话普及率则为 16.95％,仍处于较低水平②。因此,共建国家可以通过加强数字基础设施相关领域的科技创新合作,共同研发新一代通信技术、提高网络安全水平、推动数字支付系统的创新等,这些合作研发成果将有助于提升互联互通能力,促进共建国家数字经济的发展。共建国家在数字技术领域发展迅速,涵盖大数据、5G 通信、区块链、人工智能等领域。例如,在大数据领域,科学工程计划为气候变化、土地退化等问题提供了解决方案。在 5G 通信方面,共建国家致力于优化频率资源,推进 5G 设备的微小化、虚拟化和广泛化,以实现更高效能和灵活性。但在数字前沿科技方面,除中国、韩国、新加坡等在人工智能和 5G 方面掌握部分核心技术外,其他共建国家普遍缺乏自主核心技术,导致这些国家在数字化领域的发展主要依靠全球科技品牌在当地的本土化推广应用③。因此,在数字前沿技术领域,共建国家可以建立战略协同机制,共同致力于大数据、5G 通信、人工智能等前沿技术的研发和应用,通过成立联合实验室、推动科技创新项目,实现资源共享、经验交流,共同推动数字丝绸之路的数字科技创新。数字机制与标准的国际合作是数字丝绸之路建设中的重要一环。共建国家在数据共享、隐私保护、网络安全等领域强化了协作,制定了一系列规章制度和标准,有效提升了数字合作的可信度和稳定性④。例如,中国与共建国家联合提出的《"一带一路"数字治理国际合作倡议》⑤。总体而言,共建国家在跨境数据流动机制和标准方面逐步完善,呈现多极化的发展趋势。然而,在数字化互联互通机制和标准方面,共建国家仍未设立专门的数字空间治理机构。部分国家互联网普及率较低,导致数字产业发展成本居高不下,难以形成相互合作和包容的"一带一路"数字领域协同治理⑥。各国在网络合规和信息安全标准方面尚

---

① E-conomy sea 2022[EB/OL]. (2022 - 10 - 27)[2023 - 12 - 05]. https://www.bain.com/insights/e-conomy-sea-2022/.
② World Telecommunication/ICT Indicators Database[EB/OL]. [2023 - 12 - 05]. https://www.itu.int/en/ITU-D/Statistics/Pages/publications/wtid.aspx.
③ 郭华东,陈方,陈玉,等."数字丝路"建设的科技创新研究[J/OL].中国科学院院刊,2023,38(9):1306 - 1314.DOI:10.16418/j.issn.1000 - 3045.20230713001.
④ 谢迪扬.论"一带一路"倡议下数据安全共同体的规则建构[J].国际经济法学刊,2023(2):1 - 25.
⑤ 张冰,董宏伟,王葳.相互依存数字时代需加强国际合作[J].中国电信业,2019(9):53 - 57.
⑥ 姜峰,蓝庆新.数字"一带一路"建设的机遇、挑战及路径研究[J/OL].当代经济管理,2021,43(5):1 - 6.DOI:10.13253/j.cnki.ddjjgl.2021.05.001.

存在差异,这在一定程度上影响了共建国家之间的数字合作。此外,各国在跨境支付、数据流动等方面的法律和标准存在显著差异,规则对接和协商效率较低,这对国家间的数字经济合作造成了一定程度的阻碍。同时,许多共建国家的知识产权竞争力相对较弱,整体上知识产权保护水平较低[①]。共建国家可以共同推动数据共享、隐私保护、网络安全等方面的标准制定,形成共建国家之间数字合作的规范和框架。这将提高数字合作的可信度,促进数字丝绸之路的数字化建设。数字化能力建设是推动数字丝绸之路建设的关键因素。共建国家总体数字化能力空间分布不均衡、发展差异较大、创新资源流动不对称、缺乏推动区域合作的系统体制机制,制约了合作的深度与广度[②]。共建国家通过加强国际援助,分享数字化技能的培训机制和服务,为其他发展中国家提供数字能力建设的支持。多渠道开展新型数字化能力建设的合作,不断满足前沿技术发展和合作,加强前沿科技攻关与成果共享,带动共建国家全面发展,构建更加开放、包容的数字创新共同体。

在"数字丝绸之路"建设的十年历程中,共建国家在数字基础设施、数字科技创新和数字机制标准方面取得了显著进展。这为科技创新合作提供了丰富的机遇。通过加强数字基础设施的科技创新、推动数字科技创新的战略协同、国际合作数字机制与标准、强化数字化能力建设的国际援助,共同构建数字创新共同体,推动"数字丝绸之路"建设迈向新的高度,为全球数字经济的繁荣发展贡献力量。

8.1.4 全球制造业格局调整下科技创新合作战略机遇

当前,全球制造业正在经历深刻变革,受逆全球化和保护主义抬头、国际经贸规则重构、发达国家推动产业链回迁、新一轮科技革命加速推进等多重因素影响,全球制造业和产业链供应链格局正朝着区域化、本土化、多元化、数字化等方向加速调整和重塑[③]。许多国家都在寻找新的经济增长点,向科技创新要答

---

① 翁杰,田雯飒.携手共建数字丝路[N/OL].浙江日报,2021-09-28(003).DOI:10.38328/n.cnki.nzjrb.2021.003843.
② 吴玉杰,孙兰."一带一路"科技创新共同体建设的合作模式与路径研究[J/OL].天津科技,2020,47(8):5-8+12.DOI:10.14099/j.cnki.tjkj.2020.08.002.
③ 市场资讯.经济日报刊文:全球制造业格局加速调整[EB/OL].(2022-11-09)[2023-12-09].https://finance.sina.com.cn/chanjing/cyxw/2022-11-09/doc-imqqsmrp5438311.shtml.

案①。"一带一路"倡议秉承开放包容和互学互鉴的合作态度,实施"一带一路"科技创新行动计划,与共建国家在科技人文交流、共建联合实验室、科技园区合作、技术转移等方面开展广泛合作,与共建国家形成技术共生、产业共生及市场共生,实现以双边价值链升级为标识的互惠共生。在第四次科技浪潮中,智能制造、机器人等技术效率成为中国加强与共建"一带一路"国家技术合作与创新的动力,提升行业的技术标准,实现行业技术持续创新,为进一步提升全球价值链夯实基础。中国可以凭借自身较完备的供应链体系,通过联动产业链协同发展和跨境供应链链式助推模式,在"一带一路"框架下与共建国家在更高质量和更高水平的标准、管理、规则和规制方面形成共识,以构建稳定安全的产业链和供应链。抓住全球价值链重构机遇,因势利导,在顺应乃至引领经济全球化和国际分工演进发展大势中,推动产业链供应链升级。持续加强与共建"一带一路"国家的经济合作,形成区域价值链,培育本土企业成为区域价值链的"链主",通过"一带一路"合作使我国的"链主"企业成为国内产业向共建国家转移的组织者和治理者。持续加强与共建"一带一路"国家的技术合作,高度重视基础研究、共性技术、关键技术、前瞻技术和战略性技术的研究。对标国际先进规则和最佳实践优化市场环境,促进不同地区和行业标准、规则、政策协调统一,在产业转移中,推进中国与共建国家不断提升内在统一性、互补性、关联性和协调性②。

8.2　中国主导"一带一路"科技创新合作的机制

8.2.1　实施科技外交推动"一带一路"科技创新合作

以信息通信技术、物联网、人工智能等为代表的科技革命以前所未有之势改变着人类社会的生产和生活方式,科技创新及其扩散流动正成为引发国际格局和全球秩序变迁的核心推动力③。新一轮科技革命下,科技成为大国博弈和国

---

① 吴忠泽.大力推动科技创新 加快发展智能制造产业_强国新闻_人民网[EB/OL].(2020-09-25)[2023-12-09]. http://www.people.com.cn/n1/2020/0925/c32306-31875534.html.
② "一带一路"加速重构全球价值链稳定供应链 _光明网[EB/OL].(2023-10-13)[2023-12-09]. https://www.gmw.cn/xueshu/2023-10/13/content_36891029.htm.
③ 科技外交:发达国家的话语与实践_腾讯新闻[EB/OL].(2023-05-17)[2023-12-11]. https://new.qq.com/rain/a/20230517A06G3V00.

家战略布局的主战场,科技外交在国家总体外交中的地位不断上升①。科技外交的实质是国家根据国际战略需求调节知识跨国流动的实践。我国高度重视科技外交工作,特别是围绕充分发挥科技创新在"一带一路"建设中的作用,不断创新科技外交模式,改变过去以传统的资源合作、产能合作为主导的合作模式,更加关注沿线国家民生、产业发展需求,开展了一系列科技合作项目和人员交往等活动,形成了政府部门、科研院所、高等学校、企业等众多主体参与的全方位、多层次、立体化科技外交工作格局②。

改革政府援外机构设置。在2018年党和国家机构改革中,我国组建了国家国际发展合作署,旨在加强对外援助的战略谋划和统筹协调,推动援外工作统一管理。这一改革有助于整合对外援助资源,强化协调机制,提升我国对外援助水平,更好地服务国家外交总体布局和"一带一路"建设③。改革有助于我国进一步整合对外援助资源,强化各部门对外援助的协调,对提升我国对外援助水平、优化对外援助方式、更好服务国家外交总体布局和共建"一带一路"等具有重要意义。自2013年"一带一路"倡议提出以来,我国相继设立丝路基金、中非发展基金等为沿线国家改善基础设施、资源开发等项目提供资金支持,加大了以优惠贷款为主要形式提供的发展援助④。"一带一路"倡议正在以更加积极的姿态为南南合作搭建互利共赢的新平台,为全球治理体系的变革乃至人类命运共同体的构建贡献中国智慧。

组织实施"一带一路"科技创新合作计划。2016年,科技部、发展改革委等四个部门联合印发了《推进"一带一路"建设科技创新合作专项规划》,提出结合沿线国家科技创新合作需求,密切科技人文交流合作,加强合作平台建设,促进基础设施互联互通,强化合作研究,明确了合作的十二个领域,包括农业、能源、交通、信息通信等⑤。通过密切科技人文交流合作、加强合作平台建设、推进基础设施互联互通等措施,我国积极推动与沿线国家的科技交流,提升国际科技影

① 科技外交的理论内涵与发展政策[EB/OL].(2023-11-17)[2023-12-11]. http://www.cass.cn/xueshuchengguo/guojiyanjiuxuebu/202311/t20231117_5697233.shtml.

② 王慧中,文皓,樊永刚.国际科技外交发展趋势及政策启示[J/OL].世界科技研究与发展,2019,41(6):610-620.DOI:10.16507/j.issn.1006-6055.2019.10.009.

③ 罗仪馥,李巍.国合署成立一周年,中国援助外交"转型升级"_澎湃号·政务_澎湃新闻-The Paper[EB/OL].[2023-12-12]. https://www.thepaper.cn/newsDetail_forward_3314247.

④ 白云真."一带一路"倡议与中国对外援助转型[J].世界经济与政治,2015(11):53-71+157-158.

⑤ 科技部等四部委出台《推进"一带一路"建设科技创新合作专项规划》_滚动新闻_中国政府网[EB/OL].(2016-10-04)[2023-12-12]. https://www.gov.cn/xinwen/2016/10/04/content_5115069.htm.

响力。

布局建设海外科技创新合作平台。我国在"一带一路"沿线国家布局建设了一批科研合作、技术转移与资源共享平台。截至 2022 年,我国面向东盟、南亚、中亚、中东欧等"一带一路"沿线国家建设了多个跨国技术转移平台,并在联合国南南框架下建立"技术转移南南合作中心",基本形成"一带一路"技术转移网络。我国主导发起的"一带一路"国际科学组织联盟,成员单位已达到 67 家[①]。例如,中国科学院发起成立了国际科学组织联盟(ANSO),与沿线国家和地区开展科技合作,共同应对共同挑战。此外,中国科学院中非联合研究中心等海外科技创新平台的建设,推动了与相关国家在全球气候变化、生态环境保护、公共健康等方面的合作。

加强国际科技人才交流与合作。我国坚持"走出去"和"引进来"并重,通过不断加强国际科技人才交流与合作,推动科技事业的发展。"一带一路"国际科学组织联盟(ANSO)成立,支持来自 42 个国家的 8 300 多名青年科学家来华短期科研,筹备建设 3 批共 50 多家联合实验室[②]。鼓励科研机构、高校、企业和地方等积极开展对外合作,2021 年中外合著科技论文数量已达 18.3 万篇,合作伙伴涉及 169 个国家,比 2015 年的 7.1 万篇增长了 1.5 倍多[③]。

我国科技外交在"一带一路"建设中取得的新发展为国际科技创新合作开辟了新的方向。未来,我国可进一步加强对外援助的战略谋划,提升科技外交的整体水平,更加关注沿线国家的民生需求,推动科技创新在"一带一路"建设中发挥更大的作用。通过持续创新科技外交模式,我国有望在全球科技合作中发挥更为重要的领导作用,共同构建人类命运共同体。

8.2.2　深度参与创新治理推动"一带一路"科技创新合作

创新治理,可以理解为政府有效利用宏观调控职能,使得政府、企业与社会组织之间形成正和博弈,相互配合、相互协调,产生"1+1+1>3"的效果,推动国

① 我国积极推进全球科技交流合作_滚动新闻_中国政府网[EB/OL].(2022 - 11 - 19)[2023 - 12 - 08]. https://www.gov.cn/xinwen/2022 - 11/19/content_5727817.htm.
② 张佳欣.积极推动国际合作　以全球视野谋划科技创新[N/OL].科技日报,(2022 - 09 - 09)[2023 - 12 - 18]. https://www.cas.cn/zt/rwzt/fdzzqc/mtbd/202301/t20230109_4864836.shtml.
③ 中国科创惠及世界:2022 年中国国际科技合作成果丰硕_滚动新闻_中国政府网[EB/OL].(2023 - 01 - 16)[2023 - 12 - 18]. https://www.gov.cn/xinwen/2023 - 01/16/content_5737216.htm.

家或地区的可持续发展①。将创新治理的理念延伸到全球领域,使得创新治理与国际科技合作深度融合,加强各国之间的交流与协调,有利于促进资源共享,提高资源的配置效率,推进各国科学技术水平的快速提升、不断发展和加强彼此间的交流②。

深度参与创新治理是中国在推动"一带一路"科技创新合作中的关键策略。中国积极响应全球治理体系改革的号召,将创新治理理念融入"一带一路"倡议,积极倡导并贡献"构建人类命运共同体"的理念,构建更加开放、包容、共赢的国际科技合作格局。这不仅有助于树立中国的大国形象,提高中国在国际科技合作中的影响力,同时也为推动"一带一路"共建国家的国际科技合作规则制定提供中国方案,贡献中国智慧和力量。将"一带一路"倡议与全球性议题相结合,主动设置全球性创新议题,提升中国科技界对国际科技创新的影响力和制度性话语权,聚焦粮食安全、饮用水安全、重大疾病防控、野生动物保护等问题,以科技创新为核心,构建更广泛的利益共同体。积极参与和发起国际重大科技计划和大科学工程项目,创制国际科技合作公共产品,搭建高层次国际科技交流合作平台,主导发起了气候变化研究及观测计划、"一带一路"灾害风险与综合减灾国际研究计划、"泛第三极与'一带一路'协调发展"国际计划和"一带一路"的新发突发病原研究支撑计划等一系列国际大科学计划和大科学工程,积极参与相关国际规则制定,解决全球关切。积极参与相关国际组织,鼓励围绕重大议题发起设立新的国际组织,在国际组织框架下开展国际合作。支持和推荐更多优秀人才到国际科技组织交流和任职,建立完善国际科技组织人才梯队。加强与发达国家的创新对话合作机制,强化与发展中国家的科技创新伙伴关系。扩大对外援助规模,创新对外援助方式,提升对外援助中科技援助的比例,加强与多边开发机构,包括与亚洲基础设施投资银行等金融机构之间的合作,通过科技人才培养、联合开展研发项目、共建联合研究和技术推广应用平台、共建科技园区、共享科技资源、科技政策规划与咨询等方式,传播"中国经验"和"中国模式",帮助发展中国家提升科技创新能力,提升中国负责任大国形象。通过深度科技交流和务实合作,加强与"一带一路"沿线国家的合作,提升合作国科技水平和商业环

---

① 陈套.从科技管理到创新治理的嬗变:内涵、模式和路径选择[J].西北工业大学学报(社会科学版),2015,35(3):1-6.
② 王硕,朱春艳.RCEP框架下中国主导国际科技合作机制研究[J/OL].科学管理研究,2022,40(4):165-172.DOI:10.19445/j.cnki.15-1103/g3.2022.04.021.

境,促进互利互信的不断增强。

中国顺应科技在应对全球化挑战中作用日益凸显的趋势,以全球视野谋划创新布局,积极推动构建更加完善的全球科技治理体系,依托国际科技组织的成立,深度参与国际技术标准和规则制定、全球科技创新议题设置、大科学计划发起和组织等,提升国际话语权和规制权。充分发挥科技创新在"一带一路"建设中的引领作用,推动国际科技合作朝着更为开放、协同的方向发展,为构建人类命运共同体贡献中国的智慧和力量。

8.2.3　构建开放创新生态助力"一带一路"科技创新合作

开放合作,是强化国际科技交流合作、融入全球创新网络的根本方向,是优化国际科研环境、营造开放创新生态的必由之路,是提升科技创新能力、实现科技自立自强的应有之义。党的二十大报告提出,扩大国际科技交流合作,加强国际化科研环境建设,形成具有全球竞争力的开放创新生态[①]。加强国际化科研环境建设,开展多层次、多主体国际科技合作,支持鼓励民间组织和企业等非政府主体积极开展国际科技合作交流,构建具有全球竞争力的开放创新生态,打造更大范围、更宽领域、更深层次、更高水平的科技创新开放合作新格局[②]。

拓展科技领域开放合作广度深度。要用好国际展会平台,如依托进博会、广交会、中国-东盟博览会及行业类的国际知名展会平台,加强前沿科技成果、科技产品的交流互鉴,拓展科技合作广度。同时,充分挖掘政府间、合作机构间的利益交汇点,在"一带一路"倡议、区域全面经济伙伴关系协定、国际大科学计划(工程)等机制下,共建联合研究机构、科技园区、数据共享平台等,深化实质性国际科技交流合作,拓展科技合作深度。

开放合作并非只是科技工作者之间的合作,更是国家之间合作的有机组成部分。在"一带一路"倡议、区域全面经济伙伴关系协定、国际大科学计划(工程)等机制下,各国政府和合作机构之间有着广泛的利益交汇点。因此,挖掘这些交汇点,形成更加紧密的合作网络,对于构建具有全球竞争力的开放创新生态至关重要。

---

① 建设有全球竞争力的开放创新生态-新华网[EB/OL].(2023 - 06 - 08)[2023 - 12 - 12]. http://www. xinhuanet.com/politics/20230608/7ffc49d5cf0744c59c8e5954c15fe7da/c.html.

② 陈凯华,薛泽华,张超.国际发展环境变化与我国科技战略选择:历史回顾与未来展望[J/OL].中国科学院院刊,2023,38(6):863 - 874.DOI:10.16418/j.issn.1000 - 3045.20230125001.

　　"一带一路"倡议是中国积极推动的国际经济合作计划,其背后蕴藏着巨大的科技创新潜力。通过与沿线国家共同打造科技园区、设立联合实验室等方式,可以促进科技资源的共享和合作,推动"一带一路"沿线国家的科技事业迅速发展。

　　区域全面经济伙伴关系协定为参与国家提供了更加便利的贸易和投资环境。在这个框架下,建设科技创新示范区、推动跨国研发项目,将成为各国加强科技交流合作的有效途径。这不仅有助于各国共同应对全球性挑战,也有利于实现科技成果的互惠共赢。

　　通过参与国际大科学计划(工程),各国科研机构能够共同攻克科学难题,推动世界科技水平的共同提高。在这一框架下,建立联合研究机构,共享科研成果,将成为促进国际科技交流合作的有效手段。拓展科技合作的深度是构建开放创新生态的另一关键任务。深化实质性的国际科技交流合作需要各国共同努力,通过加强政策沟通、深化合作机制,进一步推动科技创新的深层次合作。建设联合研究机构是深化科技合作深度的有效途径。这些机构可以由跨国企业、高校和研究机构联合组建,共同攻克科技难题,加速创新成果的转化。通过这种形式,不同国家的科技力量得以有机结合,形成更强大的创新引擎。共建科技园区是深化实质性科技合作的另一种方式。通过在"一带一路"沿线国家建设科技园区,吸引全球科技企业入驻,实现资源共享、技术交流和人才流动。这有助于形成更加紧密的创新网络,推动科技成果的跨国转移和应用。数据共享成为推动科技发展的关键。建设跨国数据共享平台,实现科技数据的跨境流动,将加速科技研究的进程。同时,通过建立数据安全和隐私保护机制,各国在数据共享中能够更加放心,进一步促进国际科技交流的深度。

　　构建开放创新生态,助力"一带一路"科技创新合作是一个全球性的战略任务。通过强调开放合作的根本方向、优化国际科研环境、拓展科技合作广度、挖掘利益交汇点、深化实质性国际科技交流合作,各国才能在科技领域实现真正的自立自强,为世界科技事业的可持续发展做出更大的贡献。

附　录

1. 全球专利数据库(PATSTAT)SQL 代码

```
select count(distinct paa.appln_id), p1.person_ctry_code, p2.person_
ctry_code, ap1. earliest_publn_year, t1. techn_field_nr
from tls204_appln_prior paa
join tls207_pers_appln pa1 on paa. appln_id = pa1. appln_id
join tls207_pers_appln pa2 on paa. appln_id = pa2. appln_id
join tls206_person p1 ON p1. person_id = pa1. person_id
join tls206_person p2 ON p2. person_id = pa2. person_id
join tls201_appln ap1 on ap1. appln_id = pa1. appln_id
join tls230_appln_techn_field t1 on t1. appln_id = pa1. appln_id
where ap1. earliest_publn_year>' 2000' and ap1. earliest_publn_year<
'2020' and pa1. invt_seq_nr>0 and pa2. invt_seq_nr>0 and p1. person_
ctry_code in('AL','AF','AE','OM','AZ','EG','EE','PK','PS','BH','BY','BG','BA',
'PL','BT','TP','RU','PH','GE','KZ','ME','KG','KH','CZ','QA','KW','HR','LV','LA',
'LB','LT','RO','MV','MY','MK','MN','BD','MM','MD','NP','RS','SA','LK','SK','SI',
'TJ','TH','TR','TM','BN','UA','UZ','SG','HU','SY','AM','YE','IQ','IR','IL','IN',
'ID','JO','VN','CN')
and p2.person_ctry_code in('AL','AF','AE','OM','AZ','EG','EE','PK','PS','BH',
'BY','BG','BA','PL','BT','TP','RU','PH','GE','KZ','ME','KG','KH','CZ','QA','KW',
'HR','LV','LA','LB','LT','RO','MV','MY','MK','MN','BD','MM','MD','NP','RS','SA',
'LK','SK','SI','TJ','TH','TR','TM','BN','UA','UZ','SG','HU','SY','AM','YE','IQ',
'IR','IL','IN','ID','JO','VN','CN')
and p1. person_ctry_code<>p2. person_ctry_code
group by p1. person_ctry_code, p2. person_ctry_code, ap1. earliest_publn_
year, t1. techn_field_nr
```

order by p1. person_ctry_code, p2. person_ctry_code, ap1. earliest_publn_
year, t1. techn_field_nr

2. 专利合作网络无向图实现代码

```
import pandas as pd
import networkx as nx
import matplotlib.pyplot as plt
net = pd.read_excel(r'文件路径\data.xlsx')
#定义各年网络分析指标
def draw_net(year): #year 为年份
    data_year = net[net['earliest_publn_year'] == year]
    fg_year = nx.from_pandas_edgelist(data_year, source ='person_ctry_
    code1', target = 'person_ctry_code2')#整体,未按年份筛选
    connect_num = fg_year.number_of_nodes()#节点
    coorperation_num = fg_year.number_of_edges()#链接数
    density = nx.density(fg_year) #密度
    cluster = nx.average_clustering(fg_year) #平均聚合系数
    de = nx.degree_centrality(fg_year) #点度中心
#定义特征向量中心性
de2 = [de[v] * 2000 for v in de.keys()]
    pos = nx.shell_layout(fg_year, scale =1)#参数调整
    return connect_num, coorperation_num, density, cluster, fg_year, pos,
    de2, de
#计算各年指标
n = []
nodes = []
edges = []
density_all = []
cluster_all = []
for i in range(2001, 2020):
    n.append(i)
    node_ = draw_net(i)[0]
    edge_ = draw_net(i)[1]
```

```python
        density_ = draw_net(i)[2]
        cluster_ = draw_net(i)[3]
        nodes.append(node_)
        edges.append(edge_)
        density_all.append(density_)
        cluster_all.append(cluster_)
index = pd.DataFrame({'cluster_all':cluster_all,'density_all':density_
all,'edges':edges,'nodes':nodes}, index = n)
index.to_excel(r'文件路径\index_peryear1.xlsx')
# 画指定年份网络图
def draw_net_pic(year):
    fg_ = draw_net(year)[4]
    pos_ = draw_net(year)[5]
    de_ = draw_net(year)[6]
    plt.rcParams['font.sans-serif'] = ['SimHei'] # 设置正常显示中文
    name = year
    fig, ax = plt.subplots(figsize = (13,9))
    plt.title("合作网络图：%s" % name)
    ax.set_xticks([])
    ax.set_yticks([]) # 不显示坐标轴刻度
    nx.draw_networkx(fg_, pos_, node_size = de_, node_color = '#66ccff',
    node_shape = 'o', alpha = 0.8, width = 0.5, font_size = 12)
draw_net_pic(2001)
draw_net_pic(2019)
# 相对度数中心度处在前 3 位的节点国家
def center_order(year):
    y = [year] * 3
    d_c = draw_net(year)[7]
    d_C = pd.Series(d_c)
    order_d = d_C.sort_values(ascending = False)[0:3]
    dict_country = {'country':order_d.index, 'center':order_d.
    values,'year':y}
    df_c = pd.DataFrame(dict_country)
    return df_c
```

井不同年份前三的中心度数及国家拼接成数据框

```
index_c = pd.concat([center_order(2001),center_order(2010),center_order(2019)])
index_c 56
```

3. 生存曲线实现代码

```
library(xlsx)
library(survival)
library(survminer)
data0<-read.csv("文件路径/perioddata_leftcensor.csv") 井总生存曲线
summary(data0$times)
time <- survfit(Surv(times,censor==1)~1,data=data0)
plot(time,xlab="生存时间/年",ylab="生存率",conf.int=F,tck=0.01,
col="red",lwd=2,cex.axis=0.9)
legend("topright","总体生存率",col="red",lwd=2,bty="n")
summary(time) summary(data0$times)
par(mfrow=c(1,1),mar=c(3,3,1,1))
```

4. 35 个技术领域的显示性比较优势指数

技 术 领 域	2010	2011	2012	2013	2014	2015	2016	2017	2018	2019
电气机械设备及电能	0.94	0.94	1.06	0.94	0.96	1.16	1.22	1.09	1.26	1.02
声像技术	1.32	1.15	1.12	0.92	1.03	1.33	1.24	0.95	1.27	1.30
电信	1.26	1.23	1.16	1.28	1.39	1.55	1.49	1.22	1.41	1.19
数字通信	1.21	1.17	1.15	1.09	1.21	1.35	1.26	1.27	1.38	1.17
基础通信方法	1.14	1.25	1.41	1.33	1.25	0.96	0.98	1.03	0.92	1.22
计算机技术	0.94	0.77	0.78	0.72	0.85	0.82	0.79	0.90	0.77	0.78
管理信息技术方法	0.83	0.54	0.62	0.50	0.72	0.53	0.75	0.33	0.23	0.26
半导体	1.07	1.08	1.01	1.18	1.04	1.11	1.09	0.97	1.04	1.22

技 术 领 域	2010	2011	2012	2013	2014	2015	2016	2017	2018	2019
光学	1.07	1.12	1.11	1.19	1.25	0.72	1.07	1.25	1.12	1.29
测量	0.77	0.97	0.52	1.06	0.96	0.84	0.96	1.00	1.23	0.96
生物材料	0.76	0.97	0.94	1.06	0.44	0.82	0.73	0.72	0.67	0.86
控制	0.56	0.90	0.68	0.19	0.68	0.38	0.92	1.08	1.42	0.99
医疗技术	0.23	0.59	0.67	0.46	0.65	0.28	0.64	0.75	0.62	0.76
有机精细化学	1.01	1.06	1.06	1.10	1.06	1.22	0.94	1.18	0.94	0.96
生物技术	0.93	0.83	1.09	0.99	1.14	1.09	1.13	0.85	0.87	1.15
药学	1.05	0.97	1.03	0.98	1.10	1.09	0.91	1.01	0.73	0.73
高分子化学及聚合物	1.14	0.86	0.99	1.07	0.91	0.79	0.72	0.80	1.00	1.02
食品化学	0.71	0.82	1.20	1.17	0.95	0.94	1.02	0.87	0.95	0.68
基础材料化学	0.92	1.20	1.04	1.05	0.72	0.87	0.84	0.98	0.69	0.72
材料及冶金	0.23	0.38	0.84	0.86	0.91	0.98	1.00	0.75	0.56	1.11
表面技术及涂敷	1.15	1.04	1.14	1.25	1.12	1.55	1.30	1.19	1.13	1.12
微观结构和纳米	1.00	0.95	1.08	1.04	0.84	1.24	0.68	0.82	0.77	1.20
化学工程	0.41	0.68	0.88	0.84	0.52	0.72	0.55	0.74	0.82	0.67
环境技术	0.38	0.48	0.77	0.46	0.52	0.82	0.68	0.95	0.37	0.31
搬运	0.48	0.83	0.71	1.04	1.30	0.81	0.83	0.54	0.93	1.28
机床	1.03	1.19	0.88	1.30	1.08	0.56	1.31	1.21	1.19	1.35
发动机、泵及叶轮机	0.32	0.28	0.44	0.18	0.21	0.41	0.53	0.68	0.58	0.48
纺织及造纸	1.61	1.00	0.88	1.08	0.11	0.70	0.84	0.83	1.03	0.82
其他特殊机器	0.85	0.79	1.14	1.05	0.79	0.75	0.81	0.98	0.85	1.02
热处理及设备	0.57	0.52	0.37	0.41	0.73	0.57	0.76	0.13	0.60	0.08
机械零件	0.60	0.60	0.44	0.65	0.66	0.63	0.65	0.51	0.45	1.20

(续表)

技 术 领 域	2010	2011	2012	2013	2014	2015	2016	2017	2018	2019
交通	0.00	0.36	0.47	0.41	0.54	0.31	0.39	0.68	0.40	0.87
家具及娱乐	0.51	0.25	0.88	1.86	0.78	0.70	1.41	1.54	0.66	0.86
其他消费品	0.30	0.90	0.25	0.67	0.36	0.46	0.79	0.20	0.87	0.24
土木工程	0.26	0.40	0.29	0.35	0.63	0.13	0.37	0.45	0.34	0.38

5. 关联规则实现代码

```
setwd("C:/Users****")
library(arules)
pat = read.csv('***源数据***.csv')
pat = pat[, -1]
pat[is.na(pat)] <- 0
pat[pat>0] = 1
class(pat)
write.csv(pat,file = 'jish.csv')
pat = as.matrix(pat)
pat_colnames = colnames(pat) #提取出 pat 矩阵列名
patrules = as(pat,'transactions') #提取出关联规则
trans = patrules
rules = apriori(trans,parameter =
list(supp = 0.0008,conf = 0.7,target = 'rules',minlen = 2))
    plot(sort(head(rules,n = 500), by = "lift"), method = "graph",
        control = list(type = "items"))
inspect(head(rules))
rules = sort(rules,by = 'confidence',decreasing = T)
summary(rules)
inspect(head(rules,n = 200))
rules.sorted = sort(rules,by = 'lift')
subset.matrix = is.subset(rules.sorted,rules.sorted,sparse = F)
```

```
    subset.matrix[lower.tri(subset.matrix,diag = T)] = NA
    redundant = colSums(subset.matrix,na.rm = T) > = 1
    rules.pruned = rules.sorted[! redundant]
    summary(rules.pruned)
    inspect(head(rules.pruned,n = 300,by ='confidence'))
    inspect(head(rules.pruned,n = 300,by ='lift'))
    library(arulesViz)
    plot(rules,jitter = 2)
    plot(sort(head(rules.pruned,n = 500), by ="lift"), method ="graph",
        control = list(type ="items"))
    rules = apriori(trans,parameter =
list(supp = 0.0008,conf = 0.5,target ='rules',minlen = 2))
    plot(sort(head(rules,n = 500), by ="lift"), method ="graph",
        control = list(type ="items"))
    inspect(head(rules))
    rules = sort(rules,by ='confidence',decreasing = T)
    summary(rules)
    inspect(head(rules,n = 200))
    rules.sorted = sort(rules,by ='lift')
    subset.matrix = is.subset(rules.sorted,rules.sorted,sparse = F)
    subset.matrix[lower.tri(subset.matrix,diag = T)] = NA
    redundant = colSums(subset.matrix,na.rm = T) > = 1
    rules.pruned = rules.sorted[! redundant]
    summary(rules.pruned)
    inspect(head(rules.pruned,n = 300,by ='confidence'))
    inspect(head(rules.pruned,n = 300,by ='lift'))
    library(arulesViz)
    plot(rules,jitter = 2)
    plot(sort(head(rules.pruned,n = 500), by ="lift"), method ="graph",
        control = list(type ="items"))
    rules = apriori(trans,parameter =
list(supp = 0.0008,conf = 0.5,target ='rules',minlen = 2))
    plot(sort(head(rules,n = 500), by ="lift"), method ="graph",
        control = list(type ="items"))
```

```
inspect(head(rules))
rules = sort(rules,by ='confidence',decreasing = T)
summary(rules)
inspect(head(rules,n = 200))
rules.sorted = sort(rules,by ='lift')
subset.matrix = is.subset(rules.sorted,rules.sorted,sparse = F)
subset.matrix[lower.tri(subset.matrix,diag = T)] = NA
redundant = colSums(subset.matrix,na.rm = T)> = 1
rules.pruned = rules.sorted[! redundant]
summary(rules.pruned)
inspect(head(rules.pruned,n = 300,by ='confidence'))
inspect(head(rules.pruned,n = 300,by ='lift'))
library(arulesViz)
plot(rules,jitter = 2)
plot(sort(head(rules.pruned,n = 500), by ="lift"), method ="graph",
    control = list(type ="items"))
rules = apriori(trans,parameter =
list(supp = 0.0008,conf = 0.2,target ='rules',minlen = 2))
plot(sort(head(rules,n = 500), by ="lift"), method ="graph",
    control = list(type ="items"))
inspect(head(rules))
rules = sort(rules,by ='confidence',decreasing = T)
summary(rules)
inspect(head(rules,n = 200))
rules.sorted = sort(rules,by ='lift')
subset.matrix = is.subset(rules.sorted,rules.sorted,sparse = F)
subset.matrix[lower.tri(subset.matrix,diag = T)] = NA
redundant = colSums(subset.matrix,na.rm = T)> = 1
rules.pruned = rules.sorted[! redundant]
summary(rules.pruned)
inspect(head(rules.pruned,n = 300,by ='confidence'))
inspect(head(rules.pruned,n = 300,by ='lift'))
library(arulesViz)
plot(rules,jitter = 2)
```

$$plot(sort(head(rules.pruned, n = 500), by = "lift"), method = "graph",$$
$$control = list(type = "items"))$$

6. 专利合作网络模体探测输出结果

三节点的模体输出:

Size – 3 Network Motifs in '65countriesfanmod.txt'

Generated with FANMOD – FAst Network MOtif Detection. Written by Sebastian Wernicke and Florian Rasche

---

1. Network

Filename: '65countriesfanmod.txt' (Undirected)

Number of nodes: 108

Number of edges: 326 (0 single, 326 bidirectional)

2. Algorithm

Size of subgraphs: 3

Algorithm: enumeration

3. Random Networks

Number of random networks: 1000

Random model: with locally constant number of bidirectional edges,

Edge exchange parameters: 3 exchanges per edge, 3 tries per exchange

4. Algorithm Statistics

Running time: 3.144 s (0.515 s for randomization, 2.629 s for subgraph detection)

Number of detected subgraphs: 5153645 in total (4305 in original network, 5149340 in random networks)

Edge exchanges: 2892723 attempts of which 41928 (= 1 %) were successful

---

5. Output Parameters

Subgraphs per file: 20

Subgraph sorting: By |Z – Score|

Handling of subgraphs not detected in random networks: Put at end of list

Output filters: None

---

6. Result Pages：

Size-3 Network Motifs in '65countriesfanmod.txt'   Page 1

Generated with FANMOD - FAst Network MOtif Detection. Written by Sebastian Wernicke and Florian Rasche

ID	Adj-Matrix	Frequency [Original]	Mean-Freq [Random]	Standard-Dev [Random]	Z-Score	p-Value
78		79.721%	91.239%	0.0063251	-18.209	1
238		20.279%	8.7615%	0.0063251	18.209	0

四节点输出：

1. Size－4 Network Motifs in '65countriesfanmod.txt'

Generated with FANMOD － FAst Network MOtif Detection. Written by Sebastian Wernicke and Florian Rasche

2. Network

Filename：'65countriesfanmod.txt'(Undirected)

Number of nodes：108

Number of edges：326 (0 single, 326 bidirectional)

3. Algorithm

Size of subgraphs：4

Algorithm：enumeration

4. Random Networks

Number of random networks：1000

Random model：with locally constant number of bidirectional edges，

Edge exchange parameters：3 exchanges per edge, 3 tries per exchange

5. Algorithm Statistics

Running time：51.553 s (0.507 s for randomization, 51.046 s for subgraph detection)

Number of detected subgraphs：68375476 in total（52071 in original network, 68323405 in random networks)

Edge exchanges: 2897929 attempts of which 37368 (= 1 %) were successful

6. Output Parameters

Subgraphs per file: 20

Subgraph sorting: By |Z − Score|

Handling of subgraphs not detected in random networks: Put at end of list

Output filters: None

7. Result Pages

Size-4 Network Motifs in '65countriesfanmod.txt'　　　　　　　　　　Page 1

Generated with FANMOD - FAst Network MOtif Detection. Written by Sebastian Wernicke and Florian Rasche

ID	Adj-Matrix	Frequency [Original]	Mean-Freq [Random]	Standard-Dev [Random]	Z-Score	p-Value
8598		17.837%	22.342%	0.0013268	-33.95	1
31710		2.681%	0.31404%	0.0008172	28.964	0
13278		10.332%	6.0213%	0.0023507	18.338	0
4958		32.233%	15.188%	0.010502	16.23	0
4382		36.074%	47.507%	0.0073048	-15.651	1
27030		0.84308%	8.6284%	0.005257	-14.81	1

Previous Index Next

Generated with FANMOD - FAst Network MOtif Detection. Written by Sebastian Wernicke and Florian Rasche

7. 双模网络相关指标计算代码

```python
#贴近度计算
def key(year):
    import pandas as pd
    import numpy as np
    import networkx as nx
    net = pd.read_excel(r'C:\Users\UMR\Desktop\study\PATSTAT 数据\使
    用数据\2021use.xlsx',sheet_name='python') #计算中心度
    data_year = net[net['year'] == int(year)]
    fg_year = nx.from_pandas_edgelist(data_year, source = '国家',
    target = '技术领域')#整体,未按年份筛选
    de = nx.degree_centrality(fg_year) #节点度中心系数
    de = dict(sorted(de.items(),key = lambda x:x[0],reverse = True))
    cl = nx.closeness_centrality(fg_year) #节点距离中心系数
    cl = dict(sorted(cl.items(),key = lambda x:x[0],reverse = True))
    be = nx.betweenness_centrality(fg_year) #节点介数中心系数
    be = dict(sorted(be.items(),key = lambda x:x[0],reverse = True))
    net2 = pd.DataFrame({'国家':de.keys(),'度数中心度':de.values(),'距离中
    心度':cl.values(),'介数中心度':be.values()})
    data = net2.iloc[:,1:4] #取出数值列
    data_std = (data - data.min(axis = 0))/(data.max(axis = 0) - data.min
    (axis = 0)) #标准化
    n,m = data.shape
    data_1 = data_std/data_std.sum(axis = 0) #归一化
    ej_ = [] #求信息熵
    for j in range(0,3):
        v = 0
        ej = 0
        for i in range(0,n):
            if data_1.iloc[i,j]! = 0:
                v + = data_1.iloc[i,j] * np.log(data_1.iloc[i,j])
            else:
```

```
                    v = v
          ej = ( -1/np.log(n)) * v
          ej_.append(ej)
      wj_ = [] #求权重
    for j in range(3):
        wj = (1 - ej_[j])/(m - sum(ej_))
        wj_.append(wj)
        R = data_1 * wj_ #决策矩阵
    max_ = list(R.max(axis = 0)) #正负理想解
    min_ = list(R.min(axis = 0))
    x_pos = (R - max_) ** 2 #到正负理想解距离的平方
    x_neg = (R - min_) ** 2
    s_pos = list(np.sqrt(x_pos.sum(axis = 1))) #sep +
    s_neg = list(np.sqrt(x_neg.sum(axis = 1)))
    s_ = [] #贴近度
    for i in range(n):
        s = s_neg[i]/(s_neg[i] + s_pos[i])
        s_.append(s)
    index = pd.DataFrame({'节点':list(net2.iloc[:,0]),year:s_})
return index
df = key(2002)
for i in range(2002,2020):
    df = pd.concat([df,key(i)],axis = 1)
df.to_excel(r'C:\Users\UMR\Desktop\study\PATSTAT 数据\使用数据\
keynodes.xlsx')


#网络特征计算
import pandas as pd
import networkx as nx
import matplotlib.pyplot as plt
net = pd.read_excel(r'C:\Users\UMR\Desktop\study\PATSTAT 数据\使用数
据\2021use.xlsx',sheet_name = 'python')
#定义各年网络分析指标
def draw_net(year): #year 为年份
```

```
    data_year = net[net['year'] = = year]
    fg_year = nx.from_pandas_edgelist(data_year, source = '国家',
    target = '技术领域') #整体,未按年份筛选
    node_num = fg_year.number_of_nodes() #节点总数
    edge_num = fg_year.number_of_edges() #边总数
    density = nx.density(fg_year) #密度
    cluster = nx.average_clustering(fg_year) #平均聚合系数
    leng = nx.average_shortest_path_length(fg_year) #平均最短距离
    de = nx.degree_centrality(fg_year) #节点度中心系数
    cl = nx.closeness_centrality(fg_year) #节点距离中心系数
    be = nx.betweenness_centrality(fg_year) #节点介数中心系数
return node_num, edge_num, density, cluster,leng, de,cl,be
#计算各年指标
n = []
nodes = []
edges = []
density_all = []
cluster_all = []
leng_all =[]
de_all = []
cl_all = []
be_all = []
for i in range(2002,2021): #左闭右开
    n.append(i)
    node_ = draw_net(i)[0]
    edge_ = draw_net(i)[1]
    density_ = draw_net(i)[2]
    cluster_ = draw_net(i)[3]
    leng_ = draw_net(i)[4]
    de = dict(sorted(draw_net(i)[5].items(),key = lambda x: x[1],
    reverse = True))
    cl = dict(sorted(draw_net(i)[6].items(),key = lambda x: x[1],
    reverse = True))
    be = dict(sorted(draw_net(i)[7].items(),key = lambda x: x[1],
```

```
        reverse = True))
    nodes.append(node_)
    edges.append(edge_)
    density_all.append(density_)
    cluster_all.append(cluster_)
    leng_all.append(leng_)
    de_all.append(de)
    cl_all.append(cl)
    be_all.append(be)
    index = pd.DataFrame({'cluster_all':cluster_all,'density_all':
    density_all,'edges':edges,'nodes':nodes,'平均最短距离':leng_all,'节
    点度中心系数':de_all ,'节点距离中心系数':cl_all,'节点介数中心系数':
    be_all},index = n)
index.to_excel(r'C:\Users\UMR\Desktop\study\PATSTAT 数据\使用数据\
index_peryear1.xlsx')


#计算中心性指标
def key(year):
    import pandas as pd
    import numpy as np
    import networkx as nx
    net = pd.read_excel(r'C:\Users\UMR\Desktop\study\PATSTAT 数据\使
    用数据\2021use.xlsx',sheet_name ='python')
    data_year = net[net['year'] == int(year)]
    fg_year = nx.from_pandas_edgelist(data_year, source = '国家',
    target = '技术领域')#整体,未按年份筛选
    de = nx.degree_centrality(fg_year) #节点度中心系数
    de = dict(sorted(de.items(),key = lambda x:x[0],reverse = True))
    cl = nx.closeness_centrality(fg_year) #节点距离中心系数
    cl = dict(sorted(cl.items(),key = lambda x:x[0],reverse = True))
    be = nx.betweenness_centrality(fg_year) #节点介数中心系数
    be = dict(sorted(be.items(),key = lambda x:x[0],reverse = True))
    index = pd.DataFrame({'国家':de.keys(),'度数中心度':de.values(),'距离中
    心度':cl.values(),'介数中心度':be.values()})
```

```
index.to_excel('C:\\Users\\UMR\\Desktop\\study\\PATSTAT 数据\\使用
数据\\' + year +'中心性指标'+'.xlsx')
```

8. 35 个技术领域的复杂度变动情况

技 术 领 域	2000	2005	2010	2015	2019	AVERAGE	SHIFT
电机、设备及能源	0.200 0	0.285 7	0.257 1	0.342 9	0.342 9	0.200 0	0.052 2
视听技术	0.057 1	0.085 7	0.114 3	0.085 7	0.057 1	0.142 9	0.043 3
电信	0.257 1	0.114 3	0.142 9	0.200 0	0.171 4	0.314 3	0.083 7
数字通信	0.028 6	0.057 1	0.085 7	0.114 3	0.085 7	0.028 6	0.042 4
基本通讯处理	0.228 6	0.228 6	0.171 4	0.142 9	0.114 3	0.114 3	0.068 0
计算机技术	0.171 4	0.171 4	0.200 0	0.171 4	0.200 0	0.371 4	0.032 5
信息技术管理	0.942 9	0.914 3	0.914 3	0.942 9	0.971 4	1.000 0	0.054 2
半导体	0.085 7	0.142 9	0.028 6	0.028 6	0.028 6	0.057 1	0.032 5
光学	0.114 3	0.028 6	0.057 1	0.057 1	0.142 9	0.228 6	0.031 5
测量	0.400 0	0.400 0	0.314 3	0.285 7	0.285 7	0.628 6	0.049 3
生物材料分析	0.142 9	0.428 6	0.971 4	0.885 7	0.657 1	0.257 1	0.099 5
控制	0.314 3	0.542 9	0.457 1	0.457 1	0.428 6	0.428 6	0.052 2
医疗技术	0.971 4	0.971 4	1.000 0	0.971 4	0.942 9	0.685 7	0.036 5
有机精细化学	0.571 4	0.800 0	0.571 4	0.571 4	0.600 0	0.514 3	0.070 0
生物科技	0.457 1	0.485 7	0.600 0	0.771 4	0.800 0	0.571 4	0.057 1
制药	0.514 3	0.514 3	0.685 7	0.914 3	0.885 7	0.657 1	0.063 1
高分子化学	0.914 3	0.314 3	0.228 6	0.314 3	0.257 1	0.171 4	0.087 7
食品化学	0.828 6	0.885 7	0.885 7	0.828 6	0.857 1	0.828 6	0.034 5
基础材料化学	1.000 0	1.000 0	0.742 9	0.657 1	0.714 3	0.771 4	0.055 2

技 术 领 域	2000	2005	2010	2015	2019	AVERAGE	SHIFT
材料与冶金	0.542 9	0.657 1	0.514 3	0.600 0	0.628 6	0.600 0	0.071 9
表面技术与涂层	0.285 7	0.200 0	0.285 7	0.228 6	0.371 4	0.342 9	0.067 0
微观结构与纳米技术	0.885 7	0.371 4	0.342 9	0.257 1	0.228 6	0.085 7	0.158 6
化工	0.428 6	0.457 1	0.428 6	0.428 6	0.457 1	0.542 9	0.035 5
环境科学	0.600 0	0.771 4	0.714 3	1.000 0	1.000 0	0.400 0	0.120 2
处理	0.485 7	0.942 9	0.828 6	0.628 6	0.571 4	0.800 0	0.105 4
机械工具	0.371 4	0.342 9	0.371 4	0.400 0	0.400 0	0.285 7	0.072 9
引擎、泵及涡轮	0.771 4	0.828 6	0.800 0	0.742 9	0.771 4	0.742 9	0.052 2
纺织与造纸器械	0.342 9	0.257 1	0.400 0	0.371 4	0.314 3	0.485 7	0.039 4
其他特种设备	0.857 1	0.714 3	0.771 4	0.714 3	0.685 7	0.714 3	0.037 4
热处理与设备	0.742 9	0.571 4	0.628 6	0.514 3	0.514 3	0.942 9	0.090 6
机械元件	0.685 7	0.600 0	0.542 9	0.485 7	0.485 7	0.857 1	0.080 8
运输	0.800 0	0.685 7	0.485 7	0.542 9	0.542 9	0.885 7	0.055 2
家具与游戏	0.657 1	0.628 6	0.657 1	0.685 7	0.742 9	0.914 3	0.053 2
其他消费品	0.714 3	0.742 9	0.942 9	0.857 1	0.914 3	0.971 4	0.103 4
土木工程	0.628 6	0.857 1	0.857 1	0.800 0	0.828 6	0.457 1	0.043 3

9. 专利合作数量模型实现代码

```
library(xlsx)
library(glmmADMB)
library(pscl)
library(plm)
```

```
count_num <- read.csv("文件路径/count_number.csv",1,encoding = "UTF-8")
count_num $ sco<-as.factor(count_num $ sco)
count_num $ border<-as.factor(count_num $ border)
count_num $ lang<-as.factor(count_num $ lang)
count_num $ reli<-as.factor(count_num $ reli)
count_num $ area<-as.factor(count_num $ area)
count_num $ trade<-log(count_num $ trade) count_num $ Ldis<-log
(count_num $ dist)
count_num $ Lgdpgap<-log(count_num $ gdpgap)
count_num $ linno<-log(count_num $ inno+1)
count_num $ linno_cn<-log(count_num $ inno_cn+1)
#零膨胀负二项回归模型
fit_zinbinom <- glmmadmb(count ~ border + Ldis + lang + reli + trade +
Lgdpgap + tech_sim + lin no + linno_cn + sco + exp + area,data = count_num,
zeroInflation = TRUE, family="nbinom")
summary(fit_zinbinom)
#负二项回归模型
fit_nb <- glmmadmb(count ~ border + Ldis + lang + reli + trade +
Lgdpgap + tech_sim + linno + linn o_cn + sco + exp + area,data = count_num,
family="nbinom")
summary(fit_nb)
```

10. 专利合作存续期模型实现代码

```
import delimited 文件路径\perioddata_leftcensor.csv, encoding(UTF-
8) clear
stset times,failure(censor==1)
stsum
gen id = _n
expand times
sort tech code
gen id_1 = _n
sort id_1
save "文件路径\perioddata.dta", replace
```

```
import delimited 文件路径\6－cloglog 随机效应模型\penaldata_leftcen
sor.csv, clear
gen id_1 = _n
sort id_1 save "文件路径\penaldata.dta", replace
use "文件路径\perioddata.dta", clear
merge id_1
using "文件路径\penaldata.dta"
gen ldist = log(dist)
gen ltrade = log(trade)
gen lgdp_gap = log(gdp_gap)
gen linno = log(inno+1)
gen linno_cn = log(inno_cn+1)
gen dead = 1 if year = = endyear&censor = = 1
xtcloglog dead te1－te4 area1－area5 border lang reli ldist ltrade lgdp_
gap tech_sim linno linno_cn sco acc_exp,i(id)
xtcloglog dead te1－te4 area1－area5 border lang reli ldist ltrade lgdp_
gap tech_sim linno linno_cn sco acc_exp acc_eXborder,i(id)
xtcloglog dead te1－te4 area1－area5 border lang reli ldist ltrade lgdp_
gap tech_sim linno linno_cn sco acc_exp acc_eXlang,i(id)
xtcloglog dead te1－te4 area1－area5 border lang reli ldist ltrade lgdp_
gap tech_sim linno linno_cn sco acc_exp acc_eXreli,i(id)
xtcloglog dead te1－te4 area1－area5 border lang reli ldist ltrade lgdp_
gap tech_sim linno linno_cn sco acc_exp acc_eXldist,i(id)
xtcloglog dead te1－te4 area1－area5 border lang reli ldist ltrade lgdp_
gap tech_sim linno linno_cn sco acc_exp acc_eXltrade,i(id)
summarize ldis ltrade lgdp_gap tech_sim linno linno_cn
```

11. 专利合作创新效应模型实现代码

```
#莫兰指数计算
spatwmat using 距离权重矩阵.dta, name(wd) standardize //设置权重矩阵
use 莫兰指数.dta
forvalue i = 2002/2020{
preserve
```

```
keep if year = ='i'
asdoc spatgsa y,weights(wd) moran
restore
}       //每年的莫兰指数
forvalue i = 2020/2020{
preserve
keep if year = ='i'
spatlsa y,weights(wd) moran graph(moran) symbol(id) id(country)
}       //莫兰散点图


#实证
use 距离权重矩阵.dta
spcs2xt var1 - var52,matrix(bbb) time(18)
spatwmat using bbbxt,name(w1matrix) standardize   //设置空间面板矩阵
*导入数据
use 计量数据归一化.dta,clear
xtset id year //声明面板数据
(1)LM 检验
reg y degree betweenness closeness2 expo inte stab indu rnd rese //OLS 回
归 degree
spatdiag, weights(w1matrix) //LM 检验
(2)Hausman 检验;H0:difference in coeffs not systematic
spatwmat using 距离权重矩阵.dta,name(w) standardize
xsmle y degree betweenness closeness2 expo inte stab indu rnd rese,model
(sdm) wmat(w) hausman nolog
(3)稳健性检验
spatwmat using 距离权重矩阵.dta,name(w) standardize
//LR 检验
xsmle y degree betweenness closeness2 expo inte stab indu rnd rese,fe
model(sdm) wmat(w) type(time) nolog noeffects
est store sdm_a
xsmle y degree betweenness closeness2 expo inte stab indu rnd rese,fe
model(sar) wmat(w) type(time) nolog noeffects
est store sar_a
```

```
xsmle y degree betweenness closeness2 expo inte stab indu rnd rese,fe
model(sem) emat(w) type(time) nolog noeffects
est store sem_a
lrtest sdm_a sar_a //比较 sdm 和 sar 模型
lrtest sdm_a sem_a //比较 sdm 和 sem 模型
```

(4)模型回归

```
spatwmat using 距离权重矩阵.dta,name(w) standardize
xsmle y degree betweenness closeness2 expo inte stab indu rnd rese,fe
model(sdm) wmat(w) type(time) nolog noeffects
xsmle y degree betweenness closeness2 c.betweenness＃c.expo expo inte
stab indu rnd rese,fe model(sdm) wmat(w) type(time) nolog noeffects
xsmle y degree betweenness closeness2 c.betweenness＃c.inte expo inte
stab indu rnd rese,fe model(sdm) wmat(w) type(time) nolog noeffects
xsmle y degree betweenness closeness2 c.betweenness＃c.stab expo inte
stab indu rnd rese,fe model(sdm) wmat(w) type(time) nolog noeffects
xsmle y degree betweenness closeness2 c.betweenness＃c.rnd expo inte stab
indu rnd rese,fe model(sdm) wmat(w) type(time) nolog noeffects
xsmle y degree betweenness closeness2 c.betweenness＃c.rese expo inte
stab indu rnd rese,fe model(sdm) wmat(w) type(time) nolog noeffects
xsmle y degree betweenness closeness2 c.closeness2＃c.expo expo inte stab
indu rnd rese,fe model(sdm) wmat(w) type(time) nolog noeffects
xsmle y degree betweenness closeness2 c.closeness2＃c.inte expo inte stab
indu rnd rese,fe model(sdm) wmat(w) type(time) nolog noeffects
xsmle y degree betweenness closeness2 c.closeness2＃c.stab expo inte stab
indu rnd rese,fe model(sdm) wmat(w) type(time) nolog noeffects
xsmle y degree betweenness closeness2 c.closeness2＃c.rnd expo inte stab
indu rnd rese,fe model(sdm) wmat(w) type(time) nolog noeffects
xsmle y degree betweenness closeness2 c.closeness2＃c.rese expo inte stab
indu rnd rese,fe model(sdm) wmat(w) type(time) nolog noeffects
```

(5)空间效应的分解

```
spatwmat using 距离权重矩阵.dta,name(w) standardize
xsmle y degree betweenness closeness2 expo inte stab indu rnd rese,fe
model(sdm) wmat(w) type(time) nolog effects
```

索　引